内蒙古阴山北麓草原生态水文国家野外科学观测研究站
水利部牧区水利科学研究所

资助出版

变化环境下干旱牧区
水草资源动态耦合效用研究

郝伟罡　梁犁丽 等　著

科学出版社

北　京

内 容 简 介

本书将水资源、草地资源、灌溉农牧业、牲畜养殖及草原生态环境作为统一整体,考虑未来气候变化因素,以水资源和草地资源耦合承载为约束,以保护草原生态系统良性发展为前提,以经济、生态、社会综合效益最大化为目标,建立了变化环境下干旱牧区水资源与草地资源优化耦合效用评价模型,为构建资源节约型、环境友好型高效用水模式提供科学依据,从而实现干旱牧区水资源的合理开发利用、科学管理和草原生态环境保护,以水资源和草地资源可持续利用支撑牧区经济社会和生态环境的持续发展。

本书可供水文水资源、生态环境、资源科学等领域的科研人员、相关专业的研究生参考,也可供水利工程、水土保持工程等领域的技术人员参考。

图书在版编目(CIP)数据

变化环境下干旱牧区水草资源动态耦合效用研究/郝伟罡等著. —北京:科学出版社,2021.11

ISBN 978-7-03-069347-1

Ⅰ. ①变… Ⅱ. ①郝… Ⅲ. ①牧区—水生维管束植物—草地资源—研究 Ⅳ. ①S812

中国版本图书馆 CIP 数据核字(2021)第 136333 号

责任编辑:狄源硕 程雷星 / 责任校对:樊雅琼
责任印制:吴兆东 / 封面设计:无极书装

科学出版社 出版
北京东黄城根北街 16 号
邮政编码:100717
http://www.sciencep.com

北京中科印刷有限公司 印刷
科学出版社发行 各地新华书店经销

*

2021 年 11 月第 一 版 开本:720 × 1000 1/16
2021 年 11 月第一次印刷 印张:15 1/2
字数:312 000

定价:98.00 元
(如有印装质量问题,我社负责调换)

作者委员会

主　　任：郝伟罡

副 主 任：梁犁丽（中国长江三峡集团有限公司科学技术研究院）

参与人员：崔丽萍　刘华琳　刘　虎　佟长福

　　　　　刘铁军　焦　瑞　陈晓俊　尉迟文思

　　　　　史小红　申　军　白俊文　王　顺

　　　　　刘　权　王　敏　刘春林　于　澜

前　言

我国干旱牧区水资源匮乏、自然条件恶劣、生态环境极为脆弱，草原作为牧区生态系统的主体，不仅是牧区生命的重要支持系统，还是牧区生态环境的保障系统。20 世纪 80 年代以来，气候变化和人类活动对干旱牧区水资源及草地资源的影响加剧，尤其是人类忽视水与草地资源的承载能力和环境容量，无序无节制开发，导致天然草原可利用面积逐年缩减、覆盖度降低、优良牧草减少、杂草不可食草增多，草原生态环境严重恶化。草原生态环境恶化不仅降低了牧区人民生产、生活的环境条件，制约了牧区经济社会的可持续发展，加剧了地区贫困化，而且严重威胁着国家的生态安全及美丽中国的建设成效。

在未来气候变化对干旱牧区水资源、草地资源产生严重制约与影响的条件下，基于牧区生态环境的良性循环，以取得经济、生态环境和社会综合效益最大化为目标，建立变化环境下干旱牧区水资源与草地资源优化耦合效用评价模型，促进资源节约型、环境友好型高效用水模式的构建，是亟待完成的重大课题。

本书旨在建立变化环境下干旱牧区水资源与草地资源优化耦合效用评价模型，为构建资源节约型、环境友好型高效用水模式提供前期支撑和科学依据，以长效的水资源和草地资源可持续利用支撑牧区经济社会和生态环境的可持续发展。本书研究内容不仅有利于人们正确认识农牧业节水的真正内涵，对实现牧区水资源高效利用与管理有十分重要的作用，而且对提升干旱牧区草地资源可持续利用、草原生态保护与修复，促进牧区经济和社会可持续发展具有重大现实意义，同时对丰富和完善我国生态水利学基础理论具有重要的学术价值。

本书共 8 章，第 1 章绪论中介绍了相关研究现状及发展动态和本书的研究目标、研究内容、创新与特色之处，由郝伟罡、刘铁军撰写；第 2 章介绍了研究的概况，由郝伟罡、崔丽萍、焦瑞、尉迟文思撰写；第 3 章重点分析了研究区气候变化特征，由郝伟罡、陈晓俊撰写；第 4 章分析评价了研究区水资源状况及其开发利用，由郝伟罡、梁犁丽撰写；第 5 章重点研究分析了研究区草原生态状况及其年内、年际动态变化，草原生态主要问题，草原生态保护措施等内容，由郝伟罡、刘华琳、刘虎撰写；第 6 章建立了变化环境下研究区的分布式水文模型，通过对研究区未来情景预测与设置，模拟了研究区未来水资源变化情势，由梁犁丽、郝伟罡撰写；第 7 章以经济、生态环境、社会综合效益最大化为目标，建立了牧区水资源、草地资源耦合效用评价指标体系，并构建了变化环境下牧区水资源草地资源耦合效用评价模型，评价计算了研究区水资源草地资源耦合效用价值量，由郝伟罡撰写；第 8 章为结论，由郝伟罡、佟长福撰写。史小红、申军、白俊文、王顺、刘权、王敏、刘春林、于澜等同志参与了项目研究及本书核稿等工作。

本书的研究工作得到了国家自然科学基金项目（51009098、51779156）、内蒙古自治区自然科学基金项目（2017MS0516）、国家重点研发计划课题（2018YFC0406406）、内蒙古自治区自然科学基金重大项目（2021ZD12）、中国水利水电科学研究院基本科研业务费项目（MK2014J06）的资助。作者在上述项目研究以及本书的撰写过程中，得到了魏永富教授级高级工程师、李和平教授级高级工程师、郭中小教授级高级工程师的具体指导和大力支持，在此向他们表示诚挚的谢意！

由于研究本身的复杂性，加之作者水平有限，书中难免有不足之处，还请读者批评指正。

作　者

2021 年 6 月

目　　录

第1章 绪 论

我国干旱牧区主要分布在内蒙古、新疆、宁夏、青海、甘肃等省区，干旱少雨、水资源贫乏、自然条件恶劣、生态环境脆弱是该区的主要自然特点。草原作为牧区生态系统的主体，不仅是牧区人民生活的重要支持系统，还是牧区生态环境的保障系统。干旱牧区长期的干旱生态环境，使得草原生态系统与水资源系统的相互依存关系极为密切，水资源的开发利用稍有不慎，就会导致草原生态的恶化。自20世纪80年代以来，气候变化对干旱牧区水资源及草地资源的影响加剧，加之人类对牧区水资源与草地资源的不合理开发利用，导致草原生态环境严重恶化，不仅制约了牧区经济社会的可持续发展，而且严重威胁着国家的生态安全及美丽中国的建设成效。

2011年中央一号文件明确提出"水是生命之源、生产之要、生态之基"。应稳步发展牧区水利，努力走出一条中国特色水利现代化道路。2012年国发3号文件《国务院关于实行最严格水资源管理制度的意见》再次强调"水是生命之源、生产之要、生态之基"。生态文明、水利先行。对于干旱牧区来说，修复牧区草原生态系统功能，切实使水资源与草地资源合理开发、高效利用，对实现牧区经济社会可持续发展的目标尤为重要。

牧区水资源与草地资源高效利用不仅指使用效率上的提高，更重要的是使用效益上的提高。目前我国学者在提高农业水资源使用效率、生态水利基础理论方面开展了相关研究，但在农业水资源利用效益、基于自然-经济-社会-生态多重目标的水资源开发利用与管理理论研究与实践方面还很欠缺。亟待开展变化环境下干旱牧区水资源与草地资源优化耦合利用效益方面的研究，建立变化环境下干旱牧区水资源与草地资源优化耦合效用评价模型，为构建资源节约型、环境友好型高效用水模式提供前期支撑和科学依据，以水资源和草地资源长效利用机制支撑牧区经济社会和生态环境的可持续发展。

1.1 相关研究现状及发展动态

1.1.1 国外研究状况

气候变化对水资源及其承载力影响的研究方面，1985年，世界气象组织

（World Meteorological Organization，WMO）出版了气候变化对水文水资源影响的综述报告，推荐了一些检验和评价方法，之后又出版了水文水资源系统对气候变化的敏感性分析报告。为加快研究步伐，WMO 和联合国环境规划署（United Nations Environment Programme，UNEP）共同组建成立了政府间气候变化专门委员会（Intergovernmental Panel on Climate Change，IPCC），专门从事气候变化的科学评估。1991 年在维也纳举行了第 20 届国家地理联合（International Geographical Union，IUGG）会，水文科学组的主题是探讨土壤-大气之间相互作用的水文过程。随着全球能量和水循环实验（Global Energy Water Cycle Experiment，GEWEX）、国际地圈生物圈计划（International Geosphere Biosphere Programme，IGBP）等国际性合作计划的实施，水文学家开始注意环境变化中土壤-植物-水的全球性研究。美国新泽西州莫里斯郡（Morris County）在怀特镇（White）和门德汗姆镇（Mendham）的小区域范围内作了水资源承载能力的研究分析，结合土地利用和环境保护提出了水资源利用阈值。2001 年，在荷兰举行了 IGBP 的全球变化科学大会，全球变化与人类活动影响下的水文循环及其时空演化规律研究成为 21 世纪水科学研究的热点。

水资源承载能力方面，主要是在社会可持续发展的框架下提出了承载能力的概念并作为水资源开发的一种宏观限制。例如，亚洲开发银行资助的印度尼西亚 21 世纪议程（Agenda 21-Indonesia）提出了"对其主要自然资源进行可持续发展展望和规划的目标和手段"。在其对水资源的政策和规划制定的部分内容中明确提出，"水污染严重地区必须在较为准确地估量地下水及地表水量和质的基础上，从管理角度实现社会经济发展与水资源承载能力协调一致发展"。经济合作与发展组织（Organization for Economic Cooperation and Development，OECD）发展援助委员会（Development Assistance Committee，DAC）提出的湿地可持续利用指导书中提出，对于生态脆弱地区的湿地必须考虑其对未来发展累积效应的承载能力，并且指出工业和社区生活污水及垃圾排放到湿地的数量超过其水体承载能力，湿地功能就会被削弱。

农业水资源利用效率与效益评价方面，Israelsen（1932）将灌溉效率（irrigation efficiency）定义为作物生长季节过程中通过作物蒸发的田间灌溉用水与实际引进的灌溉水量的比值。Bagley（1965）指出，在描述灌溉效率的时候，如果不能正确地看待灌溉效率的边界特征，会导致错误的结论，他还指出由于低效率而产生的水资源损失对于大系统而言并不存在。Bos（1979）界定了几个水资源进入和流出灌溉项目的流程，并且还清楚地界定了返回本流域的水资源以及可供下游使用的水资源。Willardson（1985）指出，单个田间灌溉系统的效率对于流域水文系统而言，并不是很重要，除了考虑水质外，增加灌溉效率对流域会产生好的或坏的影响。Bos（1979）和 Wouter（1992）都认为，就整个流域而言，被用于灌溉的水中没有被消耗的部分并没有实质性的损失，因为绝大部分都会在下游被重新利用，高的重复利用实际上增加了总的利用效率。早期的灌溉效率研究把作物消耗水资源生产的产量也看作一种效率，随着水平衡观点的引入以及农业水资源利用效率评价尺度的不断拓展，这种划分显然具有明显的不足。Randolph 等（2003）提出，通常的灌溉效率可以划分为灌溉水传输效率（灌溉水在干、支渠内输送效率）和田间利用效率（农田实际利用灌溉水的效率）；他们还认为，如果把对灌溉效率的评价由田间向灌区乃至更大尺度应用的话，一个较高的灌溉效率的获取可能仅仅是因为降低了无益消耗部分。因此，高效率并不意味着高的生产力或者高的经济回报，经济效率往往涉及技术和配置两个部分。如果水资源的利用同时在技术上和配置上都有效的话，它的利用肯定是高效的。农业水资源利用经济效益概念的提出也促使灌溉管理的基础由过去的满足作物需水量向灌溉经济效益最大化转变。Dennis（2002）在探讨灌溉最优化的本质时，分析了水资源短缺和充足两个条件下灌溉净收入的最大化问题。

生态水利基础理论研究方面，国外从 20 世纪 70 年代开始重视生态水利问题的研究。Zalewski（2000）对生态水利学提出如下观点：为了深刻理解现在水利体系及河道走廊中的生态分布，必须分析、解释历史性的变化，以便于实际应用；利用生态水利方法可以加强河道走廊的抵抗力、恢复力和缓冲力，该方法可以成为水资源持续利用研究的有效工具；生态水利学是对水利和流域尺度的生态/生物之间相互关系的研究，是实现水资源持续性管理的一种新方法。文中还论述了生态水利应遵循的三个原则：在流域尺度上，以理想的超个体形式对水和生物系统进行集成；明确进化过程中自然形成的生物群体对外界压力的抵抗力及恢复力；将生态系统的观点作为管理工具。

1.1.2 国内研究现状

气候变化对水资源及其承载力影响方面，20 世纪 80 年代末，水资源问题已经成为制约我国许多地区经济社会发展的主要制约因素，研究确定区域水资源开发利用与经济、社会、人口、环境的协调和可持续发展，成为水资源研究的热点、难点问题。陈昌毓（1995）根据经验公式计算河西地区现有水资源可支撑的绿洲、农田面积，由此分析了现有绿洲稳定性和扩展能力。王根绪（1997）应用单目标规划方法，简单构造了黑河流域额济纳绿洲经济社会发展和水资源利用之间的关系，计算了两种不同的生态环境预期下的绿洲面积。贾嵘等（1998）利用多目标分析核心模型，使用四种不同的方案（零方案、低方案、中方案、高方案）对比研究了陕西关中地区 2010 年、2020 年的水资源承载能力，核心模型为总控模型，将各子系统模型中的主要关系提炼出来，根据变量之间的相互关系，对整个大系统内的各种关系进行了分析。汪党献等（2000）从区域发展的水资源特性入手，提出了定量研究区域发展的水资源承载能力的指标体系和计算方法，对我国各省区市的水资源承载能力进行了判断。王浩等（2003）通过承载力的边界条件（如各行业用水定额、农作物单位面积产量、生活用水定额、用水效率等）、生产力水平与居民消费水平、水资源生产能力（包括 GDP 规模、光合能力、农产品生产能力、绿洲面积以及水资源供需平衡状况等），对西北地区水资源承载能力进行了分析确定。郝伟罡等（2013）在国家自然科学基金委员会的资助下，开展了变化环境下干旱牧区水草资源动态耦合承载能力研究，研究了干旱牧区草地资源"三元化"利用（即对重度沙退化草地实施围封禁牧；对中度以下沙退化可利用草地，要稳定草原面积，在加强人工改良、提高牧草产量、优化牧草质量的前提下，核定合理载畜量，实施划区轮牧和季节轮牧；对水土条件较好的局部地区，优化配置水土资源，通过水利基础设施、农艺措施、草业科技的应用，形成优质、高产、稳产的灌溉饲草料地，打牢草地畜牧业发展的物质基础，提高草地畜牧业抵御自然灾害的能力）的耗散机理及动态优化理论、计算方法，定量分析了不同气候情景下水资源和草地资源系统的动态耦合机制，建立了基于系统动力学方法水资源和草地资源动态耦合承载力模型。

农业水资源利用效率与效益评价方面，姚崇仁（1995）开展了农田节水灌溉节水潜力及其综合评价的理论与应用研究。沈振荣（2000）提出了节水新概念——真实节水的研究与应用。刘文兆等（2001）建立了作物生产、水分消耗与水分利用效率间的动态联系。师彦武等（2003）设计建立了干旱区内陆河流域水资源开发对水土环境效益的评价指标体系。段爱旺（2005）针对水分利用效率的内涵及使用中需要注意的问题进行了相关研究。

生态水利基础理论研究方面，刘昌明（1999）发表了《中国 21 世纪水供需分析：生态水利研究》，提出了水转化是水资源评价的基础，建议在水资源供需平衡研究中，把生态水利和环境水利结合在一起，开源节流并举，以节流为主，最终全面实现水资源供需平衡。左其亭和夏军（2002）在对新疆博斯腾湖流域、伊犁河流域、额尔齐斯河流域的实际研究中，建立了陆面水量-水质-生态耦合系统模型，定量分析了陆面水资源系统水量水质变化及其相互关系。董哲仁（2007）提出了生态水工学——人与自然和谐工程，在健全的生态系统中，水体与生物群落相互依存，形成了江河湖泊的自净能力，水工学吸收融合生态学，从而建立了生态水工学。

1.1.3　存在的问题

我国许多专家学者在农业节水技术、提高农业水资源使用效率方面，以及生态水利基础理论方面开展了相关的研究，推动了相关学术领域的发展。通过大量文献检索发现，以下问题亟待研究和突破。

1. 生态水利基础理论体系有待丰富与完善

生态水利是一个多学科交叉的边缘学科，是水文学、水资源学、水力学、地貌学、生态学等传统学科的交叉和融合。生态水利的基础理论建立在生态经济系统理论、水资源生态系统理论、生态水工学理论之上，但传统的水资源系统主要作为工程技术系统，忽视或脱离了生态系统，单纯为实现经济目标和满足人类需要服务。对兼顾生态、经济，并为自然-经济-社会多重目标服务的水资源开发利用与管理方面的理论研究还不充分，特别是在气候变化影响背景下，针对水草资源承载能力有限、生态环境脆弱的干旱草原牧区的相关研究目前尚未见到。

2. 尚欠缺实用的计算方法

以人口、资源、环境与经济协调发展为前提，应用生态经济学原理、系统科学理论等分析评价干旱草原牧区水资源与草地资源优化耦合效用，实现水资源的合理开发利用、科学管理和草原生态环境的保护，对丰富和完善我国牧区生态水资源学、生态水利学理论具有重要的学术价值。但目前尚无基于系统理论基础的、简单易行的干旱牧区水资源与草地资源优化耦合效用评价的指标体系和计算方法。

1.2 研 究 目 标

本书采用典型试验、文献调研、模拟分析、综合评价等方法手段，以内蒙古阴山北麓内陆河流域的达尔罕茂明安联合旗干旱牧区为研究区，以促进真正的资源节约型、环境友好型高效用水模式构建为目的，分析评价干旱牧区水资源与草地资源优化耦合利用效益，以实现牧区水资源的合理开发利用、科学管理和草原生态环境的保护。具体研究目标如下：

（1）定量分析变化环境对干旱牧区水资源量的影响，评价气候变化下研究区水资源量与耗水量；

（2）确立基于草地资源"三元化"利用模式的干旱牧区水资源和草地资源耦合效用评价指标体系及评价方法；

（3）建立变化环境下干旱牧区水资源和草地资源优化耦合效用评价模型，得到研究区水草资源耦合效用价值量。

1.3 研究内容

本书主要研究内容共三部分，具体如下。

1.3.1 变化环境下干旱牧区水资源与草地资源变化及模拟研究

以地理学、生态学、水文水资源学为理论依据，以遥感和地理信息系统为技术手段，结合研究区观测、试验，重点应用内蒙古自治区人工草地高效节水灌溉技术工程实验室以及位于达尔罕茂明安联合旗的水利部牧区水利科学研究所综合试验基地监测蒸发蒸腾量（evapotranspiration，ET）数据及牧草灌溉相关试验数据等，分析和模拟研究区变化环境下的水草资源演化规律，主要包含以下内容。

1. 变化环境下不同时期干旱牧区水资源变化研究

定量分析气候变化与人类活动所引起的土地利用覆被变化对干旱牧区水资源量的影响，设置不同的气候及土地覆被情景，分析评价气候变化下研究区水资源量的变化。

2. 变化环境下研究区不同土地利用类型耗水量模拟

利用水利部牧区水利科学研究所综合试验基地观测、试验等数据，建立达尔罕茂明安联合旗的土壤水文评价工具（soil and water assessment tool，SWAT）模型，模拟研究区不同土地利用类型耗水量年际变化趋势。

1.3.2 干旱牧区水资源和草地资源耦合效用评价指标体系及评价方法研究

基于草地资源"三元化"利用模式及技术-经济-生态-社会耦合理念，综合运用区域水平衡理论、层次分析方法、多目标评价方法、资源与环境价值估算方法，提出干旱牧区水草资源耦合效用评价指标体系及评价方法，主要包含以下内容。

1. 确立干旱牧区水资源和草地资源耦合效用评价指标体系

以研究区水资源和草地资源耦合利用效率为基础，综合考虑节水技术的经济、社会效益以及环境影响效果,确立干旱牧区水资源和草地资源耦合效用评价指标体系。

2. 干旱牧区水资源和草地资源耦合效用评价方法研究

针对确立的干旱牧区水资源和草地资源耦合效用评价指标,分析水资源和草地资源耦合效用价值构成,确定评价估算方法。

1.3.3 变化环境下干旱牧区水资源和草地资源优化耦合效用评价模型研究

不同情景模式下,以水资源和草地资源耦合与优化配置为纽带,进行水资源和草地资源系统(承载主体)与经济社会发展系统和生态环境系统(承载客体)间耦合;在充分考虑主体的有限性(阈值)、客体的可变性(承载水平)以及配置方案对承载能力影响的前提下,借助研究区水文模型的水循环模拟结果,以实现经济、生态环境、社会综合效益最大化为目标,建立变化环境条件下干旱牧区生态环境良好、经济社会可持续发展的水资源和草地资源优化耦合效用评价模型,并得到研究区水草资源耦合效用评价结果。

1.4 创新与特色之处

1.4.1 创新之处

(1)从"自然资源-生态系统-社会系统"为人类提供的各项服务功能出发,分析了干旱牧区水资源与草地资源的服务功能,界定了干旱牧区水资源与草地资源效用的内涵和外延。

(2)在不同气候情景下,以区域水文循环、草地资源"三元化"利用为基础,建立了基于分布式水文模型的干旱牧区水资源与草地资源优化耦合效用评价模型。

1.4.2 特色之处

1. 多学科交叉融合

本书研究内容涉及气象学、水文水资源学、生态学、地理学、经济学、草原学、环境科学、资源系统工程学等多学科，注重学科间的交叉融合、综合应用。

2. 地域特色及科研与实践相结合

本书研究内容源于内蒙古达尔罕茂明安联合旗水资源和草地资源开发利用、高产优质灌溉饲草料地建设及草原生态保护治理实践，具有显著的地域特色，成果可直接用于指导现阶段及今后达尔罕茂明安联合旗水资源和草地资源开发利用与草原生态保护工作。

第2章　研究区概况

达尔罕茂明安联合旗（以下简称达茂旗）于1952年10月由达尔罕旗和茂明安旗联合而建（达尔罕意为"神圣不可侵犯"，茂明安意为"千户部落"），行政区划隶属于内蒙古自治区包头市，是内蒙古自治区20个沿边旗市区和33个牧业旗之一。东邻乌兰察布市四子王旗，西接巴彦淖尔市乌拉特中旗，南连呼和浩特市武川县、包头市固阳县，北与蒙古国接壤，国境线长88.6km，地理坐标为109°16′E～111°25′E，41°20′N～42°40′N。达茂旗行政区划如图2-1所示。

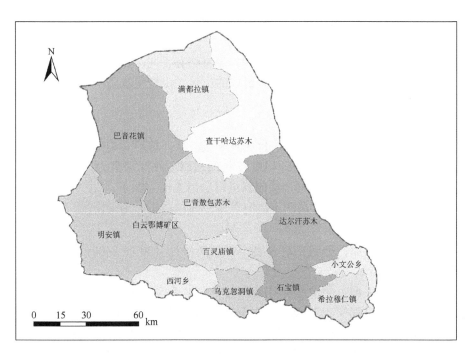

图 2-1　达茂旗行政区划图

（白云鄂博矿区不在达茂旗行政区划内，本书图中没有去除。）

全旗辖百灵庙镇、满都拉镇、巴音花镇、明安镇、乌克忽洞镇、石宝镇、希拉穆仁镇、查干哈达苏木、巴音敖包苏木、达尔汗苏木、西河乡、小文公乡，共12个乡镇苏木，旗政府所在地为百灵庙镇，总面积为18177km²。

2.1 自 然 地 理

2.1.1 地形地貌

达茂旗地形的总体趋势是西南高，东北低，由西南向东北倾斜，中部及西部多山，南部丘陵起伏，东部及北部地势平坦，为广阔波状高平原。

根据地貌成因和形态特征，可划分为构造剥蚀和剥蚀堆积两大地貌类型。

1. 构造剥蚀地貌类型

1）低山丘陵

低山丘陵在达茂旗北、中、南部均有分布，面积为 9177.13km²，占总面积的 51.9%，基岩裸露，长期遭受风蚀剥蚀。南部山丘海拔为 1500～1700m，中部山丘海拔为 1300～1400m，北部低山丘陵海拔为 1050～1305m。低山丘陵坡度较缓，一般只有 20°～30°。由于组成岩性不同，形态略有不同：由花岗岩组成的缓丘，山顶浑圆，山脊是波浪状；由变质岩组成的山丘，山脊呈次圆状，局部锯齿状，坡度较陡，山脊明显。

2）高平原

高平原主要分布于几个盆地，台面呈平缓波状，地形总趋势向北倾斜。南部地区受阴山构造带的影响，上升幅度较北部强烈，逐渐被夷为高平原，面积为 7307.5km²，占总面积的 41.0%，按照新老可分为 5 级，如下。

一级波状高平原：分布在艾不盖河下游，面积较小。为最新的一级台地，高程小于 1300m，地表岩性为泥岩。

二级波状高平原：分布在塔令宫一带，高程为 1300～1400m，地表岩性为泥岩。

三级波状高平原：主要分布在西河盆地东、乌克盆地西、巴音敖包一带及腾格淖尔以北，台面平坦开阔，地表分布有薄层砂砾石。其中，艾不盖河穿越西河—乌克盆地，沟谷发育，切割深度 3～4m，宽 10～50m，延伸数里。

四级波状高平原：分布在达茂旗东南部，西河盆地中西部，地形南高北低，南部台面起伏大，北部台面较平坦，相对高差 5～20m，沟谷较发育。

五级波状高平原：分布在中部丘陵的北部红旗牧场贾达盖、朝绕格图一带，呈南北长条状，由上新统、渐新统岩层，红色砂质泥岩、棕红色泥岩、灰白色泥灰岩、砂砾石等组成。海拔大于 1500m，朝绕格图一带高程在 1600m 以上，总趋势向北倾斜。

2. 剥蚀堆积地形

1）冲洪积平原

分布在陶来图河、艾不盖河、巴音花一带，高程在 1060～1370m，地形较平缓。艾不盖河河道多呈"S"形，局部河岸有石崖陡坎，查干哈达以南间有一、二级上叠阶地，下游地形平坦，平原台面由南向北倾斜，坡角 1°～3°，主要由第四系亚砂土、砂石组成。

2）冲积平原

主要分布在开令河一带，由全新统冲积砂砾石、中粗砂石组成。地面平缓与侧平原呈陡坎相接，一般比高 3～10m。

3）冲湖积平原

位于腾格淖尔、哈拉淖尔两地，主要由第四系亚砂土、黏土、细砂组成。地势平缓，由四周向平原中心倾斜，一般比高 3～10m。

2.1.2　土壤植被

达茂旗土壤类型为栗钙土、棕钙土、草甸土、碱土、石质土、白盐土；植被类型为地带性湿域草场和非地带性、隐域性草场。

1. 土壤类型

按土壤养分含量分，达茂旗土壤分为Ⅱ～Ⅵ级。

Ⅱ级土，该类土壤土层较厚，土壤养分含量高，主要分布在河谷滩地、丘陵平缓洼地。土壤类型主要为冲洪积栗钙土、淡栗钙土等，是主要的农业用地，面积为 26.92 万亩（1 亩≈666.67m²），占总面积的 1.05%。

Ⅲ级土，该类土壤土层较厚且具有一定的肥力，主要分布在河谷、滩地。土壤类型为砂质栗钙土、冲洪积栗钙土、淡棕钙土，面积为 257.1 万亩，占总面积的 9.70%。

Ⅳ级土，该类土壤肥力低，保水保肥性能差，主要分布在丘陵、波状高平原中上部。土壤类型为栗钙土、淡栗钙土，是条件比较差的农牧业用地，面积为 2005.81 万亩，占总面积的 75.88%。

Ⅴ级土，该类土壤土层较薄，质地粗、盐化重，土壤类型为薄体栗钙土、中度风蚀栗钙土、重度盐化草甸土，主要分布在丘陵低洼地、波状高平原上半部，面积为 226.7 万亩，占总面积的 8.58%。

Ⅵ级土，土壤类型为石质土、白盐土、盐化碱土，主要分布在低山、丘陵、波状高平原的顶部及山间洼地，面积为 126.74 万亩，占总面积的 4.79%。

2. 植被类型

1）地带性湿域草场

地带性湿域草场分为干草原植被、荒漠草原、草原荒漠。

干草原植被：分布于巴音敖包南部，百灵庙一带到新宝力格一线以南等丘陵、高平原上，面积占草场总面积的 34.3%。主要植被有克氏针茅、糙隐子草、冷蒿、羊草、狭叶锦鸡儿等，覆盖度为 23%～27%。灌木平均高度为 14.4cm，草本高为 10cm 左右。在风蚀作用下，若载畜量过大，会造成植被减少、草场不同程度的退化。

荒漠草原：分布在百灵庙以北波状高平原上，占草场面积的 57.8%。主要植被有石生针茅、沙生针茅、短花针茅、无芒隐子草等，覆盖度为 25.1%。灌木平均高度为 20～38cm，草本高为 8～15cm。

草原荒漠：分布于巴音塔拉、满都拉一带的低缓丘陵上，在巴音塔拉到都荣敖包一线呈东北向延伸，面积占草场面积的 3.8%。主要植被有红沙、珍珠、石生针茅等，覆盖度为 24%。灌木平均高度为 15cm 左右，草本高为 5～10cm。

2）非地带性、隐域性草场

分布于冲洪积河滩、高平原低洼地、湖盆及冲积扇地下水溢出区，占草场总面积的 4.1%。主要植被有芨芨草、风毛菊、寸草苔等，该类草场草群生长茂密，覆盖度为 31.5%。

2.1.3　气候

达茂旗地处中温带，又深居内陆腹地，大陆性气候特征十分显著，属中温带半干旱大陆性气候。冬季漫长寒冷，春季干旱风沙多，夏季短促凉爽。寒暑变化强烈，昼夜温差大，降水量少且年际变化悬殊，无霜期短，蒸发量大，大风较多，日照充足，有效积温多。

多年平均气温为 4.2℃，极端最低气温为-39.4℃，极端最高气温为 38.0℃。年平均降水量为 256.2mm，且多集中于 6～8 月，年最大降水量为 425.2mm，年最少降水量为 142.6mm，一日最大降水量为 90.8mm。年平均蒸发量为 2526.4mm。年均相对湿度为 49%，各月相对湿度变化较大，4～5 月相对湿度较小，在 33%左右；3 月、6 月、10 月三个月相对湿度小于 50%；1～2 月、7～9 月、11～12 月相对湿度大于 50%。年平均风速为 3.7m/s，大于 4.0m/s 风速发生在 4～6 月，其余月风速均小于 4.0m/s，主要为西北风。达茂旗各地区无霜期不等，最短为 85d，最长为 125d。多年平均日照时数为 3100～3300h。冻结期为 10 月初～12 月上旬，解冻期为次年

3 月末～4 月中旬。平均冻土深度为 2.0m，最大冻土深度为 2.68m，冻土厚度在 1m 左右，最大积雪深度为 0.7m。

2.1.4　水文地质条件

根据地形地貌、地质构造、岩性、岩相古地理及地下水类型，达茂旗水文地质单元可划分为山丘区、高平原区、山间河谷阶地区三大类。

1. 山丘区水文地质条件

山丘区是平原区地下水的主要补给区，以变质岩张性裂隙水和碎屑岩类潜水为主，山区沟谷中冲积洪积层潜水次之。其富水性主要受构造、岩性、节理裂隙发育程度以及地形等因素控制。按含水岩体岩性及结构分述如下。

1) 层状基岩裂隙潜水

该岩类包括坚硬的碎屑岩及浅变质岩，其主要由石英砂岩、砾岩、灰岩、板岩、变质砂岩、安山岩及凝灰岩组成。由于岩石裂隙发育程度不同，富水性存在很大差异。变质岩风化张性裂隙带深度为 20～40m，裂隙宽为 1～3cm，裂隙率为 2%～3%；水位埋深一般小于 5m，单位涌水量一般小于 100m³/d。由于节理及张性断裂较为发育，地下径流条件好，矿化度一般小于 1g/L，局部地区为 1～3g/L，水化学类型为 HCO_3-Na、HCO_3-Na-Ca、HCO_3-Ca-Na、HCO_3-Cl-Ca-Mg-Na、Cl-HCO_3-Mg-Na。补给源主要为大气降水入渗，降水量的多少直接影响着地下水的水量；排泄主要为侧向径流和民井开采。

2) 块状基岩裂隙潜水

块状岩类主要是指岩浆岩，岩性主要为中细粒花岗岩及闪长花岗岩，节理裂隙较为发育。由于岩体风化破碎厉害，裂隙多被泥质或石英脉所填充，影响了降水的入渗补给，富水性较小，单位涌水量一般小于 10m³/d，水位埋深一般小于 5m，矿化度一般小于 1g/L，局部地区为 1～3g/L，水化学类型为 HCO_3-Na、HCO_3-Na-Ca、HCO_3-Ca-Na、HCO_3-Cl-Ca-Mg-Na、Cl-HCO_3-Mg-Na。补给源主要为大气降水入渗，排泄主要为侧向径流和民井开采。

2. 高平原区水文地质条件

高平原在构造上属于中、新生代断坳陷盆地，在燕山运动作用下，接受白垩系、古近系-新近系内陆湖盆相碎屑沉积，由于地下水赋存、补给、排泄条件不同，形成潜水与层间水（承压水）含水岩组两类。

1) 潜水含水岩组

潜水含水岩组岩性为砂卵石、砂砾石、含砾粗砂、粗砂等。由于剥蚀作用，地形起伏较大，含水层断续分布，水位埋深小于 10m，一般为 1～5m，单位涌水量为 10～100m³/d；矿化度一般小于 1g/L，局部低洼地段为 1～3g/L，水化学类型为 HCO_3-Cl-Ca-Na、SO_4-Cl-Na、Cl-SO_4-Na、Cl-SO_4-Na-Mg。补给源主要为山丘区侧向排泄补给，排泄方式主要为潜水蒸发和人工开采。

2）层间水（承压水）含水岩组

（1）巴音花盆地层间水。

该含水组岩性主要为砂砾岩、泥质砂砾岩、泥质砂岩、粗砂岩等。一般规律为上部及下部颗粒较粗，为薄层状，中部较细，为厚层状砂岩夹薄层泥岩；裂隙不发育，透水性较差；顶板埋深为 40～180m，含水层厚度为 2～60m，水位埋深为 14～80m；单位涌水量小于 10m³/d，矿化度一般在 1～3g/L，局部地区大于 3g/L，水化学类型为 SO_4-Cl-HCO_3-Na、SO_4-Na、Cl-SO_4-Na。主要接受山丘区基岩裂隙水的补给，排泄方式主要为人工开采。

（2）川井盆地层间水。

川井盆地含水层岩性为砂砾岩、砂岩等，上覆厚层泥岩或页岩；含水层顶板埋深大于 30m，含水层厚度小于 20m；承压水水位埋深大于 30m；单位涌水量小于 10m³/d，矿化度小于 1g/L，水化学类型为 CO_3-SO_4-Na-Ca；主要接受山丘区基岩裂隙水的补给，排泄方式主要为人工开采。

3）乌克忽洞盆地孔隙承压水

含水层岩性为棕红色、灰绿色砂砾岩、砂岩、泥岩和泥质砂岩互层，上覆巨厚的湖相沉积；含水层顶板埋深大于 70m，含水层厚度由小于 10m 到大于 30m；单位涌水量由盆地边缘的小于 100m³/d 逐步向盆地中心过渡达到 100～1000m³/d；矿化度由盆地边缘 1g/L 左右逐步向盆地中心过渡达到大于 2g/L，水化学类型为 HCO_3-SO_4-Cl-Na、Cl-SO_4-Na-Mg、HCO_3-Cl-Na、Cl-SO_4-Na；主要接受山丘区基岩裂隙水的补给，排泄方式主要为人工开采。

4）西河盆地孔隙承压水

含水层岩性为灰绿、灰白及棕红色砂砾岩、砂岩及泥质砂砾岩、泥岩等，上覆上新统湖相沉积物；含水层分布极不均匀，含水层顶板埋深大于 8m，含水层最大厚度为 9.82m；单位涌水量为 100～1000m³/d。由于受到基底花岗岩隆起的阻隔，排泄受阻，径流条件变差，水质变差，矿化度由 1～3g/L 渐变为大于 4g/L，水化学类型为 Cl-SO_4-Na、HCO_3-Cl-Na-Mg、HCO_3-SO_4-Na-Mg、HCO_3-SO_4-Na；主要接受山丘区基岩裂隙水的补给，排泄方式主要为人工开采。

5）巴音敖包断陷盆地孔隙承压水

含水层岩性为砂岩和砂砾岩，上覆巨厚的灰绿色泥岩夹砂质泥岩。含水层分布极不均匀，从西向东含水层厚度由 14.86m 渐变到 28.20m；单位涌水量小于 100m³/d；矿化度在 1g/L 左右，水化学类型为 HCO_3-SO_4-Na；主要接受山丘区基岩裂隙水的补给,排泄方式主要为人工开采。

3. 山间河谷阶地区水文地质条件

含水层岩性一般为冲洪积卵砾石、砂砾石、含砾粗砂等,从沟谷顶部向下游,含水层颗粒具有由粗变细的分布规律。在沟谷顶部为砂卵石、砂砾石,向下游逐渐过渡为砂砾石、含砾粗砂、粗砂等;含水层厚度一般具有从上游向下游逐渐变薄乃至尖灭的规律,厚度一般大于 3m;含水层中含有较丰富的潜水,潜水位从丘陵边缘的沟谷顶部向下游逐渐由深变浅,水位埋深一般大于 1.5m;一般单位涌水量在主沟大部分大于 1000m^3/d,支沟小于 100m^3/d;矿化度一般小于 1g/L,水化学类型为 Cl-Na、Cl-HCO$_3$-Na;除接受大气降水补给外,还接受高平原和低山丘陵的侧向补给,排泄方式为潜水蒸发和人工开采。

2.1.5 河流水系

达茂旗境内主要有艾不盖河等 9 条河流、腾格淖尔等 5 个水系。

1. 河流

境内河流主要有艾不盖河、开令河、塔布河等 9 条较大河流,其余为内陆时令河,均属于内蒙古内陆河流域。具体分述如下。

1)艾不盖河

艾不盖河发源于达茂旗境内新宝力格苏木的张毛忽洞西山顶,向东流到大东村,转向东北至百灵庙又向北注入腾格淖尔,流域地跨达茂旗、武川县和固阳县。河流全长 192km,流域面积为 7185.5km^2,其中达茂旗境内为 5797.17km^2。全流域地势西南高东北低,南部是低山丘陵,北部是台地高平原。流域东与塔布河为界,西与陶来图河毗邻,南与昆都仑河、卡盘河相邻,该河为间歇性河流。据百灵庙站多年水文站资料统计,该河流最大洪峰流量发生在 1952 年,流量为 969.6m^3/s,其次发生在 1958 年,流量为 667m^3/s,再次发生在 1979 年,流量为 447m^3/s,最小流量为 0.2m^3/s 左右。该河主要支流有 7 条,上游分布有阿木斯尔沟、乌尔图河、高腰海沟、黑石林沟,中游分布有塔尔洪河、查干格少沟、格少河。

2)查干布拉河

查干布拉河发源于达茂旗的塔克马拉山西南山顶,向北流经推喇嘛庙、查干布拉格、哈大哈少河注入腾格淖尔,干流长 92km,流域面积为 933.9km^2。西与艾不盖河相邻,东与扎达盖河分水。地势南高北低,南部为低山丘陵区,中部为台地，下游为冲积平原。河网不发育，虽有一些支沟，但都很短。查干布拉格以上为洪水沟，以下间有泉水出露，至哈大哈少以下，河形消失，为长条洼地，宽为1～2km。

3）开令河

开令河位于达茂旗西北部，发源于巴音珠日和苏木的墩德呼都格西山顶，向东北流经那陶勒盖、巴音珠日和、乌兰陶勒盖注入哈日淖尔。十流长99.1km，流域面积为1892.4km²。该流域西南高东北低，南部为低山丘陵，北部为台地平原。

4）乌兰苏木河

乌兰苏木河位于达茂旗西北部，发源于新宝力格的阿尔查亭希勒山顶，向东流经阿麻东屋、白音布拉格、乌兰宝力格、好来汇入哈日淖尔。西与开令河相邻，东与陶来图河相邻，干流全长96.2km，流域面积为854.1km²。南部是山丘，北部为台地平原。

5）阿其因高勒河

阿其因高勒河发源于达茂旗红旗牧场压力干兔南山顶，向北流经服务站，向东南注入哈日淖尔。干流全长57km，流域面积为3779km²。

6）陶来图河

陶来图河发源于达茂旗白云鄂博铁矿山顶，向东南流至乌华勒，转向东北陶来图，流经好庆、巴音敖包、哈少庙、塔拉赛汉，汇入赛打不苏淖尔。干流长78km，流域面积为772.5km²。流域南高北低，南部为重山秃岭，坡度较陡，中部是丘陵，北部是台地平原，梁平地高，台阶分明。

7）乌兰伊力更河

该河发源于达茂旗巴音敖包苏木的乌兰哈达北山顶，向北注入乌兰淖尔，干流长43.1km，流域面积为277km²。

8）塔布河

塔布河发源于固阳县大庙乡的大南沟西南山顶，向东北流至水口子，转向北至红格尔乡、崩巴图，直分岔处，流经双玉城、可可点素、西拉穆仁苏木、吉生太等地注入呼和淖尔。干流全长323km，流域面积为10483km²，横跨四个旗县，其中达茂旗境内西拉穆仁苏木以上干流长22.2km。该河为间歇性时令河，水量主要由洪水补给，河谷较发育，沟深40m左右。达茂旗境内支流有两条，即席边河、中后河。

9）扎达盖河

扎达盖河发源于额尔登敖包苏木境内的达拉贡西南山顶，由南向北注入四子王旗的图古木淖尔，干流长46.6km，流域面积为319.8km²。

主要河流特征见表2-1。

表 2-1 达茂旗境内河流特征表

河流名称	河流长度/km	流域面积/km²
艾不盖河	192.0	7185.5
查干布拉河	92.0	933.9
开令河	99.1	1892.4
乌兰苏木河	96.2	854.1
阿其因高勒河	57.0	3779.0
陶来图河	78.0	772.5
乌兰伊力更河	43.1	277.0
塔布河	323.0	10483.0
扎达盖河	46.6	319.8

2. 水系

境内主要由 5 个水系组成，分别为腾格淖尔水系、乌兰淖尔水系、赛打不苏淖尔水系、哈日淖尔水系、呼和淖尔与图古木淖尔水系。

1）腾格淖尔水系

腾格淖尔位于达茂旗查干哈达苏木境内，淖尔水面高程为 1054m 时，水面面积为 28.77km²，集水面积为 8701.73km²。当水面高程超出 1055m 时，淖尔内水可由东北经四子王旗乌尔图河，注入乌苏图郭勒，然后流入查干淖尔。该淖尔主要接受艾不盖河与查干布拉格河的补给。

2）乌兰淖尔水系

该淖尔位于达茂旗满都拉镇境内，淖尔水面高程在 1115m 以下，主要由乌兰伊力更河水注入，集水面积为 277km²。

3）赛打不苏淖尔水系

赛打不苏淖尔是一个咸水淖尔，位于达茂旗满都拉镇境内，有水时，水面面积为 2.18km²，水面高程在 1140m 以下，主要接受陶来图河水。

4）哈日淖尔水系

该淖尔位于达茂旗满都拉镇境内，有水时，水面面积为 6.88km²，水面高程为 1103m。主要接受乌兰苏木河、阿其因高勒河、开令河的补给。

5）呼和淖尔与图古木淖尔水系

呼和淖尔与图古木淖尔位于四子王旗境内。塔布河在达茂旗境内的中后河、席边河注入呼和淖尔，扎达盖河注入图古木淖尔。

3. 水文特征

达茂旗境内的 9 条主要河流都属于内陆时令河，冬春流量很小，直至干涸，每年 7～8 月有洪水流量，但涨落历时都很短。

艾不盖河是达茂旗境内最大的河流，百灵庙以南多年平均径流深在 4～8mm，以北很少产生径流。百灵庙站为控制点，艾不盖河多年平均河川径流量为 2168 万 m³，侵蚀模数为 100～500t/km²。

塔布河在达茂旗境内支流的多年平均径流量为 254 万 m³。

2.1.6　自然资源

达茂旗主要矿产资源有稀土、金、铁、锰、铜、褐煤、磷、萤石、石灰石等。其中，金矿石储量为 130.9 亿 t；铁储量约为 11.2 亿 t；褐煤探明储量为 56 亿 t；铜矿石储量为 167.87 万 t；磷镁储量为 280 万 t。大宗药材有甘草、黄芪等。野生珍稀动物有蒙古野驴、黄羊等；禽类有鹰、百灵鸟等。境内光能资源丰富，多年平均日照时数为 3100～3300h，太阳年辐射总量为 140～145kcal/cm²（1kcal = 4186.8J），光能生产潜力由南向北逐增；风能资源尤为可观，年有效风速持续时间长、风向稳定，是内蒙古自治区风能资源 I 级区中的核心部分和核心地带。年平均风速为 3.2～5.2m/s，全年风能均可利用，风能资源储量为 3200 万 kW。

2.2　经　济　社　会

2.2.1　人口状况

达茂旗辖区内有蒙、汉、回、满等 15 个民族，是一个以蒙古族为主体、汉族占多数、多民族聚居的边境少数民族地区。

根据达茂旗经济社会统计年鉴，2015 年达茂旗总人口为 11.28 万人，其中城镇人口为 6.24 万人，乡村人口为 5.04 万人，城镇化率为 55.3%，见表 2-2。

表 2-2　达茂旗 2015 年人口统计表

旗	城镇人口/万人	乡村人口/万人	总人口/万人	城镇化率/%
达茂旗	6.24	5.04	11.28	55.3

2.2.2　经济建设

达茂旗是一个以畜牧业为主的边境牧业旗，农作物主要为马铃薯、莜麦、荞麦；经济作物以油菜籽、胡麻、向日葵为主；饲草料作物以青储玉米、紫花苜蓿为主。

2015 年达茂旗地区生产总值达到 208.78 亿元，其中第一产业生产总值为 15.38 亿元，第二产业生产总值为 127.91 亿元（其中工业为 112.41 亿元），第三产业生产总值为 65.49 亿元，产业结构比为 7.4∶61.3∶31.3，见表 2-3。

表 2-3　达茂旗 2015 年人均生产总值指标　　　（单位：亿元）

| 旗 | 第一产业 | 第二产业 | | | 第三产业 | 合计 |
		合计	工业	建筑业		
达茂旗	15.38	127.91	112.41	15.50	65.49	208.78

2015 年达茂旗人均可支配收入城镇居民为 31913 元，农村牧区居民为 11784 元。年末牲畜头数为 56.21 万头（只），其中大畜 7.38 万头、小畜 46.56 万只、生猪 2.27 万头。

第3章 研究区气候变化特征分析

本章利用研究区 1954~2015 年气象资料，分别就平均气温、降水量、蒸发量等气象因子从年内、年际（包括植被生长期、非生长期、全年三个时段）间两个层面进行气候变化特征分析。结果显示，达茂旗降水量年内分配极不均衡，该地区气候总体呈暖干化趋势。

3.1 资料来源和分析方法

3.1.1 资料来源

达茂旗全旗境内只有一个具有长期观测资料的气象站——百灵庙气象观测站，位于达茂旗旗政府所在地百灵庙镇。本书选用该站点 1954~2015 年平均气温、降水量、蒸发量等系列观测资料，分析该地区的气候变化趋势，下文中气象要素的多年平均值在无特殊说明情况下，指 1954~2015 年的平均值。

3.1.2 分析方法

1. 气候倾向率

趋势变化用一次线性回归方程表示：

$$y = a_0 + a_1 t \tag{3-1}$$

式中，t 为年份；a_0 为气候基准值；a_1 为气候倾向率，用于定量描述气候序列的趋势变化特征，℃/10a。$a_1 > 0$ 时，表示递增趋势；$a_1 < 0$ 时，表示递减趋势；$a_1 = 0$ 时，趋势没有变化。

2. 气候突变累积距平检验方法

对于序列 X，其某一时刻 t 的累积距平表示为

$$X_t = \sum_{i=1}^{n}(X_i - \bar{X}) \tag{3-2}$$

式中，$\bar{X}$ 为多年平均值，用于判断其长期显著的演变趋势及持续性变化，并可诊断出发生突变的大致时间。

3. 气候基本态和气候变率

气候变化是指气候平均状态和离差两者中的一个或两个一起出现了统计意义上显著的变化。气候变化是由气候平均值或离差的变化引起的，因此研究某地的气候变化，必须既考虑平均值的变化，又考虑气候变率的变化。

通常将气象要素 30 年的平均值作为气候平均值，30 年以上的慢变过程定义为气候基本态。通过计算 30 年滑动平均来研究温度和降水气候基本态的变化特征，而通过滑动均方差来分析气候要素变率的长期变化。均方差等气候变率的变化能更密切地反映旱涝、寒暑等极端气候事件。

4. 滑动平均

滑动平均相当于低通滤波器，用确定时间序列的平滑值来显示变化趋势。对样本为 n 的序列 X，其滑动平均值表示为

$$\hat{x}_j = \frac{1}{k} \sum_{i=1}^{k} x_{i+j-1} \quad (j = 1, 2, \cdots, n-k+1) \tag{3-3}$$

式中，k 为滑动长度，通常取作奇数。通过滑动平均后，序列中短于滑动长度的周期大大削弱，显示出变化趋势。

5. 相关系数及其检验

相关系数是衡量任意两个气象要素（变量）之间关系的统计量。先对原变量作标准化处理，使其无量纲化，然后计算协方差。对任意两个要素变量 x_k、x_l，其相关系数计算公式如下：

$$R_{k_l} = \frac{1}{n} \sum_{i=1}^{n} \left(\frac{x_{k_i} - \bar{x}_k}{s_k} \right) \left(\frac{x_{l_i} - \bar{x}_l}{s_l} \right) \tag{3-4}$$

式中，$\bar{x}_k$、$\bar{x}_l$ 分别为变量 x_k、x_l 的平均值；s_k、s_l 分别为变量 x_k、x_l 的标准差，计算公式为

$$s_k = \sqrt{\frac{1}{n} \sum_{i=1}^{n} \left(x_{k_i} - \bar{x}_k \right)^2} \tag{3-5}$$

$$s_l = \sqrt{\frac{1}{n} \sum_{i=1}^{n} \left(x_{l_i} - \bar{x}_l \right)^2} \tag{3-6}$$

相关系数绝对值变化在 0～1，即 $0 \leq |R| \leq 1$。

相关系数是衡量两个变量之间关系密切程度的量，这个量的大小是否显著也需要作统计检验。

3.2　气候变化特征

达茂旗处于中高纬度地带，属中温带大陆性干旱气候。冬季漫长寒冷，夏季温凉，春季干旱多大风，秋季降温急剧霜冻早，无霜期在 85～125d。

3.2.1　气温变化

达茂旗多年平均气温为 4.2℃，年内平均气温 7 月最高，为 21.2℃；1 月最低，为–14.9℃。多年平均气温年内变化见图 3-1。

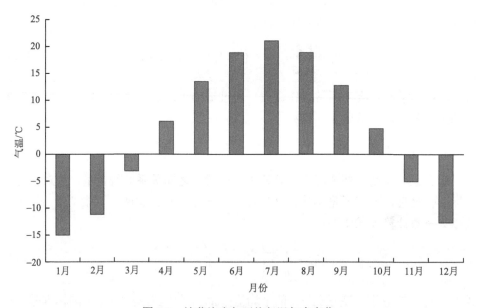

图 3-1　达茂旗多年平均气温年内变化

达茂旗草原植被生长期为每年 5～9 月，该时间段降水量等气象因素对植被生长的影响十分显著。草原植被生长期以外的几个月（下文简称非生长期），该时段降水量等气象因素的影响则主要体现在研究区的水资源量上。所以，本章按植被生长期、非生长期、全年三个时段分别进行气候变化特征分析。

图 3-2～图 3-4 是 1954～2015 年达茂旗植被生长期、非生长期和年平均气

温变化趋势，其气候倾向率按一阶线性趋势方程计算得出，为显现年代际的变化，由二阶多项式拟合了其变化趋势。从图 3-2～图 3-4 可以看出，1954～2015 年达茂旗植被生长期、非生长期和年平均气温均呈上升趋势，其非生长期平均气温升幅最大，线性拟合气候倾向率分别为 0.36℃/10a、0.49℃/10a 和 0.42℃/10a，高于全国的升温速率 0.25℃/10a。

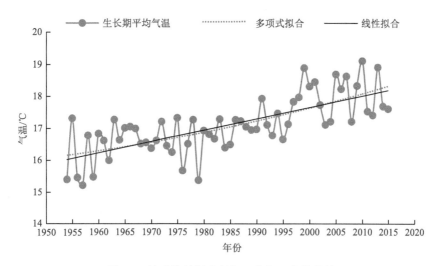

图 3-2　达茂旗植被生长期平均气温变化趋势

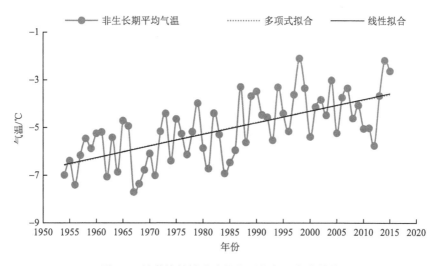

图 3-3　达茂旗植被非生长期平均气温变化趋势

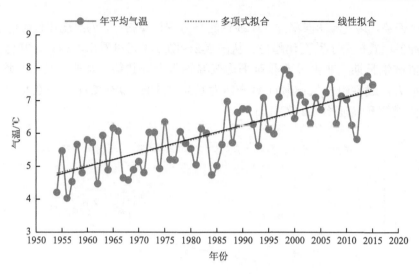

图 3-4　达茂旗年平均气温变化趋势

由图 3-5 可知，达茂旗植被生长期平均气温距平 1954～1962 年为负距平（1955 年例外），1963～1985 年正负距平相间、以负距平为主，1986 年后为正距平（1995 年例外），1990～2015 年平均气温正距平均值达 0.9℃。用 3 年滑动平均法分析，达茂旗植被生长期平均气温呈波动上升的趋势，1954～2015 年共有 8 次明显的波动，分别在 1967 年、1975 年、1983 年、1986 年、1994 年、2001 年、2007 年和 2010 年达到波峰，最暖年出现在 2010 年；在 1959 年、1970 年、1981 年、1986 年、1990 年、1995 年、2004 年和 2009 年达到波谷，最冷年出现在 1959 年。

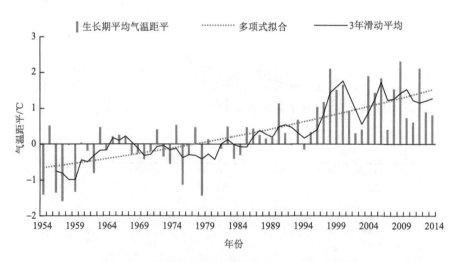

图 3-5　达茂旗植被生长期平均气温距平变化趋势

　　从图 3-6 达茂旗植被生长期平均气温距平累积变化趋势可以看出，1984 年是距平累积值的转折点，从 1984 年开始气温发生了突变，增温速度加快，1994 年之后距平累积曲线斜率增大更为陡直，说明升温幅度进一步加大。

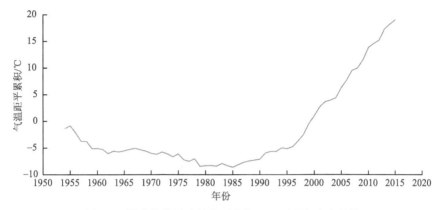

图 3-6　达茂旗植被生长期平均气温距平累积变化趋势

　　由图 3-7 可知，达茂旗植被非生长期平均气温距平 1954～1987 年为正负距平相间、以负距平为主，1988 年后为正距平（1989 年、1994 年、2012 年例外），1988～2015 年平均气温正距平均值达 1.4℃。用 3 年滑动平均法分析，达茂旗植被非生长期平均气温呈波动上升的趋势，1954～2015 年共有 6 次明显的波动，分别在 1965 年、1973 年、1989 年、1987 年、1998 年和 2004 年达到波峰，最暖年出现在 1998 年；在 1956 年、1967 年、1983 年、1993 年、2005 年和 2011 年达到波谷，最冷年出现在 1967 年。

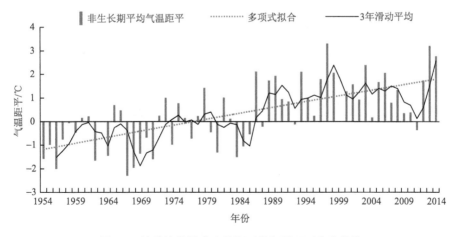

图 3-7　达茂旗植被非生长期平均气温距平变化趋势

　　从图 3-8 达茂旗植被非生长期平均气温距平累积值可以看出，1985 年是距平累积值的转折点，从 1985 年开始气温发生了突变，增温速度加快。

图 3-8　达茂旗非生长期平均气温距平累积变化趋势

　　由图 3-9 可知，达茂旗年平均气温距平 1954～1986 年正负距平相间、以负距平为主，1987 年之后为正距平（1993 年例外），1987～2015 年平均气温正距平均值达 1.2℃。用 3 年滑动平均法分析，达茂旗年平均气温呈波动上升的趋势，1954～2015 年共有 6 次明显的波动，分别在 1960 年、1966 年、1975 年、1991 年、1999 年和 2007 年达到波峰，最暖年出现在 1999 年；在 1964 年、1969 年、1986 年、1993 年、2005 年和 2012 年达到波谷，最冷年出现在 1969 年。

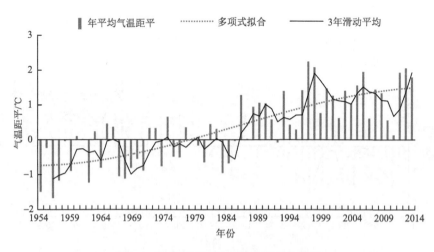

图 3-9　达茂旗年平均气温距平变化趋势

从图 3-10 达茂旗年平均气温距平累积变化趋势可以看出，1985 年是距平累积值的转折点，从 1985 年开始气温发生了突变，增温速度加快，线型陡直几乎没有波动，升温趋势明显、幅度较大。

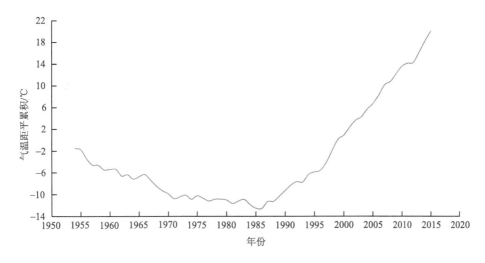

图 3-10　达茂旗年平均气温距平累积变化趋势

综上所述，从 20 世纪 80 年代末开始，特别是 1995 年之后，达茂旗植被生长期、非生长期和年平均气温处于"峰值"区域，升温加剧的趋势十分明显。比较图 3-2～图 3-10 各线型，尤其从距平值及 3 年滑动平均线来看，达茂旗年平均气温升高主要与非生长期气温升高有关。

3.2.2　降水量变化

达茂旗降水量由东南向西北逐渐递减，并随地形、坡向而发生变化。因此，降水分布不均。南部希拉穆仁一带多年平均降水量为 280～300mm，北部满都拉镇一带多年平均降水量为 150～200mm，达茂旗降水等值线见图 3-11。达茂旗年内降水主要集中在 5～8 月，为全年的 70%～78%，最大降水量出现在每年的 8 月，8 月多年平均降水量为 69.6mm，进入冬季后有少量降雪。多年平均降水量年内变化见图 3-12。

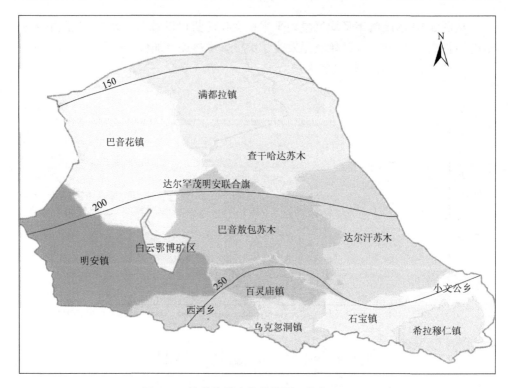

图 3-11 达茂旗降水等值线图（单位：mm）

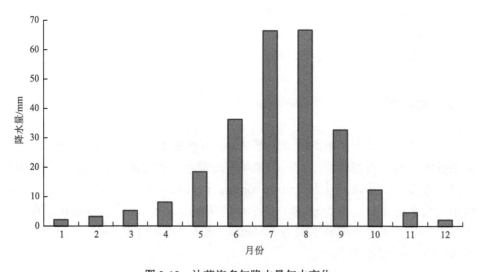

图 3-12 达茂旗多年降水量年内变化

图 3-13～图 3-15 是 1954～2015 年达茂旗植被生长期、非生长期和年降水量

变化趋势，统计表明，该地区植被生长期、非生长期降水量分别占年降水量的
85.4%和 14.6%。其气候倾向率按一阶线性趋势方程计算得出，为显现年代际的
变化，由二阶多项式拟合了其变化趋势。由图 3-13～图 3-15 可以看出，1954～
2015 年达茂旗植被生长期、非生长期和年降水量呈增加趋势，线性拟合气候倾向
率分别为 0.89mm/10a、0.04mm/10a 和 0.93mm/10a。

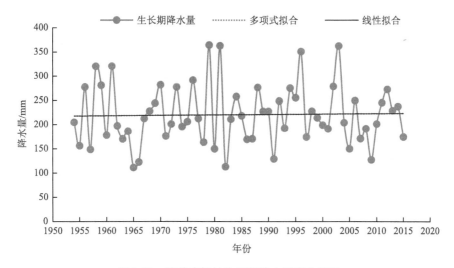

图 3-13 达茂旗植被生长期降水量变化趋势

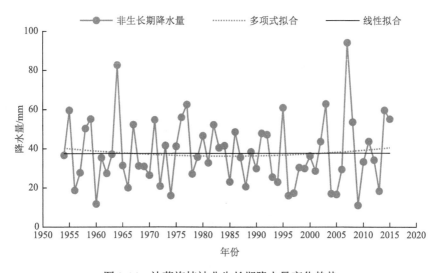

图 3-14 达茂旗植被非生长期降水量变化趋势

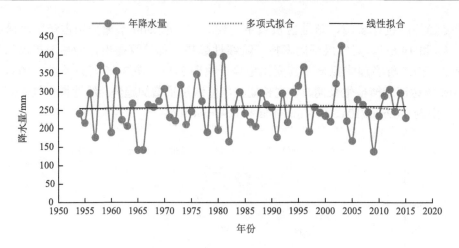

图 3-15　达茂旗年降水量变化趋势

由图 3-16 可见，达茂旗植被生长期降水量距平百分率呈湿—干—湿—干周期性变化，1954～1964 年之前为多雨期，1965～1996 年为少雨期，1997～2005 年又转入多雨期，2006 年后为干燥的少雨期。用 3 年滑动平均法分析，达茂旗植被生长期降水量呈波动减少趋势，1954～2015 年共有 6 次明显的波动，分别在 1961 年、1979 年、1988 年、1996 年、2003 年和 2012 年达到波峰，最强年出现在 1979 年；在 1965 年、1982 年、1991 年、1997 年和 2009 年达到波谷，最弱年出现在 1965 年。

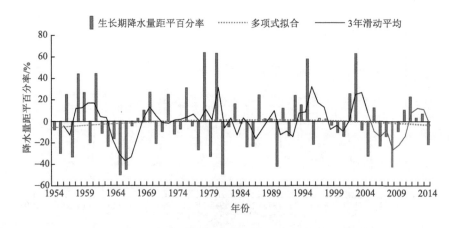

图 3-16　达茂旗植被生长期降水量距平百分率变化趋势

从图 3-17 达茂旗植被生长期降水量距平百分率累积变化趋势可以看出，主峰值出现在 1961 年和 2003 年，次峰值在 1981 年和 1996 年，2006 年以后降水量减少趋势明显加剧。

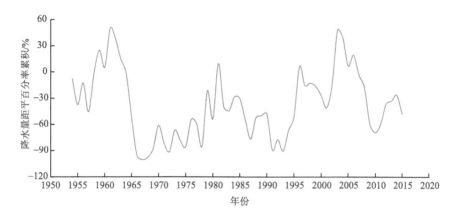

图 3-17　达茂旗植被生长期降水量距平百分率累积变化趋势

由图 3-18 可知，达茂旗植被非生长期降水量距平百分率周期性不显著。用 3 年滑动平均法分析，达茂旗植被非生长期降水量距平百分率 1954~2015 年共有 6 次波动，分别在 1959 年、1965 年、1977 年、1992 年、2003 年和 2008 年达到波峰，最强年出现在 2008 年；在 1962 年、1974 年、1990 年、1998 年和 2006 年达到波谷，最弱年出现在 2006 年。

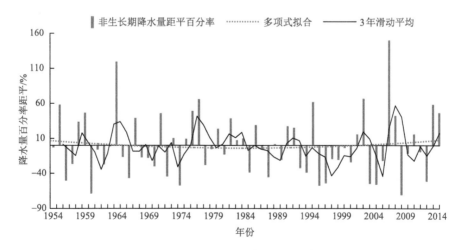

图 3-18　达茂旗植被非生长期降水量距平百分率变化趋势

从图 3-19 达茂旗植被非生长期降水量距平百分率累积变化趋势可以看出，

2006 年出现波谷值，对比图 3-17 和图 3-19 可以看出，1954～2015 年二者降水量增减趋势相反。

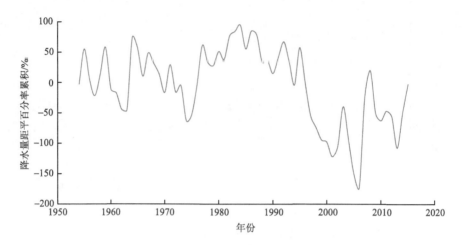

图 3-19 达茂旗植被非生长期降水量距平百分率累积变化趋势

由图 3-20 可知，达茂旗年降水量距平百分率呈湿—干—湿—干周期性变化，1954～1963 年之前为多雨期，1964～1994 年为少雨期，1995～2005 年又转入多雨期，2006 年后为干燥的少雨期。用 3 年滑动平均法分析，达茂旗年降水量总体呈微弱增加趋势，1954～2015 年共有 4 次明显的波动，分别在 1960 年、1981 年、1996 年、2003 年达到波峰，最强年出现在 2003 年；在 1957 年、1967 年、1987 年、2001 年和 2006 年达到波谷，最弱年出现在 1967 年。

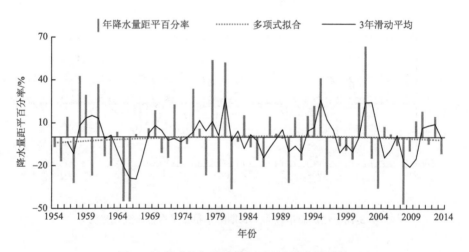

图 3-20 达茂旗年降水量距平百分率变化趋势

从图 3-21 达茂旗年降水量距平百分率累积变化趋势可以看出，主峰值出现在 1961 年和 2003 年，次峰值在 1959 年、1981 年、1996 年，2003 年以后降水量减少趋势明显加剧。

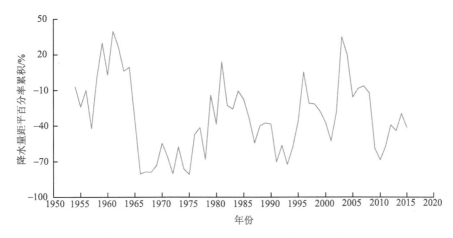

图 3-21　达茂旗年降水量距平百分率累积变化趋势

综上所述，达茂旗降水量年内分配极不均衡，2002 年以后降水量呈明显减少趋势，该地区已进入了干旱少雨期。

3.2.3　蒸发量变化

从地区分布来看，蒸发量从东南向西北呈递增趋势，南部石宝一带为 1386mm 左右，向北至百灵庙一带为 1716mm 左右。达茂旗多年平均蒸发量为 2500～2750mm（图 3-22），为降水量的 10.1 倍左右。年内 1 月蒸发量最小，此时空气湿度大，太阳辐射小；5 月进入春季以后，天气回暖，空气湿度变小、风速增大，蒸发迅速变得强烈；5～8 月为全年蒸发量最大时期，6 月蒸发量最大，为 425.44mm。多年平均蒸发量年内变化见图 3-23。

图 3-24～图 3-26 是 1954～2015 年达茂旗植被生长期、非生长期和年蒸发量变化趋势曲线。统计表明，该地区植被生长期和非生长期蒸发量分别占年蒸发量的 69.4%和 30.6%。其气候倾向率按一阶线性趋势方程计算得出，为显现年代际的变化，由二阶多项式拟合了其变化趋势。由图 3-24～图 3-26 可以看出，1954～2015 年来达茂旗蒸发量呈减少趋势，线性拟合气候倾向率分别为–53.06mm/10a、–29.66mm/10a 和–82.72mm/10a。

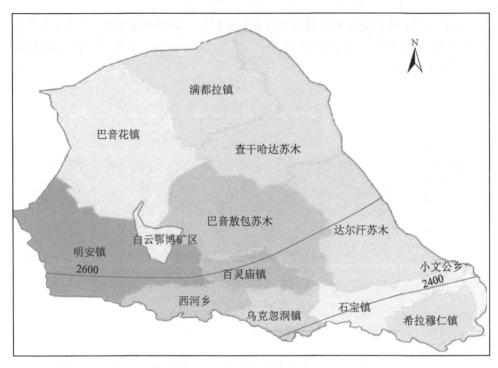

图 3-22　达茂旗多年平均蒸发量等值线图（单位：mm）

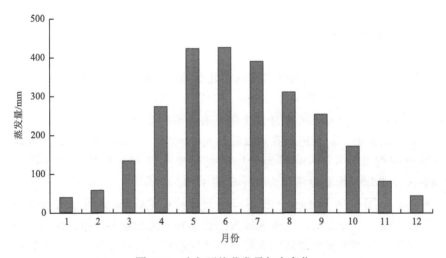

图 3-23　多年平均蒸发量年内变化

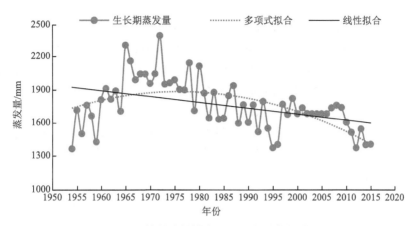

图 3-24　达茂旗植被生长期蒸发量变化趋势

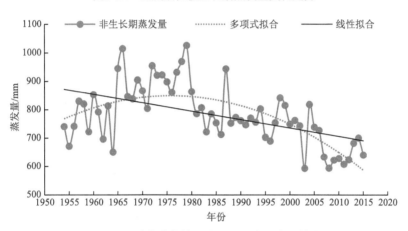

图 3-25　达茂旗植被非生长期蒸发量变化趋势

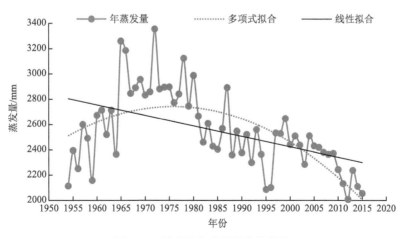

图 3-26　达茂旗年蒸发量变化趋势

由图 3-27 可知，达茂旗植被生长期蒸发量周期性很明显，蒸发量距平百分率 1954～1964 年为负距平（1961 年例外），1965～1981 年正距平（1979 年例外），1982 年后为负距平（1983 年、1987 年例外），1982～2015 年蒸发量负距平均值达 10.0mm。用 3 年滑动平均法分析，达茂旗植被生长期蒸发量呈波动减少趋势，1954～2015 年共有 3 次明显的波动，分别在 1967 年、1972 年和 1999 年达到波峰，最强年出现在 1967 年；在 1959 年、1971 年和 1996 年达到波谷，最弱年出现在 1996 年。从图 3-28 达茂旗植被生长期蒸发量距平百分率累积变化趋势可以看出，1981 年出现拐点，1981 年之后蒸发量减少趋势明显。

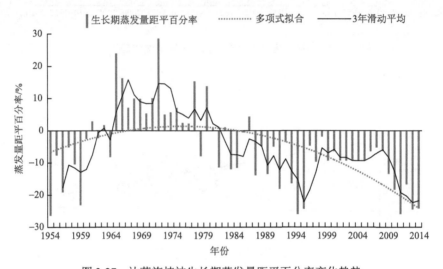

图 3-27　达茂旗植被生长期蒸发量距平百分率变化趋势

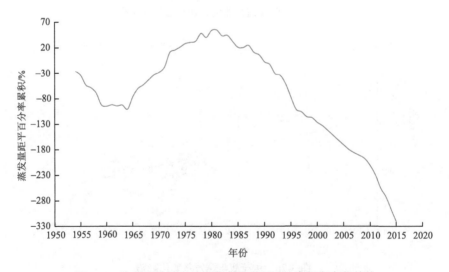

图 3-28　达茂旗植被生长期蒸发量距平百分率累积变化趋势

由图 3-29 可知，达茂旗植被非生长期蒸发量距平百分率 1954~1964 年为负
距平（1960 年例外），1965~1980 年正距平（1971 年例外），1981 年后为负距平
（1987 年例外），1981~2015 年蒸发量负距平均值达 12.1mm。用 3 年滑动平均法
分析，达茂旗植被非生长期蒸发量距平百分率呈波动减少趋势，1954~2015 年
共有 6 次明显的波动，分别在 1959 年、1967 年、1974 年、1979 年、1989 年和
2006 年达到波峰，最强年出现在 1979 年；在 1955 年、1964 年、1969 年、1977 年、
1986 年、2003 年和 2009 年达到波谷，最弱年出现在 2003 年。

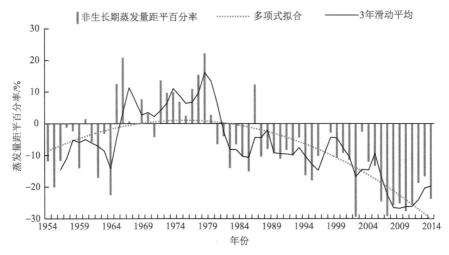

图 3-29　达茂旗植被非生长期蒸发量距平百分率变化趋势

从图 3-30 达茂旗植被非生长期蒸发量距平百分率累积变化趋势可以看出，非生
长期年蒸发量距平百分率累积值共出现两次转折，1978 年之后蒸发量减少趋势明显。

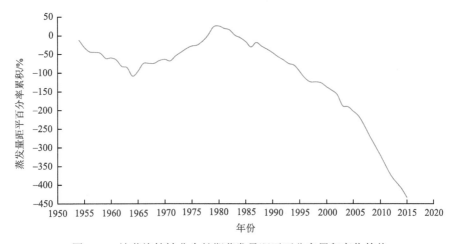

图 3-30　达茂旗植被非生长期蒸发量距平百分率累积变化趋势

由图 3-31 可知,达茂旗植被年蒸发量呈显著周期性变化,年蒸发量距平百分率 1954～1964 年全部为负距平,1965～1980 年为正距平,1981～2015 年为负距平(1987 年例外)。用 3 年滑动平均法分析,达茂旗年蒸发量呈波动减少趋势,1954～2015 年共有 4 次明显的波动,分别在 1967 年、1974 年、1987 年和 1999 年达到波峰,最强年出现在 1967 年;在 1971 年、1986 年和 1996 年达到波谷,最弱年出现在 1996 年。

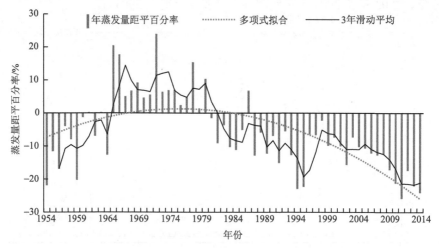

图 3-31　达茂旗年蒸发量距平百分率变化趋势

从图 3-32 达茂旗年蒸发量距平百分率累积变化趋势可以看出,年蒸发量在距平百分率累积值 1963 年、1979 年共出现两次转折,1979 年之后蒸发量呈明显减少趋势。

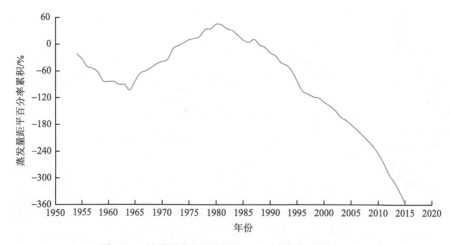

图 3-32　达茂旗年蒸发量距平百分率累积变化趋势

通过图 3-1～图 3-32 比对及相关性分析可知，达茂旗蒸发量与气温呈负相关，这与以往的认知稍有不同，其原因可能是蒸发量不仅依赖于与大气温度有关的蒸发能力，而且更依赖于可蒸发水量，尤其在干旱半干旱地区，蒸发可能主要受可蒸发水量的控制。虽然达茂旗降水量呈微弱的增加趋势，但地表植被覆盖度的变化，导致可蒸发水量逐渐减少。因此，虽然气温升高，达茂旗地区蒸发能力增强，但由于可供蒸发的水量减少，蒸发量逐渐减少，即气温与蒸发量呈负相关。说明在气温普遍升高的前提下，可蒸发水量作为蒸发量的主要来源，其变化趋势在很大程度上决定了蒸发量的变化特点。

第4章　研究区水资源状况及其开发利用

4.1　研究区水资源及其可利用量

4.1.1　地表水资源及其可利用量

1. 地表水资源量

地表水资源量是地球表面指定区域储存水资源的总和，包括各种液态和固态的水体，主要有河流水、水库湖泊水和冰雪等储存的水资源。

2. 地表水资源可利用量

地表水资源可利用量是指在可预见的时期内，统筹考虑生活、生产和生态环境用水，协调河道内外用水的基础上，通过经济合理、技术可行的措施可供河道外一次性利用的最大水量（不包括回归水的重复利用量）。按照《全国水资源综合规划技术大纲》的统一要求，对于内陆河生态环境脆弱地区，上游出山口以上为产水区，其所产水量经过中下游河道外用水及河道内用水，全部被消耗掉。内陆河地表水与地下水转换关系复杂，地表水资源可利用量的计算，采用地表水资源量扣除河道内生态环境需水量以及汛期不能控制下泄的水量的方法。河道内生态环境需水量主要为维护天然生态保护目标所需的水量。

1）地表水资源可利用量计算原则

按照《全国水资源综合规划技术大纲》地表水资源可利用量计算细则要求，地表水资源可利用量计算应遵循如下原则。

（1）定性分析与定量计算相结合。地表水资源可利用量是宏观层次的估算成果，在定性分析方面要进行全面和综合分析，以求定性准确；在定量计算方面不宜过于繁杂，力求计算内容简单明了，计算方法简捷、可操作性强。

（2）现状水资源开发利用综合分析是地表水资源可利用量分析计算的基础。现状水资源开发利用的综合分析对地表水资源可利用量的分析计算至关重要，包括开发利用条件、程度、模式、存在问题及潜力分析等。

（3）计算成果要进行合理性分析与协调平衡。对各水系地表水资源可利用量计算成果要进行合理性分析，还要进行现状开发利用及开发利用潜力综合分析与比较、水资源利用率及水资源消耗利用率综合分析与比较、未来发展趋势、生产布局及水资源开发利用模式与配置格局分析。

2）维持河道内生态需水量计算

按照《全国水资源综合规划技术大纲》要求，一般河道内生态需水量主要包括维持河道基本功能的河道基流量、冲沙输沙水量、水生生物保护水量、与河流相通的连湖泊湿地生态需水量以及河口生态环境需水量。一般以多年平均径流量的百分数作为河流最小生态需水量，计算公式为

$$W_r = \frac{1}{n}\left(\sum_{i=1}^{n} W_i\right) \times K_p \tag{4-1}$$

式中，W_r 为维持河道生态最小需水量，万 m³；n 为统计年数；W_i 为第 i 年的地表水资源量，万 m³；K_p 为选取的百分数，我国北方地区一般取 10%～20%。

3）汛期难以控制利用洪水量计算

汛期难以控制利用洪水量指在可预期的时期内，不能被工程措施控制利用的汛期洪水量。汛期水量中除一部分可供当时利用，一部分可通过工程蓄存起来供以后利用外，其余水量即为汛期难以控制利用的洪水量。

根据达茂旗百灵庙水文站的还原系列，该区洪水量年际变化大，根据现有水库的调蓄情况，在一般年弃水较少，枯水和特枯年没有弃水；仅在多年平均和 $P = 25\%$（P 为洪水频率）的来水情况下才有弃水产生。因此，本章对 $P = 75\%$ 和 $P = 95\%$ 的来水情况不考虑弃水。

对研究区汛期难以控制利用下泄洪水量的计算，分为如下几个步骤。

首先确定汛期时段，根据百灵庙水文站的还原系列，7～8 月是汛期洪水出现最多最大的时期，多年平均情况下，7～8 月径流量占全年径流量的 70.1%，$P = 25\%$ 来水情况下，7～8 月径流量占全年径流量的 61.8%，因此选择达茂旗汛期时段为 7～8 月。其次确定汛期泄洪量，根据达茂旗地表水利用情况，经调查现有黄花滩水库、青龙湾水库和杨油房水库，在多年平均来水情况下，泄洪量约占年径流量的 35%；$P = 25\%$ 来水情况下，泄洪量约占年径流量的 40%；$P = 50\%$ 来水情况下，泄洪量约占年径流量的 23%。

$$W_{泄} = K \times W \tag{4-2}$$

式中，$W_{泄}$ 为汛期难以控制利用下泄的洪水量，万 m³；K 为多年平均、$P = 25\%$、$P = 50\%$ 泄洪量占年径流量的百分数；W 为年径流量，万 m³。

4）地表水资源可利用量计算

由前面地表水资源可利用量定义可确定其计算公式为

$$W_{可利用} = W_{天然} - W_r - W_{泄} \tag{4-3}$$

式中，$W_{可利用}$ 为地表水资源可利用量，万 m³；$W_{天然}$ 为多年平均地表水资源量，万 m³；W_r 为维持河道生态最小需水量，万 m³；$W_{泄}$ 为多年平均汛期难以控制利用洪水量，万 m³。

4.1.2　地下水资源及其可开采量

1. 地下水资源量

地下水资源量是指某时段内地下含水层接收降水、地表水体、侧向径流及人工回灌等项渗透补给量的总和。

1）区域内地质构造

区域内地质构造主要形成于加里东中期和华力西晚期，褶皱、断裂发育。控制区域的构造主要为分布于巴音敖包一线呈东西向的巴音敖包深大断裂，以此为界将达茂旗分为南北两大构造单元，其发展时期不同。北部下降海浸，接受巨厚的复理石建造和碳酸盐岩建造，并伴随有中性岩浆喷出；南部上升，长期遭受侵蚀。后期受旋扭力的作用，在断裂两侧产生不同方向的构造线，断裂北部构造线为北东向，南部为近东西向，不同方向的构造带中包含一系列褶皱和断裂。褶皱、断裂呈东西向或北东向紧密线状分布，宽数千米，岩层中 X 节理十分发育，控制了本旗沟谷的发育方向。区域内主要褶皱和断裂见表 4-1 和表 4-2。

表 4-1　区域内主要褶皱一览表

构造体系	名称	轴向	轴长/km	翼部倾角/(°)	形态
东西向构造体系	毛忽洞背斜	东西	4	60～70	紧密
	百流图同斜向斜	东西	10	60～70	紧密、线状
	百灵庙背斜	近南北	8	55～70	紧密
	百灵庙向斜	东西	5	60～80	紧密
	朝圪朝背斜	北东	4	60～75	紧密
	朝圪朝向斜	北东	4	58～70	紧密
	三合明倒转背斜	北东	2	50～78	紧密
弧形扭曲构造体系	查干哈布向斜	北东	10	50～60	紧密
	查干哈达向斜	北东	10	30～60	紧密
	其拉尔图庙残破背斜	北东	7.5	30～70	紧密

表 4-2　区域内主要断裂一览表

构造体系	名称	延伸方向	长度/km	断裂倾向
东西向构造体系	巴音敖包断裂	东西	80	北
	腮林忽洞张村断裂	东西	10	北
	苏计平推断裂	北西	4	不清
	毛忽洞平推断裂	东西	9	不清
	哈拉德令平推断裂	东西	4	不清
	百灵庙张性断裂	近南北	3.5	东
弧形扭曲构造体系	查干哈布压性断裂	北东	10	南东
	其拉尔图庙平推断裂	北西	13	不明

2）区域水文地质条件

根据地形地貌、地质构造、岩性、岩相古地理及地下水类型，达茂旗水文地质单元可划分为山丘区、高平原区、山间河谷及阶地区三大类，见 2.2.4 节。

3）水文地质参数的率定

水文地质参数是地下水资源各项补给量、排泄量以及地下水蓄变量计算的重要依据。

（1）给水度 μ。

给水度是指饱和岩土在重力作用下自由排出的重力水的体积与该饱和岩土体积的比值。μ 值的大小主要与岩性及其结构特征（如岩土的颗粒级配、孔隙裂隙的发育程度及密实度等）有关。此外，第四系孔隙水在浅埋深（地下水埋深小于地下水毛细管上升高度）时，同一岩性，μ 值随地下水埋深减小而减小。

一般确定给水度的方法有抽水试验法、地中渗透仪法、筒测法、实际开采量法、水量平衡法及多元回归分析法等。本章给水度的确定采用中国人民解放军 00919 部队完成的 1∶20 万《区域水文地质普查报告》成果，μ 取值范围为 0.08～0.25。

（2）降水入渗补给系数 α。

降水入渗补给系数是指降水入渗补给量 P_r 与相应降水量 P_n 的比值，即 $\alpha = P_r / P_n$。影响 α 值大小的因素很多，主要有包气带岩性、地下水埋深、降水量大小、降水强度、土壤前期含水量、微地形地貌、植被及地表建筑设施等。

目前，确定 α 值的方法主要有地下水位动态观测资料计算法、地中渗透仪测定法和试验区均衡观测资料分析方法等。

对于研究区达茂旗，一年内仅有几次降水对地下水有补给作用，有效降水对

应的 α 值称为有效降水入渗补给系数，有效降水入渗补给系数采用如下公式计算：

$$\alpha_{年有效} = \frac{\mu \sum \Delta h}{P_{年有效}} \tag{4-4}$$

式中，$\alpha_{年有效}$ 为年有效降水入渗补给系数，无量纲；μ 为给水度，无量纲；Δh 为地下水水位变幅，m；$P_{年有效}$ 为年内有效降水量，m。

本章 $\alpha_{年有效}$ 采用中国人民解放军 00919 部队完成的 1：20 万《区域水文地质普查报告》勘察成果，$\alpha_{年有效}$ 取值范围为 0.01～0.15。

（3）潜水蒸发系数 C。

潜水蒸发系数是指潜水蒸发量 E 与相应计算时段的水面蒸发量 E_0 的比值，即 $C = E/E_0$。影响潜水蒸发系数的主要因素有水面蒸发量、包气带岩性、地下水位埋深以及地表植被状况。潜水蒸发系数一般利用地下水水位动态观测资料，通过潜水蒸发经验公式计算。

潜水蒸发经验公式一般采用修正后的阿维里扬诺夫公式：

$$E = K_{mc} \times E_0 \times \left(1 - \frac{Z}{Z_0}\right)^n \tag{4-5}$$

式中，E 为潜水蒸发量，mm；K_{mc} 为作物修正系数，无量纲，无作物时 K 取 0.9～1.0，有作物时 K_{mc} 取 1.0～1.3；E_0 为水面蒸发量（E-601 蒸发皿），mm；Z 为潜水水位埋深，m；Z_0 为潜水停止蒸发时的地下水位极限埋深，m，对于黏土 $Z_0 = 5m$ 左右，亚黏土 $Z_0 = 4m$ 左右，亚砂土 $Z_0 = 3m$ 左右，粉细砂 $Z_0 = 2.5m$；n 为经验指数，无量纲。

（4）灌溉水入渗补给系数 β。

灌溉水入渗补给系数（包括渠灌田间入渗补给系数 $\beta_{渠}$ 和井灌回归补给系数 $\beta_{井}$）是指田间灌溉入渗补给量 h_r 与进入田间的灌水量 $h_{灌}$（渠灌时，$h_{灌}$ 为进入斗渠的水量；井灌时，$h_{灌}$ 为实际开采量）的比值，即 $\beta = h_r / h_{灌}$。影响 β 值大小的因素主要是包气带岩性、地下水埋深、灌溉定额及耕地的平整程度。

本章依据达茂旗的实际情况，β 取值 0.3～0.5。

（5）渠系渗漏补给系数 m。

渠系渗漏补给系数是指渠系渗漏补给量 $Q_{渠系}$ 与渠首引水量 $Q_{渠首引}$ 的比值，即 $m = Q_{渠系} / Q_{渠首引}$。

影响渠系渗漏补给系数 m 的主要因素有渠道衬砌程度、渠道两岸包气带和含水层岩性特征、地下水埋深、包气带含水量、水面蒸发强度以及渠系水位和过水时间。通常确定渠系渗漏补给系数的方法如下：根据渠系水有效利用系数 η 确定 m 值、根据渠系渗漏补给量计算 m 值、利用渗流理论计算公式确定 m 值。

　　a. 根据渠系水有效利用系数 η 确定 m 值。

　　渠系水有效利用系数 η 为灌溉渠系送入田间的水量与渠首引水量的比值，在数值上等于干、支、斗、农、毛各级渠道有效利用系数的连乘积。渠系渗漏补给系数计算公式为

$$m = \gamma \times (1-\eta) \tag{4-6}$$

式中，m 为渠系渗漏补给系数；γ 为修正系数，为渠系渗漏补给量与 $Q_{渠首引}(1-\eta)$ 的比值，γ 值的影响因素较多，主要受水面蒸发强度和渠道衬砌程度控制，此外还受渠道过水时间长短、渠道两岸地下水埋深、包气带岩性特征和含水量多少的影响。γ 值的取值范围一般在 0.3~0.9，水面蒸发强度大（即水面蒸发量 E_0 值大）、渠道衬砌良好、地下水埋深小、间歇性输水时，γ 取小值；水面蒸发强度小（即水面蒸发量 E_0 值小）、渠道未衬砌、地下水埋深大、长时间连续输水时，γ 取大值。

　　b. 根据渠系渗漏补给量计算 m 值。

　　当灌区引水灌溉前后渠道两岸地下水水位只受渠系渗漏补给和渠灌田间入渗补给影响时，渠系渗漏补给系数计算公式为

$$m = \frac{Q_{渠补} - Q_{渠灌}}{Q_{渠首引}} \tag{4-7}$$

式中，$Q_{渠补}$ 为渠系渗漏补给量，是 $Q_{渠系}$ 和 $Q_{渠灌}$ 之和，万 m^3；$Q_{渠灌}$ 为渠灌田间入渗补给量，万 m^3。

　　c. 利用渗流理论计算公式确定 m 值。

　　利用考斯加科夫自由渗流、达西渗流和非稳定流等理论，均可求得渠系渗漏补给量，进而可确定渠系渗漏补给系数 m。公式为

$$m = \frac{Q_{渠系}}{Q_{渠首引}} \tag{4-8}$$

式中，$Q_{渠系}$ 为渠系渗漏补给量，万 m^3；$Q_{渠首引}$ 为渠首引水量，万 m^3。

　　本章依据达茂旗的实际情况 m 取值范围为 0.3~0.4。

　　（6）渗透系数 K。

　　渗透系数是地下水资源计算中极为重要的一个水文地质参数，其数值等于水力坡度等于 1 时的渗透速度，单位为 m/d，影响渗透系数 K 值大小的主要因素为含水层岩性及其结构特征。

　　目前确定渗透系数 K 值的方法有抽水试验、室内仪器（吉姆仪、变水头测定管）测定、野外同心环或矿坑注水试验以及颗粒分析、孔隙度计算等。其中，采用稳定流或非稳定流抽水试验，并在抽水井旁设水位观测孔，确定 K 值的效果最好。

本章 K 值确定，采用中国人民解放军 00919 部队完成的 1：20 万《区域水文地质普查报告》成果，并在水源地所在开令河流域作了专门的抽水试验进行校核验证，K 值取值范围为 50～250m/d。

4）地下水资源量计算

（1）平原区地下水资源量。

a. 降水入渗补给量。

降水入渗补给量是指降水（包括坡面漫流和填洼水）渗入到土壤中并在重力作用下渗透补给地下水的水量。降水入渗补给量一般采用降水入渗补给系数，计算公式如下：

$$P_r = 10^{-1} \times \alpha \times P_n \times F \qquad (4-9)$$

式中，P_r 为降水入渗补给量，万 m^3；α 为降水入渗补给系数，无量纲；P_n 为多年平均降水量，由降水等值线图量取，mm；F 为计算区面积，由水资源计算分区图量取，km^2。

b. 山前侧向补给量。

山前侧向补给量是指发生在山丘区与平原区交界面上，山丘区地下水以地下潜流形式补给平原区浅层地下水的水量。通常采用达西公式计算：

$$Q_{侧补} = 10^{-4} \times K \times I \times A \times t \qquad (4-10)$$

式中，$Q_{侧补}$ 为山丘区向平原沟谷区的侧向补给量，万 m^3；K 为计算剖面位置渗透系数，m/d；I 为垂直于计算剖面的水力坡度，由地下水等水位线图量取，无量纲；A 为计算剖面面积，数值上等于计算断面宽度与含水层厚度的乘积，m^2；t 为计算时段长度，d，一般 t 取值为 365d。

c. 渠系渗漏补给量。

渠系渗漏补给量是指灌溉水在渠道输水过程中，由渠道渗漏补给地下水的水量，一般采用渠系渗漏补给系数法计算，计算公式为

$$Q_{渠系} = m \times Q_{渠首引} \qquad (4-11)$$

式中，$Q_{渠系}$ 为渠系渗漏补给量，万 m^3；m 为渠系渗漏补给系数，无量纲；$Q_{渠首引}$ 为渠首引水量，万 m^3。

d. 渠灌田间入渗补给量。

渠灌田间入渗补给量是指渠灌水进入田间，入渗补给地下水的水量，通常采用渠灌入渗补给系数法计算，计算公式为

$$Q_{渠灌} = \beta_{渠} \times Q_{渠田} \qquad (4-12)$$

式中，$Q_{渠灌}$ 为渠灌田间入渗补给量，万 m^3；$\beta_{渠}$ 为渠灌田间入渗补给系数，无量

纲；$Q_{渠田}$ 为渠灌水进入田间的灌溉水量，万 m^3。

e. 井灌回归补给量。

井灌回归补给量是指井灌水（系浅层地下水）进入田间后，入渗补给地下水的水量，井灌回归补给量包括井灌水输水渠道的渗漏补给量。通常采用井灌回归补给系数法计算，计算公式为

$$Q_{井} = \beta_{井} \times Q_{井灌} \qquad (4-13)$$

式中，$Q_{井}$ 为井灌回归补给量，万 m^3；$\beta_{井}$ 为井灌回归补给系数，无量纲；$Q_{井灌}$ 为井灌用水量，万 m^3。

（2）山丘区地下水资源量。

山丘区地下水资源是平原区地下水资源的重要补充源。山丘区地下水资源量的计算一般采用补给量直接计算法和排泄量间接计算法两种。本章采用补给量直接计算的方法，即采用降水入渗补给系数法计算山丘区地下水资源量。计算公式为

$$Q_{山补} = 10^{-1} \times \alpha \times P \times F \qquad (4-14)$$

式中，$Q_{山补}$ 为山丘区地下水资源量，万 m^3；α 为山丘区降水入渗补给系数，无量纲；P 为山丘区多年平均降水量，mm；F 为计算区面积，km^2。

（3）地下水资源总量。

地下水资源总量是指地下水中参与水循环且可以逐年更新的动态水量，也就是说，地下水资源量一般采用地下水资源总补给量扣除井灌回归补给的方法计算。计算公式为

$$\Delta h \cdot \mu \cdot F = \sum Q_i - \sum Q_j \qquad (4-15)$$

式中，Δh 为潜水位变幅，m；μ 为给水度，无量纲；F 为计算区面积，km^2；$\sum Q_i$ 为各项补给量之和，万 m^3；$\sum Q_j$ 为各项排泄量之和，主要包含潜水蒸发量、人工开采量及侧向排泄量，万 m^3。

2. 地下水资源可开采量

地下水资源可开采量是指在可预见的时期内，通过经济合理、技术可行的措施，在不引起生态环境恶化的条件下，从含水层中获取的最大水量。一般采用可开采系数法计算。

1）地下水资源可开采系数的确定原则

可开采系数是指某地区的地下水可开采量与同一地区地下水的总补给量的比值。地下水可开采系数应不大于 1。可开采系数是以含水层的开采条件为定量依

据确定的。可开采系数越接近于 1，含水层的开采条件就越好；可开采系数越小，含水层的开采条件就越差。

确定可开采系数时，一般应遵循如下基本原则。

（1）由于浅层地下水总补给量中，可能有一部分要消耗于潜水蒸发和水平排泄，可开采系数应不大于 1。

（2）对于开采条件良好，特别是地下水埋藏较深、已造成地下水位持续下降的超采区，应选用较大的可开采系数，一般取值范围为 0.8～1.0。

（3）对于开采条件一般的地区，宜选用中等水平的可开采系数，取值范围为 0.6～0.8。

（4）对于开采条件较差的地区，宜选用较小的可开采系数，取值范围不大于 0.6。

根据达茂旗的实际情况：山丘区人类活动较少，山丘区地下水大部分以河川基流、侧向潜流形式补给本旗沟谷平原区或排向本旗外，其地下水基本不开采消耗，地下水的开采主要集中于沟谷平原区。故本章确定地下水可开采系数取值选用开采条件一般与开采条件较差区间的数值，取值范围为 0.4～0.8。

2）地下水资源可开采量计算

依据上面确定的地下水资源可开采系数及达茂旗地下水资源补给量计算成果，采用可开采系数法进行地下水资源可开采量的计算，计算公式为

$$Q_{可采} = \rho \times Q_{补} \tag{4-16}$$

式中，$Q_{可采}$ 为地下水资源可开采量，万 m^3；ρ 为地下水资源可开采系数，无量纲；$Q_{补}$ 为地下水资源总补给量，万 m^3。

4.1.3　水资源总量及其可利用总量

1. 水资源总量

水资源总量是指当地地表水资源量和地下水资源量总和中扣除其重复部分的水资源量。

2. 水资源可利用总量

水资源可利用总量是指地表水资源可利用量与浅层地下水资源可开采量相加，再扣除两者之间的重复计算量。两者之间的重复计算量主要是平原区浅层地下水的渠系渗漏补给量和田间入渗补给量的可开采部分。

$$W_{可利用总量} = W_{地表水可利用量} + W_{地下水可开采量} - W_{重复计算量} \tag{4-17}$$

$$W_{重复计算量} = \rho \times (W_{渠渗补} + W_{田渗补}) \tag{4-18}$$

　　根据 2008 年《内蒙古自治区水资源及其开发利用情况调查评价》（内蒙古自治区水利水电勘测设计院）和 2007 年《达尔罕茂明安联合旗水资源及其开发利用调查评价》（水利部牧区水利科学研究所），经计算，达茂旗水资源总量为 13090.3 万 m³，可利用总量为 8550.3 万 m³，见表 4-3。

表 4-3　达茂旗水资源及其可利用量　　（单位：万 m³）

行政区	资源量				可利用量		
	地表水	地下水	重复计算量	总量	地表水	地下水	总量
巴音敖包苏木	457.05	694.44	90.99	1060.5	219.39	381.94	601.3
巴音花镇	55.17	1147.57	23	1179.7	26.48	631.16	657.6
百灵庙镇	189.23	1028.81	105.38	1112.7	90.83	668.72	759.6
查干哈达苏木	0	545.67	0	545.7	0	300.12	300.1
达尔汗苏木	414.64	652.31	176.99	890.0	199.03	358.77	557.8
满都拉镇	0	423.53	0	423.5	0	211.76	211.8
明安镇	707.17	1317.10	174.06	1850.2	339.44	856.11	1195.6
石宝镇	329.80	1010.10	112.53	1227.4	158.31	707.07	865.4
乌克忽洞镇	321.18	1053.06	141.59	1232.7	154.17	737.14	891.3
西河乡	331.17	1015.32	118.81	1227.7	158.96	659.96	818.9
希拉穆仁镇	420.22	1679.58	251.94	1847.9	201.70	1175.71	1377.4
小文公乡	196.82	347.65	52.15	492.3	94.47	219.02	313.5
合计	3422.45	10915.14	1247.44	13090.3	1642.78	6907.48	8550.3

4.2　研究区水环境状况

4.2.1　水功能区

　　根据 2010 年《内蒙古自治区水功能区划》（内蒙古自治区水利厅，内蒙古自治区环境保护厅），达茂旗属西北诸河流域，境内一级水功能区为艾不盖达尔罕茂明安联合旗开发利用区，二级水功能区为艾不盖达尔罕茂明安联合旗饮用水源地，见表 4-4 和表 4-5。

表 4-4　达茂旗所在一级水功能区划

| 一级水功能区名称 | 流域 | 水系 | 河流 | 范围 | | 水质代表断面 | 现状水质 | 水质目标 | 区划依据 |
				起始断面	终止断面				
艾不盖达尔罕茂明安联合旗开发利用区	西北诸河	内蒙古内陆河	艾不盖河	艾不盖站	腾格尔诺尔	百灵庙水文站	V	III	开发利用程度较高

表 4-5　达茂旗所在二级水功能区划

| 二级水功能区名称 | 流域 | 水系 | 河流 | 范围 | | 水质代表断面 | 现状水质 | 水质目标 | 区划依据 |
				起始断面	终止断面				
艾不盖达尔罕茂明安联合旗饮用水源地	西北诸河	内蒙古内陆河	艾不盖河	艾不盖站	腾格尔诺尔	百灵庙水文站	V	III	牲畜饮用、农业灌溉、工业用水取水区、渔业养殖河段

4.2.2　地表水水质

　　根据水利部牧区水利科学研究所 2016 年在黄花滩水库、清水湾水库、杨油坊水库、艾不盖水库、青龙湾水库、泉子沟水库、温都不令水库实地取样的化验结果，采用单因子法，按照《地表水环境质量标准》（GB 3838—2002）进行评价。评价时遵循不同类别标准值相同时，从优不从劣。经评价，达茂旗地表水水质均为劣 V 类水，影响水质的主要指标为氟化物，其次为高锰酸盐。检测结果见表 4-6，评价结果见表 4-7。

表 4-6　达茂旗地表水（水库水）水质检测结果表　　（单位：mg/L 除 pH 外）

样品名称	pH	氨氮	NO_3-N	挥发酚	氰化物	砷	汞	六价铬	铅	氟化物	镉	铁	锰	高锰酸盐	硫酸盐	氯化物
黄花滩水库	7.4	0.00	5.04	<0.002	0.001	0.00	0.00	0.00	0.00	10.09	0.00	0.12	0.00	6.14	105.96	237.78
清水湾水库	7.9	0.00	4.62	<0.002	0.001	0.00	0.00	0.00	0.00	3.03	0.00	0.00	0.00	7.27	42.73	32.27
杨油坊水库	7.5	0.00	3.37	<0.002	0.001	0.00	0.00	0.00	0.00	5.75	0.00	0.00	0.00	4.04	87.17	126.17
艾不盖水库	7.5	0.00	1.05	<0.002	0.002	0.00	0.00	0.00	0.00	11.54	0.00	0.00	0.00	8.08	104.29	127.59
青龙湾水库	7.6	0.00	10.26	<0.002	0.001	0.00	0.00	0.00	0.00	5.58	0.00	0.00	0.00	6.63	156.81	153.78

续表

样品名称	pH	氨氮	NO₃-N	挥发酚	氰化物	砷	汞	六价铬	铅	氟化物	镉	铁	锰	高锰酸盐	硫酸盐	氯化物
泉子沟水库	8.0	0.00	17.06	<0.002	0.001	0.00	0.00	0.00	0.00	2.69	0.00	0.00	0.00	10.34	117.06	47.51
温都不令水库	7.3	0.00	16.52	<0.002	0.001	0.00	0.00	0.00	0.00	24.80	0.00	0.25	0.00	4.53	105.31	65.57

表 4-7　达茂旗地表水（水库水）质量评价结果表

样品名称	pH	氨氮	NO₃-N	挥发酚	氰化物	砷	汞	六价铬	铅	氟化物	镉	铁	锰	高锰酸盐	硫酸盐	氯化物	评价结果
黄花滩水库	I	I	不超标	I	I	I	I	I	I	劣V	I	不超标	不超标	IV	不超标	不超标	劣V
清水湾水库	I	I	不超标	I	I	I	I	I	I	劣V	I	不超标	不超标	IV	不超标	不超标	劣V
杨油坊水库	I	I	不超标	I	I	I	I	I	I	劣V	I	不超标	不超标	III	不超标	不超标	劣V
艾不盖水库	I	I	不超标	I	I	I	I	I	I	劣V	I	不超标	不超标	IV	不超标	不超标	劣V
青龙湾水库	I	I	超标	I	I	I	I	I	I	劣V	I	不超标	不超标	IV	不超标	不超标	劣V
泉子沟水库	I	I	超标	I	I	I	I	I	I	劣V	I	不超标	不超标	V	不超标	不超标	劣V
温都不令水库	I	I	超标	I	I	I	I	I	I	劣V	I	不超标	不超标	III	不超标	不超标	劣V

4.2.3　地下水水质

根据水利部牧区水利科学研究所 2016 年水质普查监测资料，按照《地下水质量标准》（GB/T14848—2017）单因子评价法和综合 F 值评价法进行评价。达茂旗地下水取样点位样品信息见表 4-8，检测结果见表 4-9，评价结果见表 4-10 和表 4-11。

表 4-8　达茂旗地下水取样点位样品信息表

序号	苏木（乡、镇）	取样地点	经度（E）	纬度（N）
1	乌克忽洞镇	东山畔村委会刘伟井	41°25′27.18″	110°28′2.06″
2	乌克忽洞镇	东山畔村委会	41°24′23.1″	110°27′3″
3	乌克忽洞镇	乌克忽洞村委会小井村集体井	41°24′58.3″	110°20′43.71″
4	乌克忽洞镇	人旱海村上河子 3 号井	41°28′50.15″	110°26′13.78″

序号	苏木（乡、镇）	取样地点	经度（E）	纬度（N）
5	乌克忽洞镇	大旱海村刘二明井	41°30′1.49″	110°30′45.21″
6	乌克忽洞镇	东河村委会贺团员井	41°28′34.23″	110°38′54.35″
7	乌克忽洞镇	二里半村委会小北滩 1 号井	41°22′56.97″	110°36′50.19″
8	乌克忽洞镇	大毛忽洞村委会臭水忽洞井	41°21′14.72″	110°34′50.45″
9	乌克忽洞镇	太平村委会刘俊 3 号井	41°22′35.7″	110°31′8.43″
10	明安镇	呼格吉乐图嘎查村杜喜喜井	41°22′1.81″	110°5′41.45″
11	明安镇	呼格吉乐图嘎查村巴润园区自备井 12 号井	41°38′36.14″	109°37′47.43″
12	明安镇	希拉朝鲁嘎查村忽吉图井	41°42′16.92″	109°53′25.54″
13	明安镇	希拉朝鲁嘎查村刘春明井	41°40′26.01″	109°50′14″
14	明安镇	莎茹塔拉嘎查村额尔登沙井	41°42′18.63″	109°31′32.79″
15	明安镇	莎茹塔拉嘎查村卢浩井	41°38′40.21″	109°25′50.17″
16	明安镇	那仁宝力格嘎查村李月久井	41°33′49.05″	109°41′0.7″
17	明安镇	那仁宝力格嘎查村朝格图井	41°35′41.1″	109°38′51.59″
18	明安镇	那仁宝力格嘎查村李月关井	41°34′37.25″	109°34′38.92″
19	明安镇	那仁宝力格嘎查村高刀尔基井	41°33′42.49″	109°46′11.82″
20	明安镇	高尧海村	41°33′49.2″	110°5′17″
21	明安镇	额日和布仁	41°43′33.1″	109°29′5.3″
22	明安镇	白兴村	41°41′25″	109°26′26.2″
23	明安镇	武金井	41°46′46.9″	109°22′8″
24	明安镇	村部	41°50′29.5″	109°22′8.3″
25	明安镇	满达	41°54′23.8″	109°31′59.9″
26	明安镇	巴图苏和	41°51′46.3″	109°38′8.8″
27	明安镇	张那顺	41°48′34.4″	109°33′38″
28	达尔汗苏木	阿拉腾敖都嘎查村毛忽洞井	41°35′51.18″	110°48′50.97″
29	达尔汗苏木	阿拉腾敖都嘎查村前希拉哈达井	41°42′5.4″	110°47′6.41″
30	达尔汗苏木	额尔登嘎查大井 2 号井	41°40′58.41″	110°58′5.03″
31	达尔汗苏木	额尔登嘎查花格那 8 号井	41°39′18.36	110°58′57.26″
32	达尔汗苏木	额尔登嘎查任占海井	41°34′20.14″	111°0′37.86″
33	达尔汗苏木	哈沙图嘎查秦秀井	41°35′25.56″	111°3′0.15″
34	巴音花镇	敖龙忽洞嘎查卜克齐团村张丽君 1 号井	42°5′43.75″	110°0′47.38″
35	巴音花镇	吉忽龙图嘎查敖德井	42°10′45.11″	109°58′41.42″
36	巴音花镇	开令河嘎查张继红井	42°10′43.04″	109°34′53.4″
37	巴音花镇	白音查干嘎查干棚子园区 3 号井	42°11′35.26″	109°35′0.3″

续表

序号	苏木（乡、镇）	取样地点	经度（E）	纬度（N）
38	巴音花镇	白音查干嘎查园区苏伊拉图井	42°13′15.07″	109°41′56.31″
39	巴音花镇	白音查干嘎查白音查干园区7号井	42°13′49.11″	109°42′6.13″
40	巴音花镇	呼格吉乐图嘎查村白水源新井	41°52′56.17″	109°49′29.63″
41	小文公乡	拉兑九村委会下拉兑井	41°37′40.51″	111°19′42.55″
42	小文公乡	拉兑九村委会向飞原井	41°37′11.27″	111°12′51.06″
43	小文公乡	拉兑九村委会梁四明井	41°37′4.21″	111°16′53.36″
44	小文公乡	菠萝图村刘金井	41°29′20.14″	111°25′49.43″
45	小文公乡	小文公村委会黄志勇井	41°24′7.01″	111°23′59.55″
46	小文公乡	腮林村委会张八金井	41°18′47.37″	111°21′50.84″
47	小文公乡	小文公村委会陈全兵2号井	41°28′55.09″	111°24′30.14″
48	小文公乡	西拐子村委会徐金井	41°34′50.39″	111°14′56.34″
49	小文公乡	西圪旦村委会	41°36′10.66″	111°19′37.47″
50	小文公乡	大井村委会武来丑井	41°30′54.06″	111°4′57.18″
51	石宝镇	湾图村委会陈三格井	41°31′14.05″	110°53′49.69″
52	石宝镇	古碌轴村委会郭兴全井	41°28′33.81″	111°0′15.93″
53	石宝镇	大苏吉村委会张建勇	41°29′3″	111°5′6.65″
54	石宝镇	石宝村委会三合明2号井	41°21′23.73″	110°58′46.95″
55	石宝镇	点素不浪村委会李金柱井	41°22′36.03″	110°54′33.62″
56	石宝镇	北二楞滩村	41°30′8.7″	110°42′25.9″
57	石宝镇	北滩村	41°27′26.8″	110°45′48.1″
58	石宝镇	温都不令村	41°25′31.1″	110°42′17″
59	石宝镇	大阳湾	41°25′4.6″	110°46′2.3″
60	石宝镇	后阿路不浪村	41°24′20.8″	110°51′35″
61	百灵庙镇	巴音宝力格嘎查村小孟克井	41°51′22.26″	110°12′54.36″
62	百灵庙镇	巴音乌兰嘎查村孟根德力格井	41°58′2.66″	110°22′47.93″
63	百灵庙镇	巴音乌兰嘎查村张海霞井	42°5′19.57″	110°11′21.98″
64	百灵庙镇	毛都坤兑嘎查村毛都坤兑3号井	41°52′17.75″	110°21′37.5″
65	百灵庙镇	格日乐敖都嘎查村格日乐敖都5号井	41°54′27.63″	110°27′20.71″
66	百灵庙镇	巴音宝力格嘎查村刘三井	41°42′27.95″	110°24′56.7″
67	百灵庙镇	曹荣井	41°39′34.3″	110°22′12.4″
68	百灵庙镇	杜家场	41°35′52″	110°18′11.1″
69	百灵庙镇	稀土矿水源井	41°35′2″	110°13′34.2″
70	百灵庙镇	谷地赵文军	41°39′41.5″	110°16′25.2″

续表

序号	苏木（乡、镇）	取样地点	经度（E）	纬度（N）
71	百灵庙镇	南营所	41°39′36.1″	110°29′10″
72	百灵庙镇	红格尔塔拉	41°39′19.2″	110°28′7.5″
73	百灵庙镇	打草滩1	41°31′1.8″	110°35′47.6″
74	百灵庙镇	打草滩2	41°32′39.7″	110°34′53.5″
75	百灵庙镇	稀土矿自备井1号井	41°34′14.09″	110°12′12.29″
76	西河乡	特拉忽洞村	41°30′2.4″	110°17′37.9″
77	西河乡	石兰哈达	41°27′15.1″	110°14′47.4″
78	西河乡	大东湾	41°30′3.4″	110°11′45.7″
79	西河乡	西河乡	41°31′44.1″	110°3′17.1″
80	西河乡	点力素	41°31′49.5″	109°58′11″
81	西河乡	乌兰忽洞	41°28′39″	109°57′56.8″
82	西河乡	公先生梁村	41°24′33.5″	110°3′39.5″
83	西河乡	毛忽洞村	41°25′22.2″	110°6′17.9″
84	西河乡	石龙	41°28′41.7″	109°49′28.9″
85	查干哈达苏木	腾格尔淖尔嘎查村	42°26′6.7″	110°37′53.4″
86	查干哈达苏木	梁许柱井	42°13′56.8″	110°37′47.4″
87	查干哈达苏木	白利民井	42°4′13.8″	110°25′42.8″
88	查干哈达苏木	赵吉庆井	42°5′58.8″	110°25′38.6″
89	查干哈达苏木	格日勒图井	42°8′22.2″	110°21′56.6″
90	满都拉镇	满都拉3号井	42°15′6.7″	110°7′40.1″
91	满都拉镇	满都拉5号井	42°16′39.7″	110°6′45.8″
92	满都拉镇	满都拉6号井	42°21′17.5″	109°59′24.6″
93	满都拉镇	满都拉8号井	42°31′32″	110°6′50.8″
94	希拉穆仁镇	队部	41°26′3.4″	111°16′1.3″
95	希拉穆仁镇	王毛仁2	41°27′6.6″	111°9′23.7″
96	希拉穆仁镇	乐扣扣	41°20′36.8″	111°22′6.5″
97	希拉穆仁镇	刘敖腾	41°20′31.8″	111°17′9.7″
98	希拉穆仁镇	李利明	41°18′3.2″	111°18′51.6″
99	希拉穆仁镇	观光牧场	41°19′4.5″	111°12′40.1″
100	希拉穆仁镇	园区	41°19′30.7″	111°8′58.8″
101	希拉穆仁镇	万亩滩	41°18′57.4″	111°5′52.2″

表 4-9　达茂旗地下水水质检测结果表

（单位：mg/L 除 pH 外）

序号	pH	氨氮	NO_3-N	NO_2-N	挥发酚	氰化物	砷	汞	六价铬	总硬度	铅	氟化物	镉	铁	锰	TDS	高锰酸盐	硫酸盐	氯化物
1	7.7	0	110.23	2.1	<0.002	0	0.004	0	0	459.1	0	1.7	0	0	0	1127	7.4	167	149.5
2	7.8	0.2	73.07	0	<0.002	0.001	0.004	0	0	374.6	0	1.7	0	0	0	911	3.2	92.4	161.3
3	7.7	0	33.31	3.56	<0.002	0.001	0.002	0	0	477.1	0	1.7	0	0	0	1346	12	208	231.7
4	7.9	0	49.19	2.38	<0.002	0.001	0.005	0	0	316.7	0	1	0	0	0	1281	4.9	145	168.8
5	7.8	0	132.1	0.24	<0.002	0.001	0.005	0	0	191	0	1.7	0	0	0	930	3.6	106	117.2
6	7.9	0	75.09	0.49	<0.002	0.001	0.005	0	0	853.8	0	1.7	0	0	0	2469	12	162	55.82
7	8	0	94.54	0	<0.002	0.001	0.004	0	0	306.3	0	1.7	0	0	0	852	10	136	110.8
8	7.8	0	84.33	0.42	<0.002	0.001	0.005	0	0	386	0	1.7	0	0	0	684	8.7	69.3	53.88
9	7.9	0	31.39	2.15	<0.002	0.002	0.004	0	0	390	0	1.7	0	0	0	628	9.7	76.6	77.25
10	7.6	0	0.16	2.9	<0.002	0	0.006	0	0	286.9	0	1.6	0	0	0	1249	16	159	253.4
11	7.7	0	20.88	2.4	<0.002	0	0.01	0	0	264	0	1.2	0	0	0	909	16	107	158.5
12	8.1	0	116.97	4.98	<0.002	0	0.005	0	0	264.7	0	2.3	0	0	0	1836	10	209	217.2
13	7.7	0	33.02	3.82	<0.002	0	0.007	0	0	88.04	0	2	0	0	0	1015	8.1	91.2	59.36
14	9.1	0	110.58	1.99	<0.002	0.001	0.004	0	0	375.5	0	0.5	0	0	0	569	8.4	72.5	79.56
15	8.1	0	24.49	1.73	<0.002	0	0.006	0	0	304.1	0	0.7	0	0	0	486	15	96.5	46.84
16	8.1	0	46.52	2.39	<0.002	0.001	0.004	0	0	219.6	0	0.8	0	0	0	477	4.5	40.9	52.29
17	7.7	0	25.64	2.01	<0.002	0	0.004	0	0	217.6	0	0.9	0	0	0	418	4.9	38.9	27.19
18	8.1	0	29.17	2.17	<0.002	0	0.003	0	0	220.8	0	1.2	0	0	0	368	14	35	29.39
19	8.1	0	45.86	4.76	<0.002	0.001	0.004	0	0	471.6	0	1.8	0	0	0	2745	7.8	434	649.5
20	7.7	0	102.1	0	<0.002	0.001	0.003	0	0	339	0	1.7	0	0	0	1134	11	172	203.2

续表

序号	pH	氨氮	NO$_3$-N	NO$_2$-N	挥发酚	氰化物	砷	汞	六价铬	总硬度	铅	氟化物	镉	铁	锰	TDS	高锰酸盐	硫酸盐	氯化物
21	7.9	0	15.14	2.26	<0.002	0.001	0.008	0	0	209.9	0	0.5	0	0	0	379	16	50.1	27.91
22	8.6	0	42.06	1.95	<0.002	0	0.004	0	0	243.3	0.02	0.8	0	0	0	423	4.2	85.3	22.99
23	8.1	0	16.68	1.48	<0.002	0.001	0.005	0	0	303.6	0	0.6	0	0	0	471	8.1	168	33.97
24	8.4	0	68.22	2.51	<0.002	0.001	0.007	0	0	350	0.01	1.3	0	0	0	701	8.4	101	94.57
25	8.3	0	43.85	1.98	<0.002	0	0.007	0	0	206.7	0	1.2	0	0	0	391	5.5	34.4	17.7
26	7.8	0	30.87	1.99	<0.002	0	0.004	0	0	209.4	0	1.2	0	0	0	348	14	48	14.84
27	7.9	0	38.74	2.02	<0.002	0.001	0.004	0	0	233.3	0	0.6	0	0	0	386	11	43	23.16
28	7.7	0	12.1	2.83	<0.002	0	0.006	0	0	286.4	0	0.4	0	0	0	1463	16	267	242.8
29	8.1	0	17.34	3.02	<0.002	0.001	0.004	0	0	225.8	0	2.5	0	0	0	583	5.3	57.5	58.91
30	7.8	0	34.62	4.24	<0.002	0	0.003	0	0	403.8	0	4.7	0	0	0	1582	14	233	290.2
31	8.1	0	64.15	5.61	<0.002	0.001	0.004	0	0	747.5	0	6.3	0	0	0	3073	7.8	479	852.3
32	7.7	0	107.66	3	<0.002	0	0.004	0	0	292	0	1.8	0	0	0	785	16	79.4	78.81
33	7.7	0	72.22	3.59	<0.002	0	0.005	0	0	245.5	0	3.6	0	0	0	1078	6.8	149	98.8
34	7.8	0	38.26	0.33	<0.002	0	0	0	0	189.4	0	1.8	0	0.3	0	489	3.4	52.3	26.22
35	7.9	0	55.39	2.35	<0.002	0.001	0.004	0	0	230.5	0	1.5	0	0	0	508	4.9	61.1	23.72
36	7.9	0	27.4	0.41	<0.002	0.001	0	0	0	217.1	0	1	0	0	0	456	4.7	67.7	26.2
37	8	0	27.87	1.99	<0.002	0	0.006	0	0	181.3	0	1.3	0	0	0	567	2.3	133	29.44
38	7.8	0	6.15	0.9	<0.002	0	0	0	0	246.4	0	2.6	0	0	0	774	5	137	73.61
39	7.7	0	25.09	0.28	<0.002	0.001	0	0	0	202.3	0	2	0	0	0	584	6	136	34.27
40	8	0	28.76	2.06	<0.002	0.001	0.004	0	0	153.9	0	1.4	0	0	0	363	9.4	40.5	13.08
41	7.7	0	23.26	2.11	<0.002	0	0	0	0	239.1	0	2.5	0	0	0	892	73	127	106.9

续表

序号	pH	氨氮	NO₃-N	NO₂-N	挥发酚	氰化物	砷	汞	六价铬	总硬度	铅	氟化物	镉	铁	锰	TDS	高锰酸盐	硫酸盐	氯化物
42	7.9	0	2.95	0.4	<0.002	0	0	0	0	224.2	0	0.1	0	0	0	154	5.5	4.42	5.17
43	8	0	139.99	2.13	<0.002	0	0	0	0	277.9	0	1.2	0	0	0	917	8.2	103	114.5
44	7.7	0	137.35	2.7	<0.002	0	0	0	0	400.1	0	1.6	0	0	0	1088	5	129	129.1
45	7.8	0	18.76	1.12	<0.002	0	0.002	0	0	264.4	0	0.6	0	0	0	613	8.2	89.6	85.35
46	7.8	0	254.48	0	<0.002	0	0	0	0	478	0	0.5	0	0	0	1049	7.9	115	174.9
47	8	0	25.77	1.54	<0.002	0	0.001	0	0	273	0	0.8	0	0	0	481	8.2	38.7	46.75
48	7.7	0	172.82	2.75	<0.002	0	0	0	0	296.4	0	4.1	0	0	0	1531	4.5	182	197.7
49	7.9	0	118.84	1.84	<0.002	0	0	0	0	463	0	0.4	0	0	0	811	4.7	99.4	101.7
50	8	0	148.64	1.25	<0.002	0	0	0	0	384	0	0.7	0	0	0	893	7.3	147	113.2
51	7.9	0	127.39	2.3	<0.002	0.001	0	0	0	595.2	0	5.5	0	0	0	1950	3.4	381	404.7
52	7.9	0	54.32	1.32	<0.002	0.001	0	0	0	360.5	0	1.9	0	0	0	874	4.2	195	110.7
53	8.1	0	594.8	0	<0.002	0.002	0	0	0	1003	0	1.3	0	0	0	1846	8.4	296	326.3
54	8.1	0	36.13	0	<0.002	0.001	0	0	0	622	0	1.2	0	0	0	1123	10	375	249.9
55	7.6	0	465.18	0	<0.002	0	0	0	0	817.9	0	3.8	0	0	0	2607	8.2	438	560.1
56	7.7	0	8.6	1.33	<0.002	0.001	0	0	0	172.3	0	6	0	0	0	597	4.5	33.6	37.33
57	8	0	159.69	1.04	<0.002	0.001	0	0	0	230.9	0	2.4	0	0	0	549	7.8	130	231.9
58	8	0	91.75	0.88	<0.002	0.001	0	0	0	289.9	0	0.8	0	0	0	761	35	214	108.4
59	7.9	0	0	0.29	<0.002	0	0	0	0	499.1	0	0.1	0	0	0	596	14	13.4	11.96
60	7.9	0	159.69	1.04	<0.002	0.001	0	0	0	352.2	0	3.8	0	0	0	1056	1.6	130	231.9
61	7.5	0	26.15	5.9	<0.002	0.001	0	0	0	254.1	0	10	0	0	0	1703	3.7	263	172.6
62	7.7	0	23.62	1.11	<0.002	0	0	0	0	235.1	0	10	0	0.1	0	574	5.5	73.1	33.66

续表

序号	pH	氨氮	NO₃-N	NO₂-N	挥发酚	氰化物	砷	汞	六价铬	总硬度	铅	氟化物	镉	铁	锰	TDS	高锰酸盐	硫酸盐	氯化物
63	7.9	0	18.28	0.95	<0.002	0	0.006	0	0	207.3	0	2.3	0	0	0	387	6.5	32.4	14.91
64	7.7	0	14.64	1.78	<0.002	0	0	0	0	316.9	0	8.2	0	0	0	1561	8.5	166	102.9
65	7.8	0	27.88	1.01	<0.002	0.001	0	0	0	209.1	0	4.7	0	0	0	646	14	93.7	64.42
66	8	0	15.29	1.6	<0.002	0	0.005	0	0	275	0	2.1	0	0	0	578	8.5	104	111.4
67	7.6	0	26.42	1.73	<0.002	0.001	0	0	0	565.2	0	4	0	0	0	2039	3.4	460	450.9
68	7.6	0	64.97	1.53	<0.002	0.001	0	0	0	376.3	0	5.9	0	0	0	1168	4	203	199.3
69	7.6	0	38.01	1.08	<0.002	0.001	0	0	0	256.3	0	7.6	0	0	0	922	7.5	111	140.8
70	7.9	0	31.1	1.1	<0.002	0.001	0	0	0	214.7	0	4.3	0	0	0	446	5	48.1	23.82
71	7.6	0	21.46	2.7	<0.002	0.001	0	0	0	289.1	0	6.3	0	0	0	1491	5	271	223.5
72	7.6	0	133.81	1.48	<0.002	0.001	0	0	0	356.1	0	8.5	0	0	0	1010	2.8	137	111.5
73	7.6	0	68.02	1.36	<0.002	0.001	0	0	0	360.2	0	5.9	0	0	0	1139	6	241	124.3
74	7.6	0	116.57	1.79	<0.002	0.001	0	0	0	630.2	0	3.8	0	0	0	1910	4.5	382	375.1
75	7.9	0	74.12	1.87	<0.002	0	0.006	0	0	520.3	0	1.2	0	0	0	1343	16	254	270.7
76	7.7	0	85.31	0.28	<0.002	0.001	0.004	0	0	333.8	0	1.7	0	0	0	938	9.1	125	116.7
77	7.8	0	174.12	0	<0.002	0.001	0.005	0	0	347.1	0	1.7	0	0	0	1139	6.1	210	312.5
78	7.3	0	108.03	0	<0.002	0.001	0.004	0	0	1671	0	1.7	0	0	0	1873	13	295	185.8
79	7.9	0	665.49	0	<0.002	0.001	0.005	0	0	853.8	0	1.7	0	0	0	2469	12	158	593.9
80	7.7	0	1004.76	0	<0.002	0	0.007	0	0	502.3	0.01	1.7	0	0	0	2821	13	347	689.6
81	7.9	0	118.8	0	<0.002	0.002	0.003	0	0	370.6	0	1.7	0	0	0	914	8.1	133	128.7
82	7.7	0	67.64	0.16	<0.002	0.001	0.005	0	0	554.7	0	1.7	0	0	0	1168	14	119	80.96
83	7.6	0	277.32	1.74	<0.002	0.001	0.004	0	0	715.2	0	1.7	0	0	0	2243	22	270	420.2

续表

序号	pH	氨氮	NO$_3$-N	NO$_2$-N	挥发酚	氰化物	砷	汞	六价铬	总硬度	铅	氟化物	镉	铁	锰	TDS	高锰酸盐	硫酸盐	氯化物
84	7.8	0	311.21	1.39	<0.002	0.001	0.005	0	0	601.3	0	1.7	0	0	0	1173	15	111	126.3
85	7.7	0	265.69	0	<0.002	0	0.004	0	0	3152	0	2.8	0	0.3	0	15004	18	3210	2623
86	7.7	0	47.4	3.53	<0.002	0	0.007	0	0	423.2	0	4.1	0	0	0	1748	35	260	312.8
87	8.1	0	32.1	2.76	<0.002	0	0.003	0	0	312.4	0	0.9	0	0	0	565	5.5	107	33.37
88	7.6	0	34.33	2.41	<0.002	0.001	0.003	0	0	227.8	0	1	0	0	0	488	4	58.3	21.88
89	8	0	56.31	2.9	<0.002	0.001	0.008	0	0	234.6	0	1.7	0	0	0	633	7.8	68.3	30.17
90	7.7	0	40.78	3.25	<0.002	0.001	0.005	0	0	224.3	0	2.9	0	0	0	888	1.6	120	64.5
91	7.6	0	43.25	4.05	<0.002	0.002	0.006	0	0	251.8	0	3.2	0	0	0	1188	7.8	175	112.2
92	7.6	0	31.18	1.48	<0.002	0.001	0	0	0	196.7	0	1.7	0	0	0	854	4.7	79.7	102.2
93	7.9	0	33.35	2.41	<0.002	0.001	0.005	0	0	187.1	0	1.5	0	0	0	608	1.9	92.9	43.81
94	8.1	0	76.28	1.41	<0.002	0	0	0	0	283	0	1.3	0	0	0	541	8.6	52.3	84.83
95	8.1	0	43	3.2	<0.002	0.001	0	0	0	458.7	0	0.3	0	0	0	903	11	170	195.5
96	7.9	0	34.51	1.95	<0.002	0	0	0	0	205.2	0	1.5	0	0	0	593	7.6	80.8	49.43
97	8	0	75.48	1.24	<0.002	0	0	0	0	305.1	0	0.6	0	0	0	599	14	76.6	77.1
98	7.7	0	5.68	2.16	<0.002	0	0	0	0	218.5	0	0.7	0	0	0	665	1.8	62.8	43.26
99	8.1	0	64.68	0.79	<0.002	0	0	0	0	313.3	0.01	0.4	0	0	0	614	16	88.2	107.3
100	7.9	0	31.63	1.59	<0.002	0	0	0	0	309.6	0	1.7	0	0	0	731	4.9	136	111.7
101	7.9	0	34.22	1.16	<0.002	0	0	0	0	214.2	0	0.5	0	0	0	466	7	44.7	61.29

注：TDS 为溶解性固体总量。

表 4-10 达茂旗地下水单因子水质评价结果表

序号	pH	氨氮	NO₃-N	NO₂-N	挥发酚	氰化物	砷	汞	六价铬	总硬度	铅	氟化物	镉	铁	锰	TDS	高锰酸盐	硫酸盐	氯化物	评价结果
1	I	I	V	V	III	I	I	I	I	IV	I	IV	I	I	I	IV	IV	III	II	V
2	I	III	V	I	III	I	I	I	I	III	I	IV	II	I	I	III	IV	II	III	V
3	I	I	V	V	III	I	I	I	I	IV	I	IV	III	I	I	IV	V	III	III	V
4	I	I	V	V	III	II	I	I	I	III	I	IV	I	I	I	IV	IV	II	III	V
5	I	I	V	V	III	I	II	I	I	IV	I	IV	I	I	I	III	IV	III	II	V
6	I	I	V	V	III	I	I	I	I	V	I	IV	I	I	I	V	V	II	II	V
7	I	I	V	I	III	II	I	I	I	III	I	IV	I	I	I	III	IV	II	II	V
8	I	I	V	V	III	I	I	I	I	III	I	IV	II	I	I	IV	IV	III	IV	V
9	I	I	V	V	III	I	I	I	I	III	I	IV	III	I	I	IV	IV	II	IV	V
10	I	I	I	V	III	I	I	I	I	II	I	IV	II	I	I	IV	V	I	II	V
11	I	I	IV	I	III	I	II	I	I	I	I	IV	II	I	I	IV	V	I	III	V
12	I	I	V	V	III	I	II	I	I	I	I	IV	I	I	I	IV	IV	I	II	V
13	I	I	IV	V	III	I	II	I	I	I	I	IV	III	I	I	IV	IV	I	II	V
14	V	I	IV	V	III	I	II	I	I	I	I	IV	I	I	I	III	V	I	I	V
15	I	I	IV	V	III	II	I	I	I	II	I	IV	III	I	I	II	V	I	II	V
16	I	I	V	V	III	I	I	I	I	II	I	IV	II	I	I	II	IV	I	I	V
17	I	I	V	I	III	I	II	I	I	II	I	IV	II	I	I	III	IV	I	II	V
18	I	I	V	V	III	I	II	I	I	I	I	IV	I	I	I	III	V	I	I	V
19	I	I	V	V	III	I	I	I	I	IV	I	IV	III	I	I	IV	III	V	III	V
20	I	I	V	I	III	I	II	I	I	III	I	IV	I	I	I	II	V	II	I	V
21	I	I	III	V	III	I	II	I	I	II	I	IV	I	I	I	II	V	III	I	V

续表

序号	pH	氨氮	NO₃-N	NO₂-N	挥发酚	氰化物	砷	汞	六价铬	总硬度	铅	氟化物	镉	铁	锰	TDS	高锰酸盐	硫酸盐	氯化物	评价结果
22	IV	I	V	V	III	I	I	I	I	II	III	I	III	I	I	II	IV	II	I	V
23	I	I	III	V	III	I	I	I	I	III	I	I	I	I	I	II	IV	III	I	V
24	I	I	V	V	III	I	II	I	I	III	III	IV	I	I	I	II	IV	II	II	V
25	I	I	V	V	III	I	II	I	I	II	I	IV	III	I	I	II	IV	I	II	V
26	I	I	V	V	III	I	I	I	I	II	I	IV	I	I	I	II	V	I	I	V
27	I	I	V	V	III	I	I	I	I	II	I	IV	I	I	I	IV	V	IV	I	V
28	I	I	III	V	III	I	I	I	I	II	I	V	III	I	I	III	V	IV	III	V
29	I	I	III	V	III	I	I	I	I	III	I	V	III	I	I	IV	IV	V	II	V
30	I	I	V	V	III	I	I	I	I	III	I	V	I	III	I	IV	V	V	IV	V
31	I	I	V	V	III	I	I	I	I	V	I	V	I	I	I	V	IV	I	I	V
32	I	I	V	V	III	I	I	I	I	II	I	IV	I	I	I	III	V	II	II	V
33	I	I	V	V	III	I	I	I	I	II	I	V	I	I	I	II	IV	II	II	V
34	I	I	V	V	III	I	I	I	I	II	I	IV	I	I	I	II	IV	II	I	V
35	I	I	V	V	III	I	I	I	I	II	I	IV	II	I	I	II	IV	II	II	V
36	I	I	IV	V	III	I	I	I	I	II	I	IV	I	I	I	II	IV	II	I	V
37	I	I	IV	V	III	I	II	I	I	II	I	IV	I	I	I	II	III	II	II	V
38	I	I	III	V	III	I	I	I	I	II	I	V	I	I	I	III	IV	II	II	V
39	I	I	IV	V	III	I	I	I	I	II	I	V	I	I	I	III	IV	II	II	V
40	I	I	IV	V	III	I	I	I	I	II	I	IV	I	I	I	II	IV	II	II	V
41	I	I	II	V	III	I	I	I	I	II	I	IV	I	I	I	III	IV	II	II	V
42	I	I	II	V	III	I	I	I	I	II	I	I	I	I	I	I	IV	I	I	V

续表

序号	pH	氨氮	NO₃-N	NO₂-N	挥发酚	氰化物	砷	汞	六价铬	总硬度	铅	氟化物	镉	铁	锰	TDS	高锰酸盐	硫酸盐	氯化物	评价结果
43	I	I	V	V	III	I	I	I	I	II	I	IV	I	I	I	III	IV	II	II	V
44	I	I	V	V	III	I	I	I	I	III	I	IV	I	I	I	IV	IV	III	II	V
45	I	I	III	V	III	I	I	I	I	II	I	I	I	I	I	III	IV	II	II	V
46	I	I	V	I	III	I	I	I	I	IV	I	I	I	I	I	IV	IV	II	III	V
47	I	I	IV	V	III	I	I	I	I	II	I	I	I	I	I	II	IV	I	I	V
48	I	I	V	V	III	I	I	I	I	II	I	I	I	I	I	III	IV	III	III	V
49	I	I	V	V	III	I	I	I	I	IV	I	I	I	I	I	IV	IV	II	II	V
50	I	I	V	V	III	I	I	I	I	III	I	V	I	I	I	III	IV	II	V	V
51	I	I	V	V	III	I	I	I	I	V	I	I	I	I	I	IV	IV	III	II	V
52	I	I	V	V	III	II	I	I	I	III	I	IV	I	I	I	III	IV	III	IV	V
53	I	I	V	V	III	I	I	I	I	V	I	IV	I	I	I	IV	IV	IV	III	V
54	I	I	V	V	III	I	I	I	I	V	I	IV	I	I	I	IV	V	V	V	V
55	I	I	V	I	III	I	I	I	I	V	I	I	I	I	I	V	IV	I	I	V
56	I	I	V	V	III	I	I	I	I	II	I	V	I	I	I	III	IV	II	III	V
57	I	I	V	V	III	I	I	I	I	II	I	I	I	I	I	III	IV	II	II	V
58	I	I	V	V	III	I	I	I	I	II	I	V	I	I	I	III	V	III	II	V
59	I	I	I	V	III	I	I	I	I	IV	I	I	I	I	I	III	V	I	I	V
60	I	I	V	V	III	I	I	I	I	III	I	V	I	I	I	IV	II	III	III	V
61	I	I	V	I	III	I	I	I	I	II	I	V	I	I	I	III	IV	IV	III	V
62	I	I	V	V	III	I	I	I	I	II	I	V	I	I	I	II	IV	I	I	V
63	I	I	III	V	III	I	II	I	I	II	I	V	II	I	I	II	IV	I	I	V

续表

序号	pH	氨氮	NO₃-N	NO₂-N	挥发酚	氰化物	砷	汞	六价铬	总硬度	铅	氟化物	镉	铁	锰	TDS	高锰酸盐	硫酸盐	氯化物	评价结果
64	I	I	V	V	III	I	I	I	I	III	I	V	I	I	I	IV	IV	III	II	V
65	I	I	V	V	III	I	I	I	I	II	I	V	I	I	I	III	V	II	II	V
66	I	I	III	V	III	I	I	I	I	II	I	V	I	I	I	III	IV	II	II	V
67	I	I	V	V	III	I	I	I	I	V	I	V	I	I	I	V	IV	V	V	V
68	I	I	V	V	III	I	I	I	I	III	I	V	I	I	I	IV	IV	III	III	V
69	I	I	V	V	III	I	I	I	I	II	I	V	I	I	I	II	IV	II	II	V
70	I	I	V	V	III	I	I	I	I	II	I	V	I	I	I	IV	IV	I	I	V
71	I	I	V	V	III	I	I	I	I	III	I	V	I	I	I	IV	IV	IV	III	V
72	I	I	V	V	III	I	I	I	I	III	I	V	I	I	I	III	III	II	II	V
73	I	I	V	V	III	I	I	I	I	III	I	V	I	I	I	IV	IV	IV	III	V
74	I	I	V	V	III	I	I	I	I	V	I	V	I	I	I	IV	V	IV	II	V
75	I	I	I	I	III	I	II	I	I	IV	I	IV	I	I	I	IV	IV	IV	IV	V
76	I	I	V	V	III	I	I	I	I	III	I	IV	I	I	I	III	IV	II	II	V
77	I	I	V	V	III	I	I	I	I	III	I	IV	II	I	I	IV	IV	IV	IV	V
78	I	I	V	V	III	I	I	I	I	V	I	IV	I	I	I	IV	V	III	III	V
79	I	I	V	V	III	I	I	I	I	V	I	IV	I	I	I	I	V	II	I	V
80	I	I	V	V	III	II	II	I	I	IV	II	IV	I	I	I	III	IV	IV	IV	V
81	I	I	V	V	III	I	I	I	I	III	I	IV	I	I	I	IV	IV	III	II	V
82	I	I	V	V	III	I	I	I	I	V	I	IV	II	I	I	IV	V	IV	IV	V
83	I	I	V	V	III	I	I	I	I	V	I	IV	I	I	I	V	V	IV	V	V
84	I	I	V	V	III	I	I	I	I	V	I	IV	I	I	I	IV	V	II	II	V

续表

序号	pH	氨氮	NO₃-N	NO₂-N	挥发酚	氰化物	砷	汞	六价铬	总硬度	铅	氟化物	镉	铁	锰	TDS	高锰酸盐	硫酸盐	氯化物	评价结果
85	I	I	V	I	III	I	I	I	I	V	I	V	I	IV	I	V	V	V	V	V
86	I	I	V	V	III	I	II	I	I	III	I	V	III	I	I	IV	V	IV	IV	V
87	I	I	V	V	III	I	I	I	I	III	I	II	I	I	I	III	IV	II	I	V
88	I	I	V	V	III	I	II	I	I	II	I	II	I	I	I	II	IV	II	II	V
89	I	I	V	V	III	I	I	I	I	II	I	IV	I	I	I	III	IV	II	I	V
90	I	I	V	V	III	I	II	I	I	II	I	II	I	I	I	IV	II	II	II	V
91	I	I	V	V	III	I	I	I	I	II	I	V	I	I	I	II	IV	II	II	V
92	I	I	V	V	III	I	II	I	I	II	I	IV	I	I	I	III	IV	II	I	V
93	I	I	V	V	III	I	I	I	I	II	I	IV	I	I	I	II	IV	II	II	V
94	I	I	V	V	III	I	I	I	I	II	I	IV	I	I	I	III	IV	II	III	V
95	I	I	V	V	III	I	I	I	I	IV	I	I	II	I	I	II	V	III	I	V
96	I	I	V	V	III	I	I	I	I	II	I	IV	I	I	I	III	IV	III	II	V
97	I	I	III	V	III	I	I	I	I	III	II	I	I	I	I	II	II	I	I	V
98	I	I	III	V	III	I	I	I	I	II	I	IV	III	I	I	III	V	III	I	V
99	I	I	V	V	III	I	I	I	I	III	I	I	I	I	I	II	IV	II	II	V
100	I	I	I	V	III	I	I	I	I	III	I	I	I	I	I	II	IV	I	I	V
101	I	I	V	V	III	I	I	I	I	II	I	I	I	I	I	II	I	I	II	V

注：TDS 为溶解性固体总量。

表 4-11 达茂旗不同行政区地下水质量分类统计表

（单位：%）

苏木(乡镇)	类别	pH	氨氮	NO_3-N	NO_2-N	挥发酚	氰化物	砷	汞	六价铬	总硬度	铅	氟化物	镉	铁	锰	TDS	高锰酸盐	硫酸盐	氯化物
	I	100.0	88.9	0.0	22.2	0.0	88.9	100.0	100.0	100.0	0.0	100	11.1	66.7	100	100	0.0	0.0	0.0	0.0
	II	0.0	0.0	0.0	0.0	0.0	11.1	0.0	0.0	0.0	11.1	0.0	0.0	22.2	0.0	0.0	0.0	0.0	66.7	66.7
	III	0.0	11.1	0.0	0.0	100.0	0.0	0.0	0.0	0.0	55.6	0.0	0.0	11.1	0.0	0.0	55.6	0.0	33.3	33.3
	IV	0.0	0.0	0.0	0.0	0.0	0.0	0.0	0.0	0.0	22.2	0.0	88.9	0.0	0.0	0.0	33.3	66.7	0.0	0.0
	V	0.0	0.0	100.0	77.8	0.0	0.0	0.0	0.0	0.0	11.1	0.0	0.0	0.0	0.0	0.0	11.1	33.3	0.0	0.0
乌克忽洞镇	I	88.8	100.0	5.6	5.6	0.0	100.0	61.1	100.0	100.0	5.5	88.8	44.4	38.8	100	100	0.0	0.0	33.3	50.0
	II	0.0	0.0	0.0	0.0	0.0	0.0	38.9	0.0	0.0	61.1	0.0	0.0	11.2	0.0	0.0	55.5	0.0	38.9	22.2
	III	0.0	0.0	11.1	0.0	100.0	0.0	0.0	0.0	0.0	27.8	11.2	0.0	50.0	0.0	0.0	16.7	0.0	22.2	16.7
	IV	5.6	0.0	22.2	0.0	0.0	0.0	0.0	0.0	0.0	5.6	0.0	50.0	0.0	0.0	0.0	22.2	50.0	0.0	5.6
	V	5.6	0.0	61.1	94.4	0.0	0.0	0.0	0.0	0.0	0.0	0.0	5.6	0.0	0.0	0.0	5.6	50.0	5.6	5.6
明安镇	I	100	100.0	0.0	0.0	0.0	100.0	83.3	100.0	100.0	0.0	100	16.7	50.0	100	100	0.0	0.0	0.0	0.0
	II	0.0	0.0	0.0	0.0	0.0	0.0	16.7	0.0	0.0	66.7	0.0	0.0	0.0	0.0	0.0	0.0	0.0	50.0	50.0
	III	0.0	0.0	33.3	0.0	100.0	0.0	0.0	0.0	0.0	16.6	0.0	0.0	50.0	0.0	0.0	33.3	0.0	16.6	16.6
	IV	0.0	0.0	0.0	0.0	0.0	0.0	0.0	0.0	0.0	0.0	0.0	16.6	0.0	0.0	0.0	50.0	50.0	16.7	16.7
	V	0.0	0.0	66.7	100.0	0.0	0.0	0.0	0.0	0.0	16.7	0.0	66.7	0.0	0.0	0.0	16.7	50.0	16.7	16.7
达尔汗苏木	I	100.0	100.0	0.0	0.0	0.0	100.0	85.7	100.0	100.0	0.0	100.0	0.0	50.0	100.0	100.0	0.0	0.0	0.0	0.0
	II	0.0	0.0	0.0	0.0	0.0	0.0	14.3	0.0	0.0	0.0	0.0	0.0	50.0	0.0	0.0	0.0	0.0	0.0	0.0
	III	0.0	0.0	0.0	0.0	100.0	0.0	0.0	0.0	0.0	0.0	0.0	0.0	0.0	0.0	0.0	0.0	0.0	0.0	0.0
	IV	0.0	0.0	0.0	0.0	0.0	0.0	0.0	0.0	0.0	0.0	0.0	0.0	0.0	0.0	0.0	0.0	0.0	0.0	0.0
	V	0.0	0.0	100.0	100.0	0.0	0.0	0.0	0.0	0.0	0.0	0.0	0.0	0.0	0.0	0.0	0.0	0.0	0.0	0.0
巴音花镇	I	100.0	100.0	0.0	0.0	0.0	100.0	85.7	100.0	100.0	100.0	100.0	0.0	85.7	85.7	100.0	0.0	0.0	14.3	85.7
	II	0.0	0.0	0.0	0.0	0.0	0.0	14.3	0.0	0.0	0.0	0.0	0.0	14.3	0.0	0.0	42.9	0.0	85.7	14.3
	III	0.0	0.0	14.3	0.0	100.0	0.0	0.0	0.0	0.0	0.0	0.0	0.0	0.0	14.3	0.0	57.1	14.3	0.0	0.0
	IV	0.0	0.0	57.1	0.0	0.0	0.0	0.0	0.0	0.0	0.0	0.0	71.4	0.0	0.0	0.0	0.0	85.7	0.0	0.0
	V	0.0	0.0	28.6	100.0	0.0	0.0	0.0	0.0	0.0	0.0	0.0	28.6	0.0	0.0	0.0	0.0	0.0	0.0	0.0

续表

苏木(乡镇)	类别	pH	氨氮	NO$_3$-N	NO$_2$-N	挥发酚	氰化物	砷	汞	六价铬	总硬度	铅	氟化物	镉	铁	锰	TDS	高锰酸盐	硫酸盐	氯化物
小文公乡	I	100.0	100.0	0.0	10.0	0.0	100.0	100.0	100.0	100.0	0.0	100.0	60.0	100.0	100.0	100.0	10.0	0.0	20.0	20.0
	II	0.0	0.0	10.0	0.0	0.0	0.0	0.0	0.0	0.0	60.0	0.0	0.0	0.0	0.0	0.0	10.0	0.0	70.0	60.0
	III	0.0	0.0	10.0	0.0	100.0	0.0	0.0	0.0	0.0	20.0	0.0	0.0	0.0	0.0	0.0	50.0	0.0	10.0	20.0
	IV	0.0	0.0	20.0	0.0	0.0	0.0	0.0	0.0	0.0	20.0	0.0	20.0	0.0	0.0	0.0	30.0	100.0	0.0	0.0
	V	0.0	0.0	60.0	90.0	0.0	0.0	0.0	0.0	0.0	0.0	0.0	20.0	0.0	0.0	0.0	0.0	0.0	0.0	0.0
石宝镇	I	100.0	100.0	10.0	30.0	0.0	90.0	100.0	100.0	100.0	0.0	100.0	20.0	100.0	100.0	100.0	0.0	0.0	20.0	20.0
	II	0.0	0.0	0.0	0.0	0.0	10.0	0.0	0.0	0.0	30.0	0.0	0.0	0.0	0.0	0.0	0.0	10.0	20.0	20.0
	III	0.0	0.0	0.0	0.0	100.0	0.0	0.0	0.0	0.0	20.0	0.0	30.0	0.0	0.0	0.0	50.0	0.0	20.0	30.0
	IV	0.0	0.0	0.0	0.0	0.0	0.0	0.0	0.0	0.0	10.0	0.0	0.0	0.0	0.0	0.0	40.0	60.0	10.0	10.0
	V	0.0	0.0	90.0	70.0	0.0	0.0	0.0	0.0	0.0	40.0	0.0	50.0	0.0	0.0	0.0	10.0	30.0	30.0	20.0
巴音敖包苏木	I	100.0	100.0	0.0	0.0	0.0	100.0	83.3	100.0	100.0	0.0	100.0	0.0	83.3	100.0	100.0	0.0	0.0	16.7	33.3
	II	0.0	0.0	0.0	0.0	0.0	0.0	16.7	0.0	0.0	83.3	0.0	0.0	16.7	0.0	0.0	16.7	0.0	50.0	50.0
	III	0.0	0.0	33.3	0.0	100.0	0.0	0.0	0.0	0.0	16.7	0.0	0.0	0.0	0.0	0.0	50.0	0.0	16.7	16.7
	IV	0.0	0.0	0.0	0.0	0.0	0.0	0.0	0.0	0.0	0.0	0.0	0.0	0.0	0.0	0.0	33.3	83.3	16.6	0.0
	V	0.0	0.0	66.7	100.0	0.0	0.0	0.0	0.0	0.0	0.0	0.0	100.0	0.0	0.0	0.0	0.0	16.7	0.0	0.0
百灵庙镇	I	100.0	100.0	0.0	0.0	0.0	100.0	88.9	100.0	100.0	0.0	100.0	0.0	100.0	100.0	100.0	0.0	0.0	11.2	11.2
	II	0.0	0.0	0.0	0.0	0.0	0.0	11.1	0.0	0.0	33.3	0.0	0.0	0.0	0.0	0.0	11.1	0.0	22.2	33.3
	III	0.0	0.0	0.0	0.0	100.0	0.0	0.0	0.0	0.0	33.3	0.0	11.1	0.0	0.0	0.0	11.1	11.1	22.2	22.2
	IV	0.0	0.0	0.0	0.0	0.0	0.0	0.0	0.0	0.0	11.2	0.0	88.9	0.0	0.0	0.0	66.7	77.8	22.2	11.1
	V	0.0	0.0	100.0	100.0	0.0	0.0	0.0	0.0	0.0	22.2	0.0	0.0	0.0	0.0	0.0	11.1	11.1	22.2	22.2

续表

苏木(乡镇)	类别	pH	氨氮	NO₃-N	NO₂-N	挥发酚	氰化物	砷	汞	六价铬	总硬度	铅	氟化物	镉	铁	锰	TDS	高锰酸盐	硫酸盐	氯化物
西河乡	I	100.0	100.0	0.0	55.6	0.0	88.9	88.9	100.0	100.0	0.0	88.9	0.0	88.9	100.0	100.0	0.0	0.0	0.0	0.0
	II	0.0	0.0	0.0	0.0	0.0	11.1	11.1	0.0	0.0	0.0	11.1	0.0	11.1	0.0	0.0	0.0	0.0	44.4	44.4
	III	0.0	0.0	0.0	0.0	100.0	0.0	0.0	0.0	0.0	33.3	0.0	0.0	0.0	0.0	0.0	22.3	0.0	22.3	11.2
	IV	0.0	0.0	0.0	0.0	0.0	0.0	0.0	0.0	0.0	11.1	0.0	100.0	0.0	0.0	0.0	44.4	33.3	33.3	11.1
	V	0.0	0.0	100.0	44.4	0.0	0.0	0.0	0.0	0.0	55.6	0.0	0.0	0.0	0.0	0.0	33.3	66.7	0.0	33.3
查干哈达苏木	I	100.0	100.0	0.0	20.0	0.0	100.0	60.0	100.0	100.0	0.0	100.0	40.0	80.0	80.0	100.0	0.0	0.0	0.0	60.0
	II	0.0	0.0	0.0	0.0	0.0	0.0	40.0	0.0	0.0	40.0	0.0	0.0	0.0	0.0	0.0	20.0	0.0	60.0	0.0
	III	0.0	0.0	0.0	0.0	0.0	0.0	0.0	0.0	0.0	40.0	0.0	0.0	20.0	0.0	0.0	40.0	0.0	0.0	0.0
	IV	0.0	0.0	0.0	0.0	0.0	0.0	0.0	0.0	0.0	0.0	0.0	20.0	0.0	20.0	0.0	20.0	60.0	20.0	20.0
	V	0.0	0.0	100.0	80.0	0.0	0.0	0.0	0.0	0.0	20.0	0.0	40.0	0.0	0.0	0.0	20.0	40.0	20.0	20.0
满都拉镇	I	100.0	100.0	0.0	0.0	0.0	75.0	75.0	100.0	100.0	0.0	100.0	0.0	100.0	100.0	100.0	0.0	0.0	0.0	25.0
	II	0.0	0.0	0.0	0.0	0.0	25.0	25.0	0.0	0.0	100.0	0.0	0.0	0.0	0.0	0.0	0.0	50.0	75.0	75.0
	III	0.0	0.0	0.0	0.0	100.0	0.0	0.0	0.0	0.0	0.0	0.0	0.0	0.0	0.0	0.0	75.0	0.0	25.0	0.0
	IV	0.0	0.0	0.0	0.0	0.0	0.0	0.0	0.0	0.0	0.0	0.0	50.0	0.0	0.0	0.0	25.0	50.0	0.0	0.0
	V	0.0	0.0	100.0	100.0	0.0	0.0	0.0	0.0	0.0	0.0	0.0	50.0	0.0	0.0	0.0	0.0	0.0	0.0	0.0
希拉穆仁镇	I	100.0	100.0	0.0	0.0	0.0	0.0	100.0	0.0	100.0	0.0	87.5	62.5	75.0	100.0	100.0	0.0	0.0	12.5	25.0
	II	0.0	0.0	0.0	0.0	0.0	0.0	0.0	0.0	0.0	50.0	12.5	0.0	12.5	0.0	0.0	12.5	12.5	75.0	62.5
	III	0.0	0.0	12.5	0.0	100.0	0.0	0.0	0.0	0.0	37.5	0.0	37.5	12.5	0.0	0.0	87.5	0.0	12.5	12.5
	IV	0.0	0.0	0.0	0.0	0.0	0.0	0.0	0.0	0.0	12.5	0.0	0.0	0.0	0.0	0.0	0.0	50.0	0.0	0.0
	V	0.0	0.0	87.5	100.0	0.0	0.0	0.0	0.0	0.0	0.0	0.0	37.5	0.0	0.0	0.0	0.0	37.5	0.0	0.0

注: TDS 为溶解性固体总量。

从上面单因子评价结果来看，达茂旗地下水均为 V 类水，影响水质的主要指标为 NO_3-N、NO_2-N 和高锰酸盐指数 3 项指标。

采用综合评价方法，达茂旗地下水水质评价为较差和极差。

4.3　研究区水资源开发利用现状

4.3.1　供水工程

蓄水工程：现状年（2015 年）达茂旗共建成蓄水工程 9 座，其中中型水库 1 座、小（1）型水库 4 座、小（2）型水库 2 座、塘坝 2 座。总库容达到 3417.4 万 m^3，现状年供水 50 万 m^3。

引水工程：现状年达茂旗建有引水工程 1 处，设计供水能力 600 万 m^3，实际供水能力 530 万 m^3，见表 4-12。

表 4-12　现状年达茂旗地表水供水工程表

项目	蓄水工程					引水工程
	中型水库	小（1）型水库	小（2）型水库	塘坝	合计	
数量/座	1	4	2	2	8	1
设计库容/万 m^3	1481	1870.7	65.7		3417.4	600
现状供水量/万 m^3	50					530

集中分散式供水工程：现状年达茂旗建有城镇自来水工程 3 处，农村集中式供水工程 263 处，农村分散式供水工程 872 处，见表 4-13。

表 4-13　现状年达茂旗集中分散式供水工程统计表　　　　（单位：处）

城镇自来水工程	农村集中式供水工程				农村分散式供水工程
	千吨万人以上	V型	IV型	合计	
3	1	2	260	263	872

机电井工程：现状年达茂旗建有机电井工程 4825 眼，其中规模以上机电井 3830 眼，规模以下机电井 995 眼，见表 4-14。总装机容量为 8200kW，设计供水能力为 5336 万 m^3，实际供水能力为 5144 万 m^3。

表 4-14　现状年达茂旗机电井工程统计表　　（单位：眼）

规模以上机电井工程			规模以下机电井工程		
农区	牧区	合计	农区	牧区	合计
2530	1300	3830	606	389	995

再生水供水工程：现状年达茂旗未建有污水深度处理工程或再生水厂，有污水处理厂 1 座，即达茂旗百灵庙镇污水处理厂，主要接收综合生活污水，经处理达标后排入艾不盖河，未建设污水深度处理工程，再生水产生量和可利用量为 0。

4.3.2　供水现状

现状年达茂旗总供水量为 5864 万 m³（含包钢向巴润工业园区供黄河水 530 万 m³、武川境内机电井向石宝铁矿供地下水 140 万 m³，这两项供水水源不占达茂旗用水总量控制指标），其中地表水供水 580 万 m³（其中含包钢向巴润工业园区供黄河水 530 万 m³）、地下水供水 5284 万 m³（其中含武川境内机电井向石宝铁矿供地下水 140 万 m³）。

4.3.3　用水量与用水结构

现状年达茂旗总用水量为 5864 万 m³，其中生活用水 264 万 m³，生产用水 5574 万 m³，生态用水 26 万 m³，用水比例为 4.5：95.1：0.4，在生产用水中，第一产业用水 4478 万 m³、第二产业用水 947 万 m³、第三产业用水 149 万 m³，三次产业用水比例为 80.3：17.0：2.7，见表 4-15。

表 4-15　现状年达茂旗用水情况统计表　　（单位：万 m³）

项目			用水量
生活		城镇	154
		农村	110
		合计	264
生产	一产	农田灌溉	1343
		林果地灌溉	72
		草场灌溉	2678
		牲畜用水	385
		小计	4478

续表

项目			用水量
生产	二产	工业	939
		建筑业	8
		小计	947
	三产		149
	合计		5574
生态			26
总计			5864

从达茂旗现状年用水来看，达茂旗用水水源主要为地下水，故本章不做现状基准年用水分析。

4.4　研究区用水水平分析

4.4.1　总体用水水平

现状年达茂旗人口为 11.28 万人，人均用水量为 519.86m^3，低于同期自治区人均用水量 740m^3；总用水中生产用水量为 5574 万 m^3，国内生产总值为 208.78 亿元，万元 GDP 取水量为 28.09m^3，低于同期包头市的 28.5m^3、自治区的 103m^3 和全国的 90.0m^3 的平均水平。从达茂旗用水结构来看，三次产业经济贡献率结构比为 7.4∶61.3∶31.3；用水比例为 80.3∶17.0∶2.7，也就是说，第一产业以 80.3% 的用水仅产生 7.4% 的经济贡献率，而第二产业和第三产业却以 17.0% 和 2.7% 的用水产生了 61.3% 和 31.3% 的经济贡献率。因此，现状用水效益仍然低下，有限的水资源没能得到优化配置和高效利用，用水结构仍有调整空间。

4.4.2　第一产业用水水平

现状年达茂旗第一产业总用水量为 4478 万 m^3，其中灌溉用水量为 4093 万 m^3，牲畜用水量为 385 万 m^3；灌溉面积为 34.28 万亩，综合灌溉用水量 119.4m^3/亩，低于同期包头市的 319m^3/亩、自治区的 327m^3/亩、全国的 394m^3/亩的平均水平；灌溉水利用系数达到 0.75，高于同期包头市的 0.56、自治区的 0.52、全国的 0.54 的平均水平，用水水平较高；牲畜头数为 56.21 万头只，其中大畜 7.38 万头、小畜 46.56 万只、生猪 2.27 万头，畜均用水量为 18.8L/[d·头（只）]，其中大畜为

80L/(d·头)、小畜为 8L/(d·只)、生猪为 40.5L/(d·头)，符合内蒙古自治区地方标准《行业用水定额》（DB15/T 385—2020）规定。

4.4.3　第二产业用水水平

现状年达茂旗第二产业总用水量为 947 万 m³，其中工业用水量为 939 万 m³，工业增加值为 112.41 亿元，万元工业增加值用水量为 8.4m³，优于同期包头市的 15.3m³、自治区的 23.6m³、全国的 58.3m³ 的平均水平，工业用水水平较高；建筑业用水量为 8 万 m³，建筑业增加值为 15.5 亿元，万元建筑业用水量为 0.5m³，用水水平较高。

4.4.4　第三产业用水水平

现状年达茂旗第三产业用水量为 149 万 m³，第三产业增加值为 65.49 亿元，万元第三产业增加值用水量为 2.3m³，用水水平较高。

4.4.5　生活用水水平

现状年达茂旗生活用水量为 264 万 m³，其中城镇生活用水量为 154 万 m³，城镇人口为 4.68 万人，城镇人均用水量为 90.15L/(人·d)，低于同期自治区城镇生活用水 91L/(人·d)的平均水平；农村生活用水量为 110 万 m³，农村人口为 5.04 万人，农村人均生活用水量为 59.8L/(人·d)，低于同期自治区农村生活用水 73L/(人·d)的平均水平，城镇、农村生活用水水平有待提高。

4.4.6　城镇供水管网

根据达茂旗水资源管理年报，现状年达茂旗城镇供水管网供水量为 379 万 m³，实际利用量为 303 万 m³，管网漏损量为 76 万 m³，漏损率为 20%。供水管网改造节水潜力较大。

4.5　研究区水资源开发利用程度及潜力分析

4.5.1　开发利用程度

1. 地表水开发利用程度

地表水开发利用程度是指当地地表水实际开发利用量占当地地表水资源量的

百分比。现状年达茂旗当地地表水开发利用量为 50 万 m³，当地地表水资源量为 1642.78 万 m³，开发利用程度仅为 3.04%。

2. 地下水开采利用程度

地下水开采利用程度是指当地地下水实际开采利用量占当地地下水可开采量的百分比。现状年达茂旗当地地下水资源开采利用量为 5144 万 m³，当地地下水资源可开采利用量为 6907.48 万 m³，开采利用程度为 74.47%。

4.5.2 开源潜力

开源潜力是指在现状开发利用基础上，当地剩余的可供开发利用的水资源量，用公式表示为

$$Q_{潜力} = Q_{可利用（开采）量} - Q_{实际开发（开采）量} \tag{4-19}$$

式中，$Q_{潜力}$ 为水资源开发（开采）利用潜力；$Q_{可利用（开采）量}$ 为水资源可利用（开采）量；$Q_{实际开发（开采）量}$ 为水资源实际开发（开采）量。

1. 地表水

达茂旗多年平均地表水资源可利用量为 1642.78 万 m³，现状年实际开发利用量为 50 万 m³。采用式（4-19）计算，达茂旗地表水开发利用潜力为 1592.78 万 m³。

2. 地下水

达茂旗地下水可开采量为 6907.48 万 m³，现状年实际开采利用量为 5144 万 m³。采用式（4-19）计算，达茂旗地下水开采利用潜力为 1763.48 万 m³。

3. 总潜力

汇总上述地表水开发利用潜力和地下水开采利用潜力，在现状开发利用条件下，达茂旗水资源开源总潜力为 3356.26 万 m³。

4.5.3 "三条红线"控制指标下的利用潜力

按照严格水资源管理的要求，内蒙古自治区水利厅下达包头市取水总量控制指标，2015 年为 10.88 亿 m³，包头市按照水利厅下达的取水总量控制指标分解下达达茂旗，2015 年取水总量指标为 5200 万 m³。现状年达茂旗取水总量为 5864 万 m³，其中区域取水总量控制范围内为 5194 万 m³，因此，"三条红线"取水总量控制指标下的利用潜力为 6.0 万 m³。

4.6　研究区水资源开发利用与管理中存在的主要问题

达茂旗是我国北方严重缺水的地区，又是生态环境极其脆弱的地区，水资源是其基础性的战略资源，也是经济社会可持续发展的制约性资源。当地水资源十分匮乏，水资源构成单一，既没有过境客水，短期内也不存在调水的可能性。水资源量的不足已成为制约当地经济社会可持续发展的主导因素。达茂旗水开发利用及管理中存在的主要问题，表现在如下几个方面。

1. 地表水缺少控制性调蓄工程，已有工程配套差、老化失修，地表水利用率低下

达茂旗位于阴山北麓的内陆高平原地区，地表水主要源自西南部的低山丘陵区，主要由艾不盖河、塔布河、开令河、哈尼河、乌苏图勒河等组成。这些河流径流量主要集中在汛期。目前的利用方式大部分以控制能力很低的引水工程和小型蓄水工程为主，缺乏控制性调蓄工程。现状年仅有调蓄性蓄水工程三座，其中黄花滩中型水库一座，总库容为 1481 万 m^3，兴利库容仅为 295 万 m^3；杨油房、青龙湾小型水库两座，总库容分别为 840 万 m^3 和 320 万 m^3，兴利库容分别为 481 万 m^3 和 127 万 m^3；总计兴利库容 903 万 m^3，约占多年平均地表径流量的 27.83%，占多年平均地表水资源可利用量的 50.60%，且水库的功能以防洪和农田灌溉为主，虽然经过了除险、加固，但是渗漏、淤积严重，难以发挥效益。

已建中型水库以防洪为主，供水保证程度极其低下。此外，现有引水配套工程老化失修，除渠首段衬砌外，多为土渠，水的利用率低下，地表水的开发利用程度不高。

2. 水资源配置及用水结构不合理，未能实现水资源的高效利用

达茂旗虽然赋存大型的铁、铌、稀土等多金属共生矿床，但长期以来其产业结构以传统的畜牧业生产为主，地区生产力水平相对落后。水资源的开发利用以解决人畜饮水、农田及饲草料地的灌溉为主。由于地广人稀，水源工程的建设形式以分散、小型为主，地表水资源的利用程度相对较低，而分散性的地下水取水井建设较多，地下水的开发利用程度也较高。另外，从现状用水来看，现状年达茂旗的三次产业对国民经济的贡献率比为 7.94：71.46：20.60，而相应的用水结构比为 93.76：5.96：0.28，即农牧业用 93.76% 的水资源量换取的仅是 7.64% 的经济贡献率，而工业用 5.96% 的水资源量换取的经济贡献率却高达 71.46%，水资源利用效率不高。

3. 灌溉用水利用率不高，水资源浪费现象仍然存在

农田灌溉用水是达茂旗第一用水大户，从其用水现状来看，综合灌溉水利用系数为 0.69，利用效率不高，尤其是对于渠灌区，仅在渠首进行衬砌，其余渠道均为土渠。此外，已有节水灌溉工程也存在老化失修等问题，水资源的利用效率达不到设计标准。因此，水资源浪费现象仍然严重。

4. 地下水开采井布局不合理，导致局部地区超采问题严重

虽然从全旗范围来讲，地下水取用量尚未超出可开采量，总体处于盈余状态，但由于地下水开采井布局不合理，缺乏科学规划、统一布局、统一管理，难以做到合理开采、优化配置、高效利用、节约使用、有效保护。

近年来随着达茂旗经济社会的快速发展，需水量急剧增长，人们为了使自己的用水需求得到满足，不考虑地下水资源的承载能力，各水源地范围内地下水开采井不断增加。开采井布设缺乏科学规划、统一布局，取水相互干扰，上下游争水，导致局部地区地下水超采严重，出现了吊泵、出水能力衰减等现象，每年 5～8 月，上游取用水量增加，长此以往，必然会导致水源地枯竭。建议对水源地所在水文地质单元地下水开采进行科学规划、分配水权、控制开采。

5. 污水再生利用发展缓慢，加剧了水资源紧缺

目前，达茂旗百灵庙镇城区已建成污水处理厂 1 座，处理能力为 1.5 万 m^3/d，处理工艺为循环式活性污泥法（cyclic activated sludge technology，CAST，又称周期循环活性污泥工艺），已于 2009 年投产运行，但由于短缺再生水深度处理系统，出水水质仅符合《城镇污水处理厂污染物排放标准》（GB 18918—2002），而达不到《城市污水再生利用 工业用水水质》（GB/T 19923—2005）和《城市污水再生利用 城市杂用水水质》（GB/T 18920—2020）标准。因此，污水处理厂出水量几乎不加利用而排放消耗，既加大了污水处理厂的负担，又造成了水资源浪费，同时加大了对新鲜水的需求量。

6. 保护和管理能力亟待改进

从管理水平上讲，达茂旗与自治区内先进水平有一定距离。地下水管理和保护能力也不能满足形势的要求，缺乏对区域地下水的实时监控，缺少地下水管理的预警评价与信息系统、应急保障体系，遇到突发或长期污染事件，难以准确迅速采取有效控制措施。

第5章 研究区草原生态状况及其动态变化

5.1 研究区草原物候特征

5.1.1 牧草返青期

以日平均气温稳定达到≥5℃作为牧草开始生长期-返青期的温度指标。此时，在水分条件基本满足的情况下，耐寒牧草，如羊草、针茅草等大多数牧草开始生长，喜温牧草，如芨芨草也开始萌动。由于地形、土壤、水分等条件的影响，牧草返青期虽有差异，但大多数牧草返青期的温度指标基本一致。达茂旗牧草返青期的地理分布是从北向南逐渐开始，随着海拔上升开始期相应推迟：北部如满都拉镇的牧草平均返青期为 4 月 17 日，南部的希拉穆仁镇为 4 月 27 日，南北相差约 10d。牧草返青期年际变化很大，温度高、水分适中年返青期比平常年最多提前 13～18d。温度低、干旱严重年返青期比平常年最多推迟 14～20d。一个地区的最早与最晚年最多相差达 30～40d（达茂旗农牧业资源区划办公室，1999）。

5.1.2 牧草饱青期

牧草饱青期是指牧草生长到能供应放牧畜群吃饱青草的时期，是牲畜由采食枯草至完全采食青草的转变时期，标志着牧业生产由冬春抗灾保畜进入抓膘期。饱青期的早晚关系牲畜增肥的迟早及小畜抓绒剪毛和大畜配种期的迟早。

由于牲畜采食能力的不同，饱青期也不同。羊、马啃食低草的能力强，一般牧草达到 5～6cm 就可吃饱，牛则需要牧草达到 7～9cm 才能吃饱。达茂旗春季干旱，牧草生长缓慢，以气温稳定通过 0℃以后一个月作为羊、马饱青期指标，50d 以后作为牛饱青期指标。

饱青期最早从达茂旗北部开始，南部开始较迟。羊、马饱青期，北部的满都拉镇平均在 5 月 3 日前后，南部的希拉穆仁镇平均在 5 月 10 日前后。牛的饱青期比羊、马饱青期推迟 20d。北部的满都拉镇平均在 5 月 23 日前后，南部希拉穆仁平均在 5 月 30 日前后，南北饱青期相差不到 10d。

饱青期的年际变化很大，一个地区的饱青期最早年与最晚年相差达一个月左右。遇有大旱年，牧草返青后由于长时间无雨生长缓慢，饱青期迟迟不能到来。北部牧区个别年甚至返青后又枯黄，饱青期常常推迟到 6 月下旬或 7 月上旬降雨以后。

5.1.3　牧草枯黄期

牧草枯黄除了与其生理特性有关外，主要是受低温的影响。当日最低气温降至 0℃或 0℃以下时，绝大部分牧草开始枯黄。一次强烈的寒潮降温则常使牧草受冻而变黄。牧草枯黄期南部一般从 9 月上旬末、中旬初开始。北部从 9 月下旬末开始，南北相差半个月左右。一个地区枯黄期出现最早年与最晚年相差 20～40d。

5.1.4　放饲青草期

天然草场可提供青饲料时期的长短，是衡量一地畜牧气候资源的重要指标之一，青草的营养价值比枯草高得多，放牧青草的时期越长对牲畜越有利。一般认为，牲畜若完全依靠野外放饲，放饲时间小于 100d 牲畜的正常生长就会受到影响，仔畜如初生羔羊需 120d 以上才能安全地度过第一个冬春。

如以牲畜饱青期到牧草枯黄期之间为放饲青草期，达茂旗全放饲青草期羊、马平均为 120～150d，牛为 100～130d，其中北部牧区放饲青草期较长，马为 140～150d，牛为 120～130d，比南部地区长 10～15d，较长时间的放饲青草期对发展畜牧业是极为有利的。

5.1.5　牧草产量与降水的关系

牧草产量的形成与地形、土壤、气候、牧草特征以及利用状况密切相关，其中气候对牧草的影响以水热条件尤其是降水量最为明显。

达茂旗降水量从北向南逐渐增加，在 150～300mm，与降水量的地区性变化十分吻合，由南向北形成了半干旱草原、干旱荒漠草原和草原化荒漠的地带性分布。从表 5-1 可以看出，草场产草量从南部低山丘陵干草原量产草 832kg/hm²，向北经干旱荒漠草原产草量 585～803kg/hm²，到中蒙边境剥蚀低丘干旱草原荒漠产草量下降到 406kg/hm²。在河洼地、低地沟谷地区，由于降水的聚集形成非地带性干旱草原草甸草场和干旱荒漠草甸草场，产草量达 1500～2250kg/hm²。

表 5-1 达茂旗各类型草场产草量与降水量的关系

地点	地形	草场类型	产草量/(kg/hm²)	年降水量/mm
从额尔登敖包南部经都荣敖包南部到新宝力格的东南部以南海拔在 1500m 以上地区	低山和丘陵	半干旱和半荒漠草原	832	250～300
额尔登敖包北部、查干敖包、都荣敖包北部、巴音敖包海拔在 1300～1500m 地区	丘陵	干旱荒漠草原	803	225～250
查干敖包北部、查干哈达南部、红旗牧场、查干淖尔南部，海拔 1300m 以上	高平原	干旱荒漠草原	655	200～225
巴音珠日和、新宝力格大部、红旗牧场南部、巴音敖包部分，大多在海拔 1500m 以上	低山和丘陵	干旱荒漠草原	585	215～225
满都拉大部、查干哈达部分、查干淖尔部分	高平原 低山地	草原化荒漠	489	175～200
查干淖尔北部、巴音塔拉北部、沿中蒙边界一带	剥蚀残丘	草原化荒漠	406	150～170
南部低山、丘陵海拔 1300m 以上地区	河地低洼地	干旱草原草甸、干旱荒漠草甸	1500～2250	225～300

达茂旗降水量在一年内的变化是从春季开始逐月增加，8 月（有的年在 7 月）达到最多，以后逐渐减少，呈现单峰型。产草量的变化与降水量的变化趋势完全一致，春季开始产量逐月渐增，夏末或秋初达到最高值以后产量逐渐下降。牧草产量随着降水量的年际变化而变化，降水量多且适时的年牧草产量相应多，反之则相反。

5.1.6 人工牧草对生物学积温的要求

人工牧草由于品种不同所需要的生物学积温也不同，表 5-2 列举了几种人工牧草生育期所需积温，禾本科牧草全生育期≥10℃积温在 1700～2000℃，豆科所需积温范围较广，≥10℃积温在 1300℃以上部分品种便可种植。达茂旗北部高平原≥10℃积温在 2400～2900℃，无霜期 110～125d。西部和南部山地丘陵在 1700～2400℃，无霜期 85～110d。因此在水利灌溉条件满足的情况下，人工牧草品种的适应范围是很广泛的。

表 5-2 人工牧草生物学积温表

科	品种	出苗（返青）～开花		全生育期		生活期	利用年限/年
		天数/d	≥10℃积温/℃	天数/d	≥10℃积温/℃		
豆科	苜蓿	55～65	600～700	115～125	1800～1900	多年生	4～6
	黄花草木樨	5565	850～950	105～115	1750～1850	两年生	2
	豌豆	25～35	400～500	70～80	1300～1400	一年生	

续表

| 科 | 品种 | 出苗（返青）～开花 | | 全生育期 | | 生活期 | 利用年限/年 |
		天数/d	≥10℃积温/℃	天数/d	≥10℃积温/℃		
禾本科	羊草	90～100	1600～1700	105～115	1800～1900	多年生	5～8
	黑披碱草	90～100	1500～1600	100～110	1750～1850	多年生	3～4
	冰草	100～110	800～900	125～135	1800～1900	多年生	3～4
	苏丹草	80～90	1300～1400	110～120	1700～1800	一年生	
	野黑麦	90～100	950～1050	130～140	1900～2000	多年生	

5.2　研究区草地资源及其生态状况

5.2.1　天然草地资源

1. 天然草场类型

草场类型是依据植被类型划分的，同时也考虑了形成不同植被的气候和土壤因素的作用，其目的是认识天然草场的分布规律和自然经济特性，利于正确有效地制定建设、利用和保护措施。根据中国草地分类法和《内蒙古草场资源调查成果汇总方案》，达茂旗天然草场分7类、19组、47型。

1）低山丘陵干草原类

本类草场分4组、11型，分布在百灵庙以南地区，海拔1500m以上，草场地势平缓，谷宽、丘顶浑圆。植物种类比较丰富，主要植物有克氏针茅、冷蒿、糙隐子草；主要伴生种有冰草、羊草、阿尔泰狗娃花等。每平方米有植物15种，覆盖度26.7%，叶层高7cm，每公顷产鲜草量1760kg，可养0.56个绵羊单位，这类草场多为三等草场，可利用面积为492736hm²，占天然草场总面积的30%，平年冷季可养27万个羊单位，暖季可养40万个羊单位。这一类在自然环境条件上比较好，可以作为建设人工草地的主要类型区。

2）低山荒漠草原类

本类草场分3组、5型，分布在新宝力格、巴音珠日和、巴音敖包、红旗牧场西南部，海拔1500～1700m，相对高度100～150m。草场地形起伏大，坡陡谷深，地表岩石裸露，风蚀水蚀严重。每平方米有植物7～10种，以丛生禾草为主，其次为菊科植物，覆盖度10%～15%，高度15～20cm，每公顷产鲜草量1161kg，可养0.34个羊单位。这类草场可利用面积为127343hm²，平年冷季可养4.4万个羊单位，暖季可养6.4万个羊单位。

一些珍稀动物和濒危植物种多分布在这类草场。

3）丘陵荒漠草原类

本类草场分布在百灵庙以北的丘陵地带，海拔 1400～1600m，相对高度 50～100m。土壤为淡栗钙土或暗棕钙土，风积风蚀较为严重。群落的主要植物是小针茅、短花针茅、冷蒿，其次是无芒隐子草、冰草、女蒿等。这是干草原向荒漠草原过渡的第一个类型，也是荒漠草原中等级最高的一个类型，每平方米植物有 8～10 种，覆盖度 21%，每公顷产鲜草量 1608kg，可养 0.47 个羊单位。这类草场可利用面积为 266058hm²，占全旗天然草场总面积的 19.94%，平年冷季可养 12.6 万个羊单位，暖季 18.6 万个羊单位。

4）高平原荒漠草原类

本类草场分布在查干哈达、满都拉、查干淖尔和查干敖包苏木北，海拔 1100～1300m，年降水量 170～200mm。土壤为棕钙土，局部也有淡栗钙土分布，地表水缺乏，地下水埋藏较深。由于缺水，放牧强度低，一些地区还保留了荒漠草原的本来面貌。每平方米有植物 10 种左右，以小针茅、小半灌木为建群种，伴生种有小叶锦鸡儿、无芒隐子草、冷蒿等，覆盖度 17%～20%，高度 12cm 左右，每公顷产鲜草量 1302kg，可养 0.38 个羊单位。这类草场可利用面积为 355616hm²，占草场总面积的 25.46%，平年冷季可养 13.6 万个羊单位，暖季可养 20.1 万个羊单位。

5）高平原低地草原化荒漠类

本类草场分布在北部的满都拉、查干淖尔、巴音塔拉和红旗牧场北部，海拔 900～1100m，年均降水量 174mm。土壤为淡棕钙土，地表有盐分聚集，质地为红色黏壤质。每平方米有植物 8～10 种，覆盖度 15%～20%，高度 10～20cm，一些盐生荒漠类植物是这类草场的建群种。每公顷产鲜草量 1514kg，可养 0.44 个羊单位。这类草场可利用面积为 162794hm²，占全旗草场的 10.84%，冷季可养 7.2 万个羊单位，暖季可养 10.73 万个羊单位。

6）剥蚀残丘草原化荒漠类

本类草场分布在巴音塔拉、满都拉、查干淖尔苏木北部，由于长期强烈的风蚀作用，地表岩石裸露，土层极薄，降水量 150mm 左右。海拔 900～1000m，土壤为淡棕钙土，地表有盐分聚集。覆盖度 15%，草层高度 5～6cm，每平方米有植物 6～7 种，每公顷产鲜草量 1310kg，可养 0.383 个绵羊单位。这类草场可利用面积为 21223hm²，占草场总面积的 1.41%，平年冷季可养 0.8 万个羊单位，暖季 1.1 万个羊单位。

7）河泛地低湿地草甸类

这类草场多出现于河流两岸、河漫滩地、高平原洼地、湖盆及洪水冲积扇，呈隐域性分布，海拔 1000m 左右。土壤为草甸土和盐化草甸土，富含有机质。芨茂草、红沙、白刺等耐盐碱植物为建群种，草群生长茂盛，叶层高 50cm，生殖枝高 1m 以上，覆盖度 43.6%，每平方米有植物 7 种，每公顷产鲜草量 3803kg，可养 1.112 个羊单位。这类草场可利用面积为 67413hm²，占草场总面积的 4.43%，平年冷季可养 7.5 万个羊单位，暖季可养 10.7 万个羊单位。这类草场因封围后没有实施其他改良措施，加之冬春利用过度，退化比较严重。

达茂旗草场类型的特点是，类型较多、景观多样，但每平方米内植物种类少、物种多样性差，覆盖度小，高度差，产量也比较低，其分布显示了典型草原向荒漠过渡的特征。

2. 天然草场等级划分

按照国家有关规定，达茂旗的天然草场被分为 4 等、3 级。其中，依据草场质量（优等、中等、劣等牧草所占比重的不同）分为 5 个等；依据其产量（750～1200kg/hm²）分为 8 个级别。从二者的组合即可很方便地看出一种草场的利用价值。达茂旗草场等级组合情况见表 5-3。

表 5-3　草地等级划分表

等级	6 级/hm²	7 级/hm²	8 级/hm²	合计/hm²	所占比例/%
Ⅱ等		242357	566339	808696	49.23
Ⅲ等	47754	381783	141334	570871	34.75
Ⅳ等		105070	137736	242806	14.78
Ⅴ等	669		19598	20267	1.24
合计	48423	729210	865007	1642640	
所占比例/%	2.95	44.39	52.66		

3. 草地营养类型

草地草群是由多种营养生态型组成的。据乌兰察布草地资源普查队化验分析，把原乌兰察布地区的草场营养型分为四类，其指标见表 5-4。

表 5-4　草地营养类型表

营养类型	代号	占营养物质/%		营养比（C：N）
		N	C	
氮型	N	20.0～35.0	65.0～80.0	1：（15～4.5）
氮碳型	NC	10.0～20.0	80.0～90.0	1：（4.5～8.0）

续表

营养类型	代号	占营养物质/%		营养比（C∶N）
		N	C	
碳氮型	CN	5.0～10.0	90.0～95.0	1∶（8.0～15.0）
碳型	C	3.0～5.0	95.0～97.0	1∶（15～30.0）

达茂旗天然草场营养型状况为：南部干草原地区基本上属于氮碳-碳氮型（NC-CN），营养物质平均含量为：水分 7.64%，粗灰分 8.43%，粗蛋白质 11.49%，粗脂肪 3.33%，粗纤维 26.82%，无氮浸出物 42.17%，钙 0.99%，磷 0.19%；营养比 1∶7.85。高平原荒漠草原牧草营养类型属于碳氮-氮碳型（CN-NC），营养物质平均含量为：水分 7.36%，粗灰分 10.28%，粗蛋白质 11.12%，粗脂肪 3.91%，粗纤维 26.16%，无氮浸出物 41.60%，钙 1.22%，磷 0.12%，营养比为 1∶7.36。北部高平原低地为氮碳-氮-灰分型（NC-N-A），营养物质平均含量为：水分 7.37%，粗灰分 21.39%，粗蛋白质 13.77%，粗脂肪 3.01%，粗纤维 17.74%，无氮浸出物 38.63%，钙 1.70%，磷 0.19%，营养比为 1∶5.38。

4. 天然草地资源综合评价

（1）达茂旗在内蒙古植物分区中，分属蒙古高原东部乌兰察布洲、黄土丘陵阴山洲和阿拉善盟的东阿拉善洲，是草地荒漠化的前沿地带。

（2）达茂旗现已查明的野生植物种类有 384 种，分属 58 科 203 属。其中有饲用价值的 120 种，有药用价值的 150 种，珍稀濒危种有 3 种。

（3）达茂旗有饲用价值的植物干鲜比一般在 50%左右，平均粗蛋白质含量 10.13%，高于内蒙古东部干草原地区 4.03 个百分点。

（4）天然草场类型较多，中等以上草场占 84%，而产量却比较低，7、8 级草场占 97%。

（5）荒漠草原生态环境尤为脆弱，持续超强度利用极易造成草原沙化和砾石化，带来不可逆转的严重后果。

5.2.2　人工草地和饲草料地

人工草地是指未经开垦或开垦后种植多年生牧草的草地，饲草料地是指开垦后种植一年生饲料的耕地。

1. 人工草地

从 1984 年始，达茂旗畜牧部门在干草原和荒漠草原地区开始人工草地的建设。除了鼓励牧民在国家扶持下搞围栏建设外，还在新宝力格苏木的巴汗淖尔、查干敖包苏木的查干宝力格建设了草库伦。由于这类人工草地是在没有灌溉条件下建设的，补播牧草基本上没有成活，植被群落结构依然如故，但主要建群种针茅和冰草比例略有上升，杂类草比例下降。总的来看，效果不明显。1994 年希拉穆仁镇的巴音淖尔嘎查进行人工草地建设，增加了灌溉设施，草库伦的覆盖度由原来的 20%上升到 90%以上，牧草产量大幅提升。从保护资源和生态环境出发，选择适当地方，大力发展有灌溉能力的人工草地是可行的。

2. 饲草料地建设

为了解决冬春饲草料储备，达茂旗从 1957 年开始大规模建设饲草料基地，到20 世纪 60 年代初期开垦面积已达 12000hm^2。由于没有灌溉条件，逐年弃耕，到20 世纪 80 年代初期稳定在每年播种 4333hm^2 的规模。

从 20 世纪 80 年代初期开始，草场使用权下户，牧民在国家扶持下开始了五配套（水、草、林、机、料）小草库伦建设，总面积达 945hm^2。但由于天旱，地下水补给不足，每年都有一定数量的小草库伦无法耕种。

20 世纪 80 年代以前，各大型饲料基地的主栽品种为青莜麦、草谷子、大麦以及少量豆类和其他作物。80 年代以后，大力推广玉米种植，籽玉米和饲草玉米的播种面积很快占到总播面积的一半以上。近年来，为了轮作倒茬，培肥地力，各苏木镇又大力提倡豆类种植，增加了饲料中的蛋白质含量。品种结构的变化和种植技术的改进，大大提高了单位面积产量。

5.2.3　草原生态状况

根据《达尔罕茂明安联合旗志》记载，达茂旗历史上曾是水草肥沃的优良天然牧场。从 19 世纪初至新中国成立之前，先后有过四次大的"垦荒"，每次都伴随着一定数量的移民流入，因此，南部逐渐变为以农耕和饲养相结合的半农半牧区，中、北部为纯牧区。新中国成立后，虽然国家和地方政府都十分重视草原建设，但受"以粮为纲"等政策的影响，片面追求牲畜头数，一度把发展牲畜头数作为考核干部和衡量牧区经济工作业绩的主要指标，牲畜头数逐年增加。尤其是 20 世纪 80 年代以来，由于生产资料所有制的变化，牧区实行了"草畜双承包"，草地承包虽然固定了牧场使用权，但在草原基础设施建设薄弱、草地畜牧业靠天发展的条件下，家庭数量和人口的增加，人们不得不以增加牲畜数量来满足人口增加和经济发展的需求。因此，牲畜数量急剧增加，放牧的回旋余地越来越小，使达茂旗牧区的季节倒场放牧制度被打破，草地利用走向不分季节的长年放牧，草地得不到轮休，处于常年超载放牧状态，部分草地沙化、退化严重。到 20 世纪 90 年代末期和 21 世纪初，草地沙化、退化日益加重，草地生态严重恶化，已经成为制约当地经济社会发展，尤其是畜牧业经济可持续发展的首要因素。当地政府和牧民充分认识到了超载过牧和草地生态恶化所带来的恶果及其深远的负面效应，从 2000 年始，在国家和自治区政府的扶持下，逐步实施了"退耕还林草、退耕还牧、退牧还草"政策，尤其从 2007 年起，以现代化畜牧业园区建设为主要支撑，全旗实施禁牧、休牧、轮牧，对草地资源的利用实施了"三区"划定。经过近些年的不懈努力，全旗天然草地的生态环境已有明显改善，但从草地资源的生产力看，尚未恢复至 20 世纪 80 年代的水平，草原生态环境保护与治理的任务任重而道远，仍需不懈的努力。

据有关资料统计分析，1975 年，达茂旗退化草地面积 933.12 万亩，占可利用草地面积的 39.4%，以轻度退化为主，占沙退化面积的 70.1%；1982 年，全旗草地退化面积达到 966.42 万亩，约占可利用草地面积的 42.2%，7 年增加了 33.3 万亩，平均每年增加 4.76 万亩，但这个时期仍以轻度退化为主，但其比例有所下降，中度退化面积明显增加；到 1986 年，全旗退化草地面积达到 1031.58 万亩，占可利用草地面积的 45.3%，4 年增加 65.16 万亩，平均每年增加 16.29 万亩，这个时期重度退化比例大幅增加；到 1996 年，全旗退化草地面积达到了 1512.1 万亩，占可利用草地面积的 73.7%，10 年增加了 480.52 万亩，平均每年增加 48.05 万亩，这个时期主要以中度和重度退化为主。经过近几年的围封、治理，虽然全旗退化草地面积仍有所增加，但这个时期天然草地退化的演替方向发生了根本的转变，由重度、中度退化向轻度转变。但到现阶段为止，天然草地的可利用面积呈逐年减少的趋势。

5.3　研究区草原植被动态变化

气候条件是植被分布和变化的直接驱动力，同时植被对气候也有反馈作用，可在一定程度上减缓或加剧气候变化的幅度，植被作为环境的指示标志，植被指数的变化能够揭示环境的演化、变迁。植被指数是利用卫星不同波段探测数据组合而成的，能反映植物的生长状况。植物叶面在可见光红光波段有很强的吸收特性，在近红外波段有很强的反射特性，这是植被遥感监测的物理基础，通过这两个波段测值的不同组合可得到不同的植被指数。差值植被指数

（difference vegetation index，DVI）又称农业植被指数，为二通道反射率之差，对土壤背景变化敏感，能较好地识别植被和水体。

植被指数经过多年的发展，按不同的监测及计算方法可分为多种，较常用的有：归一化植被指数（normalized difference vegetation index，NDVI）、比值植被指数（ratio vegetation index，RVI）、土壤调节植被指数(soil-adjusted vegetation index，SAVI)、垂直植被指数（perpendicular vegetation index，PVI）等。NDVI能够精确地反映植被光合作用强度、绿度、植被代谢强弱以及年际和季节变化的过程，是目前普遍公认的能够有效反映植被发育状况的植被指数。NDVI 有以下几点优势：植被空间覆盖范围广，植物检测灵敏度高，数据具有可比性。因此，NDVI 在区域、各大陆乃至全球的大尺度上植被类型分类，植被动态监测，土地覆被/利用分类及其变化，水、旱等自然灾害监测，植被物候期监测，农作物长势监测等不同方面均得到广泛应用，效果良好。

本章选用 NDVI，从达茂旗草原植被年内生长期与多年际全年期两个方面分析研究区草原植被动态变化。

5.3.1　达茂旗草原植被生长期动态变化特征

中分辨率成像光谱仪（moderate-resolution imaging spectroradiometer，MODIS）数据来源于美国土地进程分布式活动档案中心（Land Process Distributed Active Archive Center，LP DAAC）的 MODIS 数据中的 16d 最大值合成的植被指数 MOD13A1 数据产品，空间分辨率为 250m，比 SPOT-VG、TAVHRR、TM 遥感数据等相对差一些，但其时间序列完整，且除 MODIS/NDVI 外的其他配套数据也日趋丰富，在植被动态、实时监测、农业生产监测等方面，具有广阔的应用前景。

本章选取的时间是 2000～2010 年的 5～9 月，将植被生长期划分为营养生长期(5～6 月)、生殖生长期(7～8 月)、枯落期(9 月)三个阶段。利用 MODLAND 提供的 MRT 软件对 MODIS 数据进行子集提取、图像镶嵌、数据格式转换、投影转换等处理，获取质量较为可靠的 NDVI 数据集。最后将每年 5～9 月 11 期的 NDVI 数据进行最大值合成，获取其间最大 NDVI 来代表当年植被生长最好的状况。原因是研究区冬季寒冷，地表常残留积雪，冬季 NDVI 与实际植被状况会存在较大误差，常规年内 12 个月平均 NDVI 作为当年 NDVI 会存在较大误差。而全年最大 NDVI，一方面克服了这个问题，另一方面可以进一步消除云、大气、太阳高度角等的部分干扰。共提取研究区植被生长阶段平均植被指数 33 个以及年度平均植被指数 11 个，见图 5-1～图 5-11。

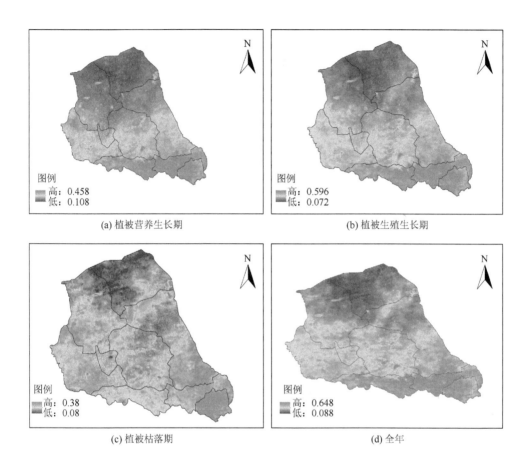

图 5-1　达茂旗 2000 年植被不同阶段 NDVI

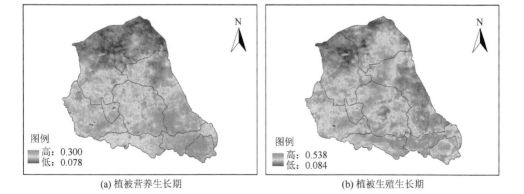

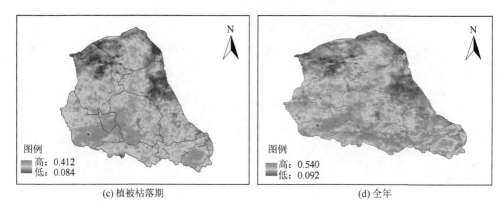

(c) 植被枯落期　　　　　　　　　　　　(d) 全年

图 5-2　达茂旗 2001 年植被不同阶段 NDVI

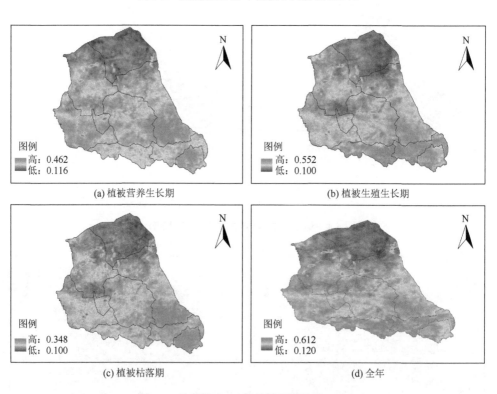

(a) 植被营养生长期　　　　　　　　　　(b) 植被生殖生长期

(c) 植被枯落期　　　　　　　　　　　　(d) 全年

图 5-3　达茂旗 2002 年植被不同阶段 NDVI

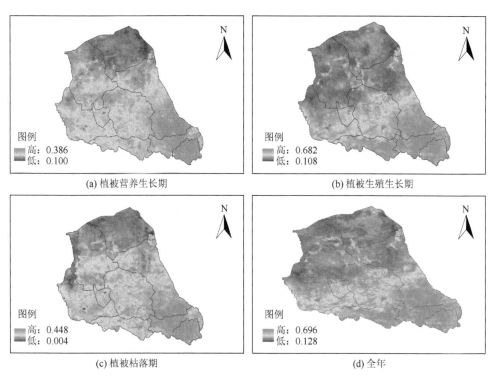

(a) 植被营养生长期

(b) 植被生殖生长期

图例
高: 0.386
低: 0.100

图例
高: 0.682
低: 0.108

(c) 植被枯落期

(d) 全年

图例
高: 0.448
低: 0.004

图例
高: 0.696
低: 0.128

图 5-4 达茂旗 2003 年植被不同阶段 NDVI

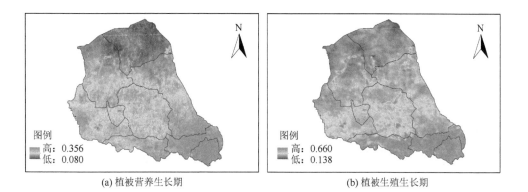

(a) 植被营养生长期

(b) 植被生殖生长期

图例
高: 0.356
低: 0.080

图例
高: 0.660
低: 0.138

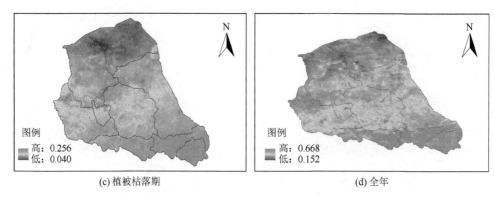

(c) 植被枯落期　　　　　　　　　　　　　　　(d) 全年

图 5-5　达茂旗 2004 年植被不同阶段 NDVI

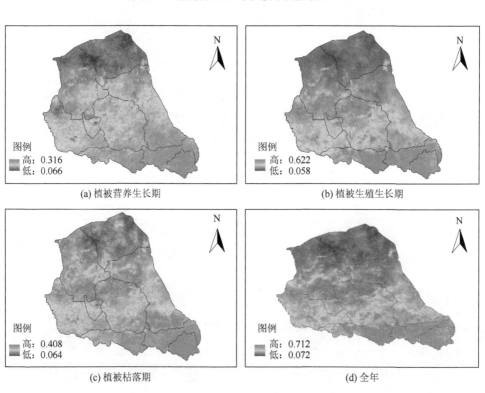

(a) 植被营养生长期　　　　　　　　　　　　　(b) 植被生殖生长期

(c) 植被枯落期　　　　　　　　　　　　　　　(d) 全年

图 5-6　达茂旗 2005 年植被不同阶段 NDVI

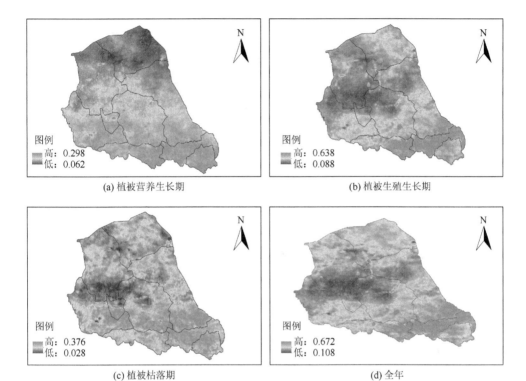

图 5-7　达茂旗 2006 年植被不同阶段 NDVI

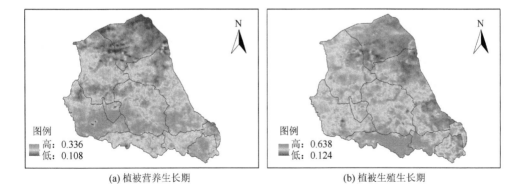

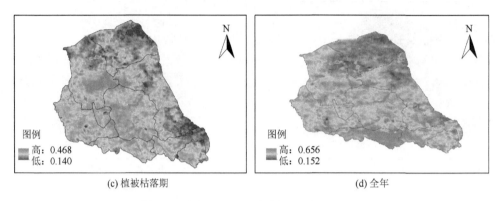

(c) 植被枯落期　　　　　　　　　　　　(d) 全年

图 5-8　达茂旗 2007 年植被不同阶段 NDVI

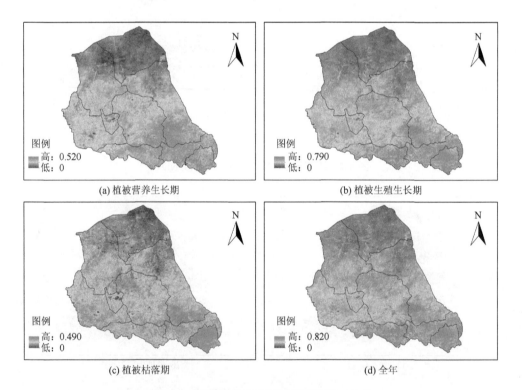

(a) 植被营养生长期　　　　　　　　　　(b) 植被生殖生长期

(c) 植被枯落期　　　　　　　　　　　　(d) 全年

图 5-9　达茂旗 2008 年植被不同阶段 NDVI

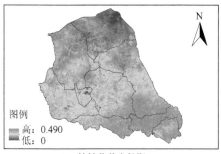

(a) 植被营养生长期

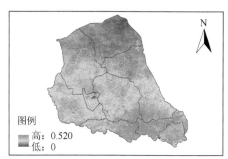

(b) 植被生殖生长期

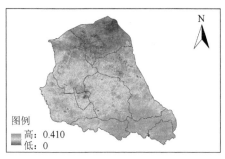

(c) 植被枯落期

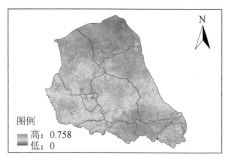

(d) 全年

图 5-10　达茂旗 2009 年植被不同阶段 NDVI

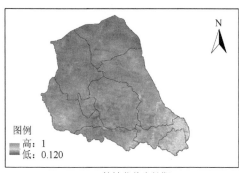

(a) 植被营养生长期

(b) 植被生殖生长期

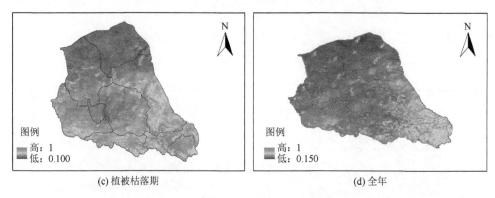

(c) 植被枯落期　　　　　　　　　　　　　(d) 全年

图 5-11　达茂旗 2010 年植被不同阶段 NDVI

1. 研究区 NDVI 年内变化规律

通过逐像元计算达茂旗草原植被 2000～2010 年生长季 5～9 月各月的平均 NDVI，见图 5-12。由图 5-12 可知，达茂旗草原植被 NDVI 年内变化在牧草生长期内多呈单峰型，除 2002 年、2009 年最大值出现在 7 月外，其余年份最大值均出现在 8 月，不同年度的草地类型年内最大值和生长季平均值的差别比较大，而年季平均相差较小。

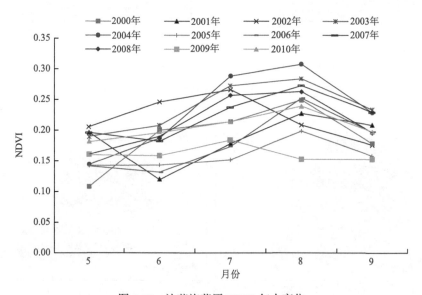

图 5-12　达茂旗草原 NDVI 年内变化

2. NDVI 与气候因子变化的关系

由第 3 章可知，达茂旗的年降水量主要集中在 5～9 月，占全年总降水量的 70%以上，且年际变化较大，呈现减少的趋势；有效积温也集中在 5～8 月，年际变化较小，呈微弱的增加趋势。因此，用生殖生长期 NDVI 代表年植被生长状况，考虑 NDVI 与气候因子存在滞后现象，用 5～8 月温度与降水量月平均值的累积值代表年气候条件。用每年生殖生长期 NDVI 和 5～8 月温度与降水量月平均值的累积值建立样本集，分析植被与气候因子年际变化之间的关系。图 5-13 表明温度对牧草生长发育有正负两方面的影响，正面影响主要表现在气温高、热量条件好，有利于牧草生长，但也因蒸散耗水增大而产生不利的影响；降水与 NDVI 呈显著正相关，相关系数为 0.89，降水增加有利于牧草的生长。由此可见，达茂旗草原植被的波动主要受水分条件的控制，但温度也是一个重要的因素，尤其是最低气温。

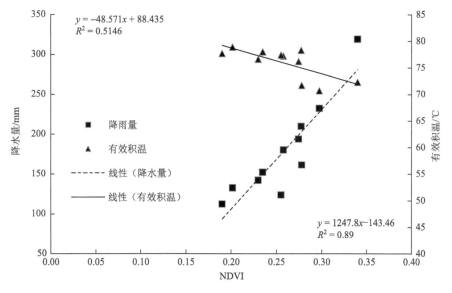

图 5-13　达茂旗草原生殖生长期 NDVI 与 5～8 月气候相关图

植被生长的季节变化会造成 NDVI 季节性的增大和减小，同样，时间序列年平均 NDVI 也表现了植被生长的年际变化。2000～2010 年达茂旗草原植被活动的波动性较大，整体上呈现出退化的趋势。影响 NDVI 年内变化较显著的气候因子是有效积温和降水量，降水条件是影响 NDVI 年际波动的主要因素，水资源越丰沛，植被的长势越好，降水量与 NDVI 值呈现显著的相关性。

5.3.2　达茂旗草原植被 1990～2015 年年际动态变化特征

采用 Landsat-5、Landsat-7 和 Landsat-8 影像（TM、ETM＋影像）数据分析研究区草原植被年际动态变化，获取时间分别为 1990 年、2000 年、2010 年和 2015 年。投影方式是 WGS-1984。达茂旗 1990～2015 年的 TM 遥感影像 NDVI 见图 5-14，图像中用不同颜色深度的像元代表植被，像元颜色越深，代表 NDVI 越大。

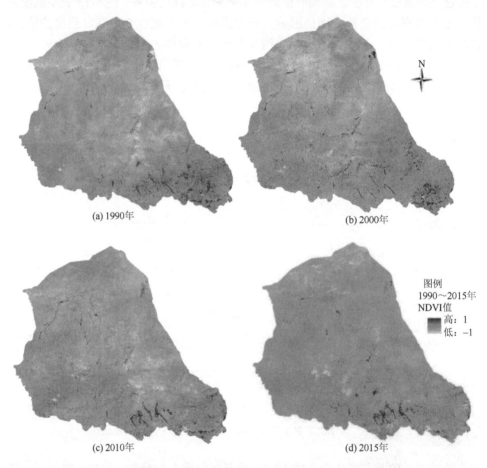

图 5-14　达茂旗 1990 年、2000 年、2010 年和 2015 年 NDVI 值图

1. NDVI 直方图和均值分析

1）直方图分析

直方图是一种统计报告图，由一系列高度不等的纵向条纹或线段表示数据分

布情况。一般用横轴表示数据类型，纵轴表示分布情况。在此用 NDVI 直方图来直观地反映提取植被指数后各像元在区间上的分布情况。

图 5-15 为达茂旗 1990 年、2000 年、2010 年和 2015 年 NDVI 直方图，横坐标代表 NDVI，纵坐标代表像元数。可以得出以上 NDVI 四个时期的排序情况是 2015 年＞1990 年＞2010 年＞2000 年。说明研究区的植被 1990～2000 年呈退化趋势，2000～2010 年开始好转，但是仍然没有恢复到 1990 年的植被生长旺盛状况。

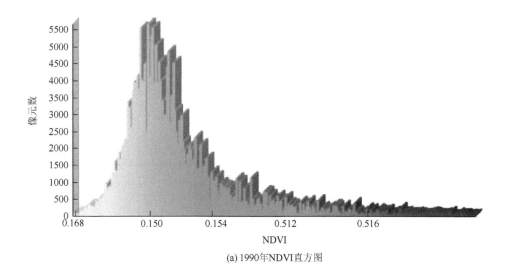

(a) 1990年NDVI直方图

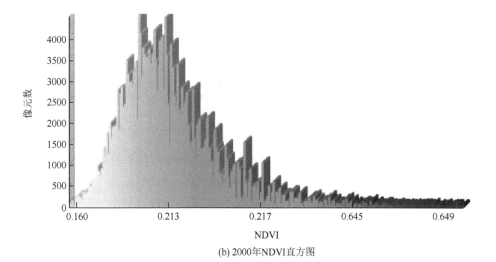

(b) 2000年NDVI直方图

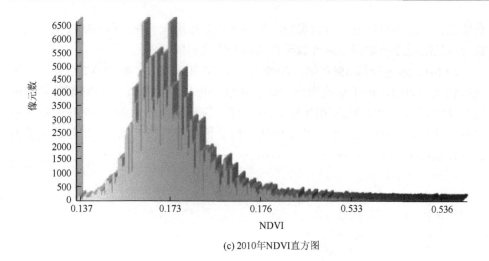

(c) 2010年NDVI直方图

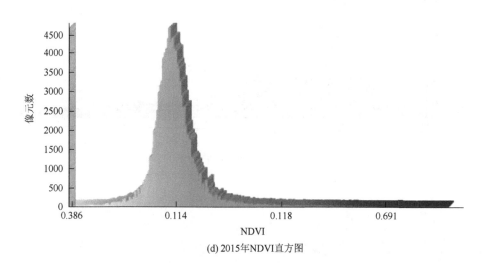

(d) 2015年NDVI直方图

图 5-15　达茂旗 1990 年、2000 年、2010 年和 2015 年 NDVI 直方图

2）均值分析

利用 GIS 的局部分析功能得到研究区 1990～2015 年四个时期的 NDVI 平均值分布图，图中每一个栅格值代表同一时期的均值，由此看出四个时期同一时相的 NDVI 空间分布趋势。图 5-16 代表 1990～2015 年达茂旗四个时期的 NDVI 平均值汇总图。

图例
· 镇(乡、苏木)
1990～2015年NDVI均值
高：0.933851
低：0.696406

图 5-16　达茂旗 1990 年、2000 年、2010 年和 2015 年 NDVI 均值图

图 5-16 反映出达茂旗东南地区四个时期内的 NDVI 平均值较大，尤其是上东河流域和希拉穆仁镇的 NDVI 平均值较大，说明靠近河流区域的植被生长状况较好。

2. 研究区植被年际变化分析

植被覆盖度是指样地中全部植物个体地上部分（包括叶、茎、枝等）的垂直投影面积占样地总面积的百分比。植被覆盖度是表征生态系统植被群落生长状况及生态环境质量的重要指标，对于分析和评估植物生长态势、土壤侵蚀强度及生态系统服务功能等有着重要作用，是评估土地退化、盐渍化和沙漠化的有效指数。目前用于计算植被覆盖度的方法有很多种，基本都可以通过其与 NDVI 之间的关系得出。

1）植被覆盖度的计算

遥感影像以不同的时空分辨率记录了地表的覆盖特征。目前，利用遥感资料测量植被覆盖度的方法大致可以归纳为三类，即经验模型法、植被指数法和亚像元分解法。相对于后两种方法，经验模型法使用的时间较长。植被指数法和亚像元分解法是近些年广泛使用的方法。亚像元分解法可看作是在植被指数法基础上所做的改进。根据不同亚像元的植被分布特征，将亚像元分为均一亚像元和混合亚像元，而混合亚像元又进一步分为等密度、非密度和混合密度亚像元。针对不同的亚像元结构，分别建立不同的植被覆盖度模型。

本章通过对实地样地的模拟覆盖度值与地面实测值分析得出，植被覆盖度的最大值 VFC_{max} 和最小值 VFC_{min} 分别对应在 NDVI 频率累计表上 98%和 5%的

NDVI$_{max}$ 和 NDVI$_{min}$，所以 5% 之前和 98% 之后的 NDVI 就可以视作噪声将其去除。分别对 1990 年、2000 年、2010 年和 2015 年的遥感数据提取的 NDVI 进行直方图分析，见图 5-17，具体见表 5-5。

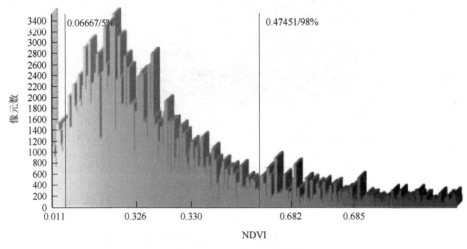

(a) 1990年NDVI直方图

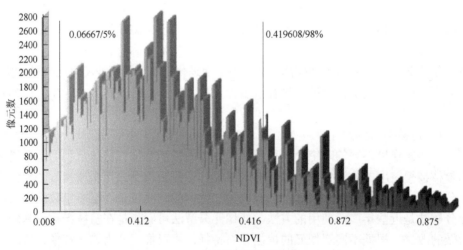

(b) 2000年NDVI直方图

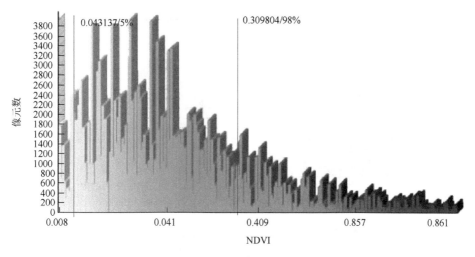

(c) 2010年NDVI直方图

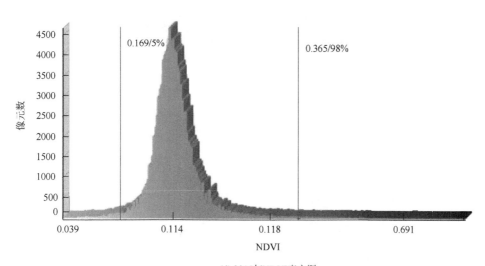

(d) 2015年NDVI直方图

图 5-17　达茂旗 1990 年、2000 年、2010 年和 2015 年 NDVI 直方值分析图

表 5-5　达茂旗 NDVI 极值表

NDVI	1990 年	2000 年	2010 年	2015 年
$NDVI_{min}$	−0.07	−0.07	−0.04	−0.04
$NDVI_{max}$	0.47	0.42	0.31	0.07

图 5-18 是达茂旗 1990 年、2000 年、2010 年和 2015 年 NDVI 去除噪声前后

对比影像，可以看出去除噪声后，城镇区等无植被覆盖的区域基本被剔除。

图 5-18　达茂旗 1990 年、2000 年、2010 年和 2015 年 NDVI 去除噪声前后对比影像图

2）研究区植被覆盖度的不同分布

利用去噪后的 NDVI 各年度的极值，在 ENVI5.1 软件的支持下计算得到各期影像的植被覆盖度，并通过 ArcGIS10.2 软件得到不同覆盖度值的分级效果图。按照植被覆盖度常用的五级表示法，从低到高依次划分为，低植被覆盖度，0%～30%；较低植被覆盖度，30%～45%；中植被覆盖度，45%～60%；较高植被覆盖度，60%～75%；高植被覆盖度，75%～100%，得到不同时期的达茂旗植被覆盖度分级，见图 5-19。

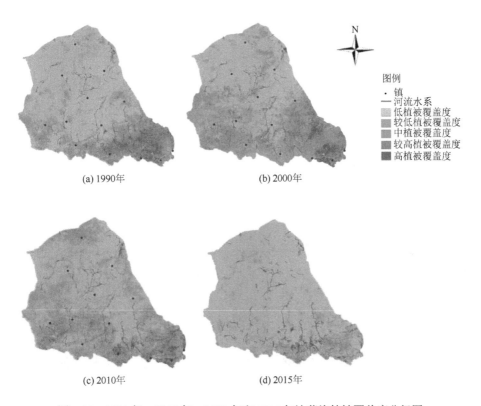

图 5-19　1990 年、2000 年、2010 年和 2015 年达茂旗植被覆盖度分级图

由图 5-19 可知，达茂旗高植被覆盖度主要集中在上东河流域和东南地区，其中达茂旗东南方向，即上东河小流域植被覆盖度较高，较低与低植被覆盖度集中在研究区北部和西部。与 1990 年植被覆盖度相比，整体呈下降趋势，到2010 年西南部地区有所恢复，2015 年又有所下降。

3）研究区植被覆盖度年际变化

根据植物生长规律和植被覆盖度 VFC 的变化特性，年最大 VFC 值反映了植被一年的最佳状况，多年最大 VFC 平均值的空间分布则能表现研究区植被生物量的平均状况。通过 ArcGIS10.2 软件分析研究区的遥感影像，得到四个时期的植被覆盖度直方图，见图 5-20。

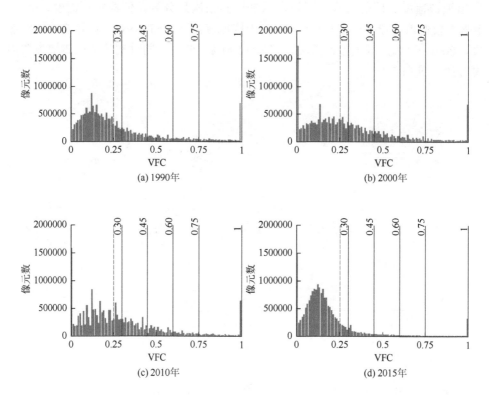

图 5-20　1990 年、2000 年、2010 年和 2015 年达茂旗植被覆盖度直方图

图 5-20 中，横坐标代表植被覆盖度，纵坐标代表像元数，图内的五条竖线从左到右依次为植被覆盖度的 30%、45%、60%、75% 和 100% 的插值点分割线，虚线为平均值。与 1990 年相比，2000 年的中植被覆盖度有所下降，到 2010 年又有所恢复，但是没有恢复到 1990 年水平。2010 年低植被覆盖度下降，中植被覆盖度上升。2015 年中植被覆盖度和高植被覆盖度均下降，低植被覆盖度范围增加。高植被覆盖度区域像元数在前三个年份都比较低，后一个年份下降更加明显。

根据达茂旗 1990～2015 年四个时期的植被覆盖度数据，借助 ArcGIS 软件的栅格计算模块，计算得到相邻两个时期之间的植被覆盖度变化。图 5-21 显示了达茂旗 1990～2000 年、2000～2010 年、2010～2015 年三个时间段的植被覆盖度的区域变化情况。从图 5-21（a）可以看出，达茂旗低植被覆盖度区域面积有所减少，

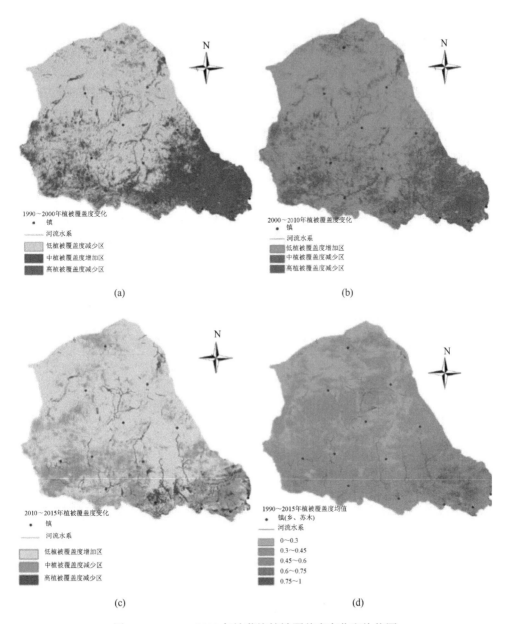

图 5-21　1990～2015 年达茂旗植被覆盖度变化和均值图

中植被覆盖度区域面积有所增加，高植被覆盖度区域面积有所减少。北部有较大面积的低植被覆盖度减少区，东南部有小面积的高植被覆盖度减少区。从图 5-21（b）可以看出，达茂旗低植被覆盖度区域面积有所增加，中植被覆盖度和高植被覆盖度区域面积有所减少。达茂旗北部的一些低植被覆盖度区域范围明显增加，而中植被覆盖度区域和高植被覆盖度区域有所减少。从图 5-21（c）可以看出，达茂旗低植被覆盖度区域面积有较大增加，中植被覆盖度区域、高植被覆盖度区面积有所减少。

图 5-21 反映出达茂旗植被覆盖度平均值的空间分布情况，颜色深的地方代表两个时期植被覆盖度平均值大，颜色越深，植被覆盖度平均值越大。1990～2015 年 25 年来上东河流域周边的植被覆盖度平均值较大，希拉穆仁镇地区的植被覆盖度平均值最大。说明靠近河流的地区植被的覆盖度情况较好。

除了以上直方图定性分析植被覆盖度变化结果以及栅格计算相邻时期之间的植被覆盖度变化之外，表 5-6 的定量分析反映出，1990 年、2000 年、2010 年和 2015 年研究区植被覆盖度均值分别是 0.53、0.29、0.27、0.30。达茂旗 1990～2010 年、2010～2015 年两个时期植被覆盖度的变化趋势为先减少后增加，总体原因可能是 20 世纪末～21 世纪初人们为了经济的快速发展，大肆掠夺自然资源，导致沙化严重，直到近期人们意识到保护环境的重要性，开始采取一系列"退牧还草、轮牧放养"等措施，草原植被有了一定程度的恢复。

表 5-6　1990 年～2015 年达茂旗植被覆盖面积表

项目	1990 年	2000 年	2010 年	2015 年	比较结果
低植被覆盖度区域面积/km²	3353.28	12962.85	11038.69	11291.47	2000 年>2015 年>2010 年>1990 年
较低植被覆盖度区域面积/km²	2920.04	2139.93	3198.62	3203.58	2015 年>2010 年>1990 年>2000 年
中植被覆盖度区域面积/km²	3940.19	985.49	1643.28	1459.99	1990 年>2010 年>2015 年>2000 年
较高植被覆盖度区域面积/km²	3767.59	626.53	797.13	693.52	1990 年>2010 年>2015 年>2000 年
高植被覆盖度区域面积/km²	3745	1178.59	1144.15	1058.49	1990 年>2000 年>2010 年>2015 年
植被覆盖度均值	0.53	0.29	0.27	0.30	1990 年>2015 年>2000 年>2010 年

5.3.3　研究区草地生物量空间变化特征

1. 草地生物量估计

植被生物量也称植物量，指在某一个时刻单位面积的植被所包含的有机物总量。传统的生物量研究方法是在研究区选择采样点，采样点按单位面积计算，将植被挖掘（包括植被的地下器官）并处理掉泥土，然后称量鲜重，之后去除水分，称量干重，最后将所有采样点的数据进行调查统计，据此可以判断不同群落的生物量及其在总生物量中所占的比例。传统方法需要耗费大量人力，尤其是挖掘植被的工作非常辛苦。生物量的遥感估算研究能大大减少工作量，其通过植被的光谱反射特性，建立生物量模型，估算植被的生物量。生物量模型最初通过单波段进行模拟，随着研究深入，发现植被与可见光和红外光具有良好的相关性，所以现在的生物量模型都是基于这两个波段建立的。

　　估算草地生物量对合理规划区域畜牧业、评估草地植被的生态效益有重要意义，本章利用 TM 卫星影像，在 ArcGIS 和 ENVI 软件中分析提取 RVI、DVI 和 NDVI，并结合 2015 年野外样地调查和研究区草地近年来的动态监测数据，分析研究区草地生物量。

　　使用 ENVI 中的工具分别提取 NDVI、RVI 和 DVI，见图 5-22。通过计算，分别得到了 RVI、DVI 和 NDVI 的植被指数图。

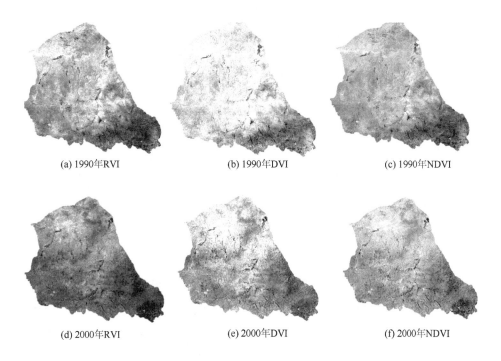

(a) 1990年RVI　　　　　　　　(b) 1990年DVI　　　　　　　　(c) 1990年NDVI

(d) 2000年RVI　　　　　　　　(e) 2000年DVI　　　　　　　　(f) 2000年NDVI

(g) 2010年RVI　　　　　　(h) 2010年DVI　　　　　　(i) 2010年NDVI

(j) 2015年RVI　　　　　　(k) 2015年DVI　　　　　　(l) 2015年NDVI

图 5-22　达茂旗 1990 年、2000 年、2010 年和 2015 年三种植被指数对比图

用实验样地实测数据进行精度检验，表 5-7 为各实测值与预测值的误差及误差系数情况。

表 5-7　达茂旗草地生物量预测值与实测值的误差分析表

序号	草地类型	纬度（N）	经度（E）	预测值	实测值	误差%
1	羊草 + 小针茅	41°30′36.7″	111°09′31.1″	158.55	178.65	−11.25
2	银灰旋花 + 小针茅	41°29′09.7″	111°16′46.4″	165.5	154.6	7.05
3	狭叶锦鸡儿 + 小针茅	41°27′38.8″	111°22′33.1″	153.34	143.41	6.92
4	大针茅 + 杂类草	41°25′39.8″	111°04′16.1″	169.3	158.7	6.68
5	寸草苔 + 小针茅	41°24′41.4″	111°09′42.4″	203.18	186.5	8.94
6	狭叶锦鸡儿 + 羊草	41°22′50.5″	111°14′24.4″	168.5	179.6	−6.18
7	芨芨草 + 碱蓬	41°21′11.5″	111°21′47.5″	187.22	179.68	4.20
8	大针茅 + 羊草	41°19′06.5″	111°17′47.5″	165.09	153.9	7.27
9	克氏针茅 + 杂类草	41°18′34.4″	111°08′12.4″	169.5	162.08	4.58
10	无芒隐子草 + 羊草	41°16′52.3″	111°16′12.4″	157.95	164.75	−4.13

2. 研究区草地生物量的空间分布

选择 RVI + NDVI 与地表生物量线性回归，在 ENVI 软件中运算，计算出整个研究区 1990 年、2000 年、2010 年和 2015 年的平均产草量，最后经过处理绘制出平均生物量分布图，见图 5-23。

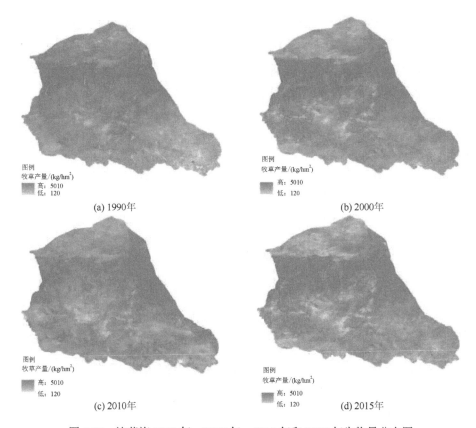

图 5-23　达茂旗 1990 年、2000 年、2010 年和 2015 年生物量分布图

5.4　研究区草原生态主要问题

5.4.1　研究区草原生态问题及其危害分析

草地退化是草场在持续利用条件下在时间延续中的一种逆向演替。从草地经营的观点看，达茂旗草地沙化退化是人为因素和气候等自然因素综合作用下

的必然结果。一般而言，退化草地使草群的种类成分发生了变化，原来的一些建群草种和优势草种逐渐衰退，甚至消失，继而出现了一、两年生植物及有毒有害杂草类，草群中优良牧草生长发育减弱，可食性牧草量降低，草原生态环境恶化，草场出现退化、沙化现象，草原鼠虫灾害增加，导致牧草的生长发育环境恶化。

1. 植被覆盖度降低，可利用草地面积缩减，天然草地生态功能衰退

草地不仅是牧区人民赖以生存和草地畜牧业发展的基础性自然资源，而且是天然的绿色生态屏障，具有经济、社会、生态三大功能。其生态功能主要是防风、固沙、调节气候、涵养水源等。尤其在以人为中心的生态系统中，生态系统功能的维持是人类生存和发展的最基本保障。草地退化、沙化不仅使草地植物群落小型化，植被覆盖度降低，还使草原面积减少，导致天然草地固有的生态功能衰退。

虽然经过近些年来的努力，达茂旗草地生态有所改善，但其沙退化程度依然十分严重，草原的生态环境功能受到了严重的损害，严重制约了达茂旗经济社会可持续发展，威胁着人民生产生活环境的安全。

2. 草地生产能力降低，生态环境容量下降

达茂旗是一个纯牧业旗，天然草地是其草地畜牧业赖以发展的主要物质基础。伴随着草原沙化、退化的发生，草地植物群落结构、组成也发生很大变化。从草地资源利用的角度分析，主要体现在草群中建群植物和优良牧草减少，甚至消失，而一些抗逆性强的杂草类和一年生植物以及适口性差的植物与有毒植物增多，集中反映在地上生物量减少。这样一来，草地资源无论是数量还是质量上均出现退化和资源枯竭的状况。由于草地优良牧草锐减、草质营养条件降低，天然草地的产草量、载畜能力和家畜个体生产性能明显下降。

根据达茂旗草原站历年草地资源产草量测算结果，20 世纪 80 年代以前，全旗各类天然草地的产草量变化在 40～66kg/亩，全旗平均为 49.33kg/亩，现阶段变化在 24～30kg/亩，全旗平均为 24.48kg/亩。现阶段与 80 年代以前相比，单位面积产草量减少的变化范围在 16～33kg/亩，全旗平均减少了 24.85kg/亩，下降比例达到 50.38%。80 年代以前，达茂旗天然草地平均载畜能力在 25～44.5 亩/羊单位，全旗平均为 32.97 亩/羊单位；近些年天然草地平均载畜能力在 54～67.48 亩/羊单位，全旗平均为 66.44 亩/羊单位。根据达茂旗畜牧部门的测算，80 年代以前，该旗羊单位平均臀体重在 22kg 左右，现阶段平均在 20.0kg 左右，相比，平均下降了 2kg/羊单位左右。

由以上分析可知，由于天然草地沙化、退化和草原生态的严重恶化，达茂旗天然草地载畜能力和畜产品质量下降，严重制约牧民经济收入的增加、生活水平的提高、草地资源的可持续利用和草地畜牧业经济的可持续发展。

3. 水土流失加重、沙尘暴灾害加剧

达茂旗是我国北方的重要生态防线，是以荒漠草原为主体的天然放牧场。由于天然草地沙化、退化，草地植被覆盖度降低、草群变稀，有的甚至变为裸地、沙地，草原荒漠化速度加快，沙尘暴次数增多。目前，已成为我国华北地区的重要沙尘源之一。

现阶段全旗水土流失面积占总土地面积的 89%，直接受风沙危害的农田草牧场 1500 多万亩，其中已接近砂质化和砾质化的土地达 450 万亩左右。

4. 自然灾害日趋频繁

草地沙化、退化不仅使草原生态遭到破坏，还加剧了自然灾害的发生，特别是旱灾的出现概率增大，而且持续时间长。2001 年达茂旗旱灾，牧区受灾面积达到 1.6 万 km²，受灾牲畜 9.1 万头（只），死亡率 6.9%。此外，由于生态环境恶化，达茂旗生态系统的食物链缩短，食物网趋于简单化，草原上害鼠、害虫的天敌，如鹰、雕、蛇、刺猬、瓢虫等急剧减少；相反，鼠害、虫害大量繁衍，泛滥成灾，严重威胁着草地资源的可持续利用和草地畜牧业的抗灾减灾能力及生产安全。

5.4.2　研究区草原生态恶化的原因分析

通过调查和查阅有关文献及资料，经综合分析，导致达茂旗天然草地沙化、退化的因素众多，归纳起来主要有自然因素和人为因素两种。

1. 自然因素

1）气候因素

达茂旗地处干旱半干旱生态脆弱带，降水稀少，蒸发强烈，气候干旱是草场退化的诱导因素。该旗年平均降水量只有 256.2mm，南部希拉穆仁一带多年平均降水量为 280～300mm，北部满都拉一带多年平均降水量为 150～200mm，而蒸发量却高达 2200～2800mm，平均为 2480.57mm，是降水量的 8～10 倍。降水年内分配不均，年际与季节变异大，这对草地植物生长极为不利。年年春旱，甚至春夏连旱，导致植物返青推迟或生长不良。对植物生长最为有利的是 6 月下旬～9 月中旬的降水，该时段是草地植物的主要生长期；而 9 月中旬以后，气温开始下降，降水即使很充沛，对植物生长也没有多大作用。以 1999 年和 2000 年为例，1999 年 7 月下旬、8 月上旬、8 月中旬的旬降水量为多年平均旬降水量的 4%、81.3%、28%，而 2000 年 6 月下旬、7 月下旬的旬降水量是多年平均旬降水量的 29%、14%，可以认为 1999 年 7 月下旬～8 月中旬的 30 天内、2000 年 6 月下旬～7 月下旬的 30 天内降水量偏少，使得草原植物受到严重影响。植物生长差，病虫害增加，加快了草场退化的速度。因此，在各种自然灾害中，气候干旱是草场退化的一个主要诱导因素。特别是近 20 多年来，由于气候异常，大气降水少，年均积温升高，无霜期延长，土壤墒情下降，加之大风天数增多，大风、沙尘暴使大量肥沃土壤流失，土壤有机成分下降，加快了草场退化、沙化的速度。

2）鼠害和虫害

对天然草原生态系统中消费者之一的啮齿动物来说，退化草地主要为某些有可能恶性发展并导致灾害的啮齿动物提供了好的生存环境与食物的来源。首先是提供了稀疏低矮的植被和比较宽阔的空间；其次是提供食物来源，如布氏田鼠喜食灰藜、委陵菜、麻花头等藜科、蔷薇科和菊科牧草，这些牧草最繁茂的地段正是退化的冷蒿草地。因此，退化的冷蒿草地不仅为布氏田鼠的繁殖提供了开阔的空间，还提供了良好的食物来源，从而加剧了有害并可成灾的鼠类的发展，使本已退化的草地加剧发展，由此形成了一个"过度放牧—草地退化—鼠害加剧—退化加剧"的恶性循环过程。此外，虫害也是加剧草场退化的一个因素。2004 年达茂旗有 1000 多万亩草场发生蝗虫灾害。在受灾草场中，重灾区达 580 多万亩，主要集中在查干哈达、满都拉镇、巴音花、巴音敖包、新宝力格等草场重度退化地区，虫口密度每平方米高达 100～150 只。随着气温的升高和降水量的减少，受灾面积呈扩大趋势，加剧了草场退化。

2. 人为因素

1）人口增长过快，人类活动对草原生态的干扰日益加剧

据统计，新中国成立初期，达茂旗全旗人口仅有 2.10 万人，到 20 世纪 80 年代末期，总人口达到 10.54 万人，现状年总人口达到 11.28 万人，总人口增加了 4.37 倍。在人们对生态环境保护意识薄弱和草地承载能力的重要性认识不够的同时，人口急剧增加，尤其是外来人口的增加，导致牲畜数量增加，耕地面积扩大，包括在水土保持措施不力条件下的开矿筑路、工业活动等的加剧，把草地资源视为"取之不尽、用之不竭"的财富，盲目开发、无序利用，对草原生态干扰的频度和破坏程度日益加剧，致使许多原有野生动植物灭绝，生物多样性下降，草原生态严重恶化。这既是生态环境恶化的重要表现，也是生态化境恶化的重要原因。

2）草地长期超载过牧，承载能力逐年下降

草地作为资源，其承载能力是有限的。草地植被生态系统在长期的进化适应过程中，形成了自我调节、恢复能力，其可以在一定的干扰压力下进行自我修复，但只能在一定范围内、一定条件下起作用。也就是说，这种自我修复和调节能力是有限度的，或者存在一个临界度，如果干扰太大，超出了草地植被生态系统本身的自我调节能力，那么平衡就会被破坏，这个临界度称为草地植被生态系统承载力阈限。系统越成熟，它的种类组成越多，营养结构越复杂，稳定性越大，对外界的压力或冲击的抵抗能力也越大，即阈限越高；相反，则阈限越低。如果草地植被生态系统在不合理的人为因素的干扰下，系统的结构和功能发生位移，位移的结果打破了原有生态系统的平衡状态，使系统的结构和功能发生变化或者出现障碍，则会形成破坏性波动或恶性循环。

从达茂旗天然草地沙化、退化发生人为因素来看，主要是天然草地承载的牲畜数量逐年增长，并长期处于超载状态，天然草地得不到休养生息，承载能力逐年下降，天然草地不堪重负所致。

3）基础设施建设薄弱，生产方式落后

达茂旗地处内蒙古自治区阴山北麓内陆高平原区，自然条件恶劣，生态环境脆弱。天然草地承载能力极其有限，草地资源的可持续利用和草地畜牧业经济的可持续发展，关键在于草地资源的利用方式和草地畜牧业生产的发展方式。

长期以来牧区水利建设投入很少，水利基础设施建设滞后，制约了灌溉饲草料地和灌溉草场的发展，同时也制约了舍饲、半舍饲、划区轮牧等牧业现代化建设的发展，无法实现有效的生态置换，加之近年气候趋暖、干旱频发，使本来就十分脆弱的草原生态更加恶化。达茂旗灌溉草地数量远远满足不了全旗禁牧和草地畜牧业发展的需要。受特殊的气候条件影响，达茂旗草原旱灾频发，一般 2～3 年发生一次，大的旱灾 6 年左右发生一次。由于基础设施建设薄弱，生产方式落后，畜牧业抗灾能力低下，每次大灾都对牧民生活和牧业生产造成严重影响，4～5 年都难以恢复。今后必须加大以节水灌溉饲草料地和灌溉人工草地为支撑的灌溉草业的发展，发展现代化草地畜牧业。

综上所述，虽然现阶段达茂旗天然草地生态有所改善，但与 20 世纪 80 年代初相比，仍有很大差距，天然草地仍处于超载状态，畜牧业经济发展仍受到草地生产能力的限制，加快草地基础设施建设，支撑草地畜牧业由天然放牧向舍饲、半舍饲、划区轮牧、季节性休牧的生产方式转变，使牧民移得出、稳得住、富起来，减轻天然草地的压力，使天然草地得以休养生息，实现草原生态保护与农牧民生活水平小康"双赢"的目标仍是今后相当长一个时期的攻坚任务。

5.5　草原生态保护措施

由于天然草地沙化、退化严重，草地生态日趋恶化，已经给达茂旗人民的生活、生产和经济社会可持续发展带来了严重的影响，达茂旗草原生态已经到了不得不下大决心从根本上治理的关键时期。达茂旗人民政府充分认识到了保护草原生态的重要性和紧迫性，同时也深深认识到在大自然面前，人类的力量是极其有限的，要从根本上解决草原的生态问题，必须依靠大自然的自我修复能力。通过采取措施，在稳定牧业生产的前提下，把超载的牲畜从天然草场上退下来，把人和牲畜从生态严重恶化的区域移出来，缓减草场的压力，大面积天然草地得以休养生息，是保护和改善草原生态的关键。因此，达茂旗人民政府从构建国家生态屏障、保障国家生态安全、保障达茂旗经济社会与生态环境协调可持续发展的高度出发，早在 2002 年就提出了"农牧业生产向水资富集区集中"的工作思路；在 2007 年，又制定出台了《达茂旗禁牧封育转移集中保护生态工程实施方案》，明确提出利用两年半的时间完成对全旗的全部天然草地禁牧。为了达到保护草原生态目标，近年来达茂旗人民政府在国家和内蒙古自治区以及包头市政府及相关主管部门的支持下，以工程措施为支撑，政策措施为保障，兼顾其他措施，综合集成、有机配套，对达茂旗草原生态开展了全面修复与治理工作。

5.5.1　牧区水利工程措施

为达到上述目标，达茂旗近几年来保护和治理草原生态的工程措施主要是依靠国家"京津风沙源治理工程"、水利部"牧区水利示范工程"等项目的支撑而采取的水利工程措施。

对于草原生态轻度退化，但水土资源尤其是水资源禀赋条件不具备集中开发的地区，在对天然草场严格执行草畜平衡制度下，以牧户为单元，以发展小型节水灌溉饲草料地工程为主，提供补饲条件，以支持季节性轮牧、划区轮牧和半舍饲畜牧业生产的发展，该类型的灌溉饲草料地目前已经建成 5.47 万亩。与此同时，对已建成 20 亩以上"五配套"小草库伦，草场面积在 10000 亩以上，具备季节性休牧或划区轮牧条件的牧户，在严格执行草畜平衡制度的前提下，采取加大对现有节水灌溉饲草料地的配套挖潜和节水改造力度，适度配套建设节水灌溉饲草料地，保障农牧民生活水平提高和天然草地草畜平衡的工程措施。

另一个主要牧区水利工程措施是在水源富集和立地条件较好的滩川地带，依照水、田、林、渠、路"五配套"的模式，建成生态农牧业产业化园区，建设移民住房、棚圈、青储窖等，人均保灌饲草料地 5 亩，在调整畜群结构、改良畜种的同时，积极实施园区化、舍饲化养殖。主要支撑从草原生态严重恶化区搬迁出来的人口和牲畜。

此外，对于南部半农半牧区，在加大农田节水灌溉节水改造和配套挖潜的基础上，积极调整种植结构，由过去的粮、经二元结构逐渐调整为现在的粮、经、草（青饲料）三元种植结构，使灌溉和旱作青饲料种植比例逐年增加，以支撑从天然草地退下来的牲畜，进而达到天然草地草畜平衡。

5.5.2　政策措施

近些年来，达茂旗在全面贯彻执行《中华人民共和国草原法》《内蒙古自治区草原管理条例》《内蒙古自治区草畜平衡暂行规定》和《内蒙古自治区草原管理条例实施细则》等政策法规的基础上，还制定出台了《禁牧与草畜平衡实施细则》，推行了一整套禁牧休牧和划区轮牧制度、草畜平衡制度，同时实行禁牧与草畜平衡工作年度目标考核制，旗草原林业行政主管部门每年要定期按比例抽查，依据抽查结果提出表彰奖励与惩处意见，不断加强草原保护与管理的执法力度。此外，还建立了群众监督机制，在每个苏木（乡、镇）分区或片选 2～3 名人大代表或党员做"草原监督员"，对本区的草畜平衡、非法流转、乱开滥种等现象进行监督举报，逐步建立起一套牧民自我监督、自我管理机制。

在严格执行上述政策法规的基础上，还制定出台了一列与"收缩、转移、集中""禁牧、休牧、轮牧"相配套的经济保障政策，如禁牧补贴政策、多渠道安置移民政策、农牧民养老保险政策、牧民子女教育补助政策、免费就业培训政策、再就业小额贷款优惠政策等。

上述草原管理政策、法规以及经济保障政策的实施，为达茂旗改变传统的自然散牧养殖方式和全旗草原生态保护与建设奠定了坚实的基础。

5.5.3　其他措施

在上述主要工程措施的基础上，从 2000 年开始实施京津风沙源治理工程以来，达茂旗有计划、有步骤地开展了以种树、种草为主的工程建设。

通过近几年来的不懈努力，在工程措施、政策措施和其他保障措施的综合应用下，达茂旗的草原生态明显改善，已经出现了由重度退化和中度退化向中度退化和轻度退化转变的趋势。与此同时，也奠定了达茂旗草原畜牧业向舍饲、半舍饲、休牧、划区轮牧、园区化饲养、集约化经营等现代化畜牧业发展的基础。由于畜牧业基础设施建设的加强，畜群结构的调整、出栏率的提高、收入渠道的拓展，在保护草原生态的前提下，农牧民纯收入不但没有降低，而且呈逐年增加的趋势。

这充分说明，在统筹考虑区域水土资源禀赋条件的同时，对草原生态严重恶化区实施围封禁牧和生态移民，以建设节水、高产、优质灌溉饲草料基地为支撑，畜牧业生产走园区化、集约化经营道路；对草原生态环境相对较好，具备季节性休牧或划区轮牧条件的区域，合理核定天然草地载畜量，严格控制草畜平衡，对天然草地实行季节性休牧、划区轮牧等一列保护草原生态和发展草地畜牧业的措施是行之有效的，也是符合达茂旗旗情的。

第6章 变化环境下干旱牧区水资源变化模拟与预测

干旱牧区水资源合理配置和高效利用对区域生态环境及社会经济发展具有决定性作用，而区域气候变化和高强度的人类活动会对区域内径流产生直接或间接的影响。为分析变化环境对达茂旗干旱牧区水循环演变的影响，本章基于SWAT模型，利用1975～2015年长系序列气象和水文、土地利用和土壤等资料，对模型参数进行了率定和验证，建立了适用于干旱荒漠草地区域的SWAT模型；随后模拟预测并定量分析了增温、降水和土地利用变化等不同组合情景下研究区水资源的变化情况，以期为达茂旗干旱牧区流域水资源合理开发、高效利用及生态恢复提供科学依据和技术支撑。

6.1 SWAT模型概述

6.1.1 水文模型发展历程

对水循环机理研究有两种途径：一是在流域中进行大量实验；二是建立水文模型，早期的水文模型就是在大量实验、经验总结的基础上建立起来的。水文模型的分类方式有多种，出于对模型的基本计算单元、模拟过程等方面的考量，可将现有的水文模型粗略划分成集总式流域水文模型（lumped hydrologic model）和分布式流域水文模型（distributed hydrologic model）两大类。20世纪40～80年代，国内外水文工作者陆续开发出许多集总式水文模型，典型代表有水箱模型（tank model）、斯坦福流域模型（Stanford watershed model，SWM）、萨克拉门托模型（Sacramento model，SAC）和中国自主研发的新安江模型等。水箱模型于40年代由日本学者菅原正提出，主要发展时期在50年代，70年代则在世界范围内应用；斯坦福流域模型可称之为全球首个真正意义上的流域水文模型，于60年代初由美国人Linsly主导研发；萨克拉门托水文模型是60～70年代由美国国家气象局（National Weather Service）的Burnash等基于Ⅳ号斯坦福模型改进而来的；70年代华东水利学院（现河海大学）的水文工作者在对新安江入库流量的监测预报工作基础上提出了三水源新安江水文模型，在湿润半湿润地区应用较广，是中国少有的、具备一定国际影响力的水文模型，被联合国教育、科学及文化组织（United Nations Educational，Scientific and Cultural Organization，UNESCO）列为世界十大水文模型之一。

　　大多数集总式水文模型的缺点在于对地表过程描述简单，在许多环节上主要采用概念性模拟或经验函数关系描述，忽略了各部分流域特征参数在空间上的变化，把全流域作为一个整体建模，因此许多参数都缺乏明确的物理意义，带有经验统计性，只能反映有关影响因素对流域径流、泥沙形成过程的平均作用。20世纪60年代末，Freeze 和 Harlan（1969）在国际上第一次提出"分布式流域水文模型"这一概念及其框架，并展望了其发展前景，开创了水文模型新的发展方向。90年代前后，在全球气候变暖、水资源的可持续利用受到威胁等现实需求的推动下，分布式水文模型不断涌现，如欧洲水文系统（system hydroloical European，SHE）模型、半分布式水文模型（topography based hydrological model，TOPMODEL）、分布式水文-土壤-植被模型（distributed hydrology-soil-vegetation model，DHSVM）、可变下渗容量（variable infiltration capacity，VIC）模型、土壤水文评价模型、土壤-植被-大气传输模型（soil-vegetable-atmosphere transfer model，SVATM）等。

　　全球第一个真正意义的分布式流域水文模型——SHE模型，是由英国、法国和丹麦的水文学家联合开发并不断改进的水文模型，之后 Beven（1979）、Bathurst 和 Cooley（1996）对 SHE 模型进行了改良，研发出许多版本的 SHE 模型，MIKE SHE 是典型代表；20世纪70年代末，Beven（1979）提出了 TOPMODEL，该模型基于数字高程模型（digital elevation model，DEM）数据，利用地貌指数 In（$\alpha/\tan\beta$）表征流域水文现象，具有结构简单、参数少、数据易获取、日径流过程模拟精度高等优点；美国华盛顿州立大学 Wood（1994）首先提出的可变下渗容量模型 VIC 特别适用于大空间尺度的陆面水文模型；土壤-植被-大气传输模型先后经历了"水桶"模型、生物物理学模型及生物化学模型等发展阶段，已经由单层模型发展到双层模型、多层模型；20世纪90年代，由 Arnold 和 Allen（1996）研发的 SWAT 模型被称作是具备连续模拟能力、最具发展前景的水文模型。

　　国内对分布式水文模型的研究晚于国外，沈晓东等（1995）在自行研制的地理信息系统软件支持下，于1995年提出了一种动态分布式降水径流模型，并在湖北省罗田县石桥铺径流区进行验证，该模型取得较好逐日径流模拟效果；任立良和刘新仁（1999）运用 Martz 等于1992年研发的数字高程流域河网模型（digital elevation drainage network model，DEDNM），对淮河史灌河流域的水系拓扑结构进行了试验和验证，为分布式水文模型的开发奠定了良好的基础；郭生练等（2001）在综合前人研究经验基础上，构建了一种基于 DEM 的分布式流域水文物理模型，详细阐述了模型结构和水文物理过程，模型应用到小流域降雨径流时，在时间、空间变化过程模拟上取得了较好的效果；夏军等（2003）提出了将水文循环空间数字化信息与水文系统理论结合的分布式时变增益水循环模型（distributed time variant gain model，DTVGM），并选择黑河干流山区流域进行了径流模拟；杨大文等（2004）建立了适用于黄河全流域的分布式水文模型，模型具有采用物理方程描述水文过程、适用于特大尺度流域、尽可能利用地理空间信息的特点；贾仰文等（2005）以开发适应大尺度流域的水文模型为出发点，研发了模拟对象为"天然-人工"二元水循环系统的大尺度流域水循环和能量交换过程（water and energy transfer processes in large basins，WEP-L）模型，并将其应用于黄河流域水资源的演变研究；都金康等（2006）将流域离散成若干个栅格单元，在考虑下垫面要素（地形、地质、土壤和植被等）空间异质性的基础上，构建了分布式降雨径流水文模型，该模型具有结构简单、大多数参数容易获取且物理含义明确等优点，在东南沿海的黄土岭流域取得了良好的径流模拟效果；刘昌明等（2010）利用北京师范大学水科学研究院自主研发的多元水文综合模拟系统（hydro-informatic modeling system，HIMS）的定制功能，定制出 3 个不同时间步长的水文模型，基于不同时间步长运用到不同流域（黄河洛河卢氏水文站以上流域、黄土高原泾河流域、黄河无定河流域、海河潮白河上游流域），定制模型均取得不错的模拟效果。

相比集总式水文模型，分布式水文模型考虑了气候因素（降水、气温、蒸散发等）和下垫面因素（地形、土地覆被、土壤等）分布的空间差异性，模型中各参数代表的物理意义比较确切；将流域划分成许多研究单元，充分考虑了流域表面各点上水力学特征的不均匀性，模拟的水文过程更客观、真实，应用前景广阔。

6.1.2 SWAT 模型的发展

SWAT 模型是 20 世纪 90 年代由得克萨斯州州立农工大学（Texas A&M University）和美国农业部（United States Department of Agriculture，USDA）农业研究所（Agricultural Research Sevice，ARS）的科研人员将径流出口演算（routing outputs to outlet，ROTO）模型和乡村流域水资源模拟器（simulator for water resource in rural basins，SWRRB）模型的优点整合后开发的一个半分布式水文模型（Neitsch et al.，2002）。1973 年 USDA-ARS 组织美国相关学科的专家开发了基于过程的非点源污染模拟模型，1980 年其完善后成为田间尺度上模拟土地管理对水沙、营养物质和杀虫剂运移影响的农业管理系统中的营养物、径流和侵蚀（chemicals，runoff and erosion from agricultural management systems，CREAMS）模型；随后开发了主要模拟侵蚀对作物产量影响的侵蚀-土地生产力影响评估（erosion-productivity impact calculator，EPIC）模型、用于模拟地下水携带杀虫剂和营养物质的地下水营养物质对农业管理系统（groundwater loading effects on agricultural management systems，GLEAMS）模型和研究不同土壤、土地利用和管理方式对流域产汇流影响的农业非点源（agricultural non-point source，AGNPS）模型。1985 年学者修改 CREAMS 模型的日降雨水文模块，合并 GLEAMS 模型的杀虫剂模块和 EPIC 模型的作物生长模块，开发出时间步长为日的 SWRRB 模型，该模型可以把流域分为 10 个子流域，增加了气象发生器模块，对径流过程考虑更加详细。20 世纪 80 年代末，学者在 SWRRB 模型中加入估计洪峰流速的土壤侵蚀模型（soil conservation service，SCS）和产沙公式，并融合了河道演算 ROTO 模型成为 SWAT 模型（梁犁丽等，2007），其主要发展过程如图 6-1 所示。

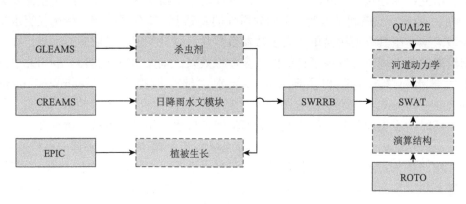

图 6-1　SWAT 模型开发历程示意图

SWAT 模型是一个具有很强物理机制的流域水文模型，能够利用 GIS 和遥感（remote sensing，RS）技术提供的空间信息，模拟复杂大流域的多种水文物理过程。其主要的子模型有水文过程子模型、土壤侵蚀子模型和污染负荷子模型，考虑了气候、水文平衡、土壤条件、侵蚀、营养物质、植物生长、耕作和收割管理、地表水流、壤中流和地下径流等过程。SWAT 模型基于 DEM 将流域离散成基本计算单元，即划分成多个子流域和若干水文响应单元来减少计算量，在建模时较具体地考虑了以下几个方面对水循环的影响：①农药、化肥的污染；②土壤侵蚀；③土地覆被变化；④土地的耕作管理；⑤湖泊/坑塘水体。所以 SWAT 模型能较好地应用于解决水环境、土壤侵蚀、气候变化响应等问题，为分布式水文模型的应用开辟了新的方向。

作为一个开放、发展的模型，SWAT 模型正被更多人接触，并被不断改进，模型的适用性、实用性、可操作性日臻完善，从最初的 SWAT94.2 版本到最新的作为 ArcGIS10.5～10.7 插件的 ArcSWAT2012.10.24（2020 年 8 月 19 日）版，已改进了 8 版。目前，SWAT 模型既拥有基于 Basic 编程语言开发的 Windows 界面版，也有能较好集成于 IDRISI、ArcView、ArcGIS、GRASSGIS、QGIS 等多个地理信息系统软件平台的版本，还有单纯利用代码编辑输入输出文件版本。最新的版本为 SWAT2012，各版本主要改进措施见表 6-1。

表 6-1　SWAT 模型各版本主要改进措施

版本	主要改进
SWAT94 版	添加了多个水文响应单元（MUTI-HRUS）
SWAT96 版	增加了 CO_2 循环、土壤水侧向流动、营养物质和杀虫剂运移模块，增加了自动施肥、灌溉等农业管理措施，植物截留的计算模块以及彭曼-蒙特斯潜在蒸散发方程
SWAT98 版	增加了放牧、施肥排水等农业管理措施选项，改进了河道内水质模块和融雪模块，改进了营养物质循环模块
SWAT99 版	增加了城市径流模拟，改进了营养物质循环模块，允许逐日风速、湿度、太阳辐射等数据的输入或由模型模拟生成
SWAT2000 版	增加了细菌扩散模块、Green&Ampt 下渗计算方法和 Muskingum 汇流计算方法，提供了更多潜在蒸散发计算方法，改进了"天气发生器"模块，模拟水库数量不再受限制
SWAT2005 版	增加了日尺度以下降水量生成器和参数敏感性分析模块、模型自动校准模块，增加了气象预测情景模块
SWAT2009 版	改进了细菌扩散模块，增加了天气预报情景模拟和半日降雨发生器，改进了植物过滤带模块，增加了对污水系统的建模
SWAT2012 版	整合了 SSURGO 土壤数据集，扩充了气象数据库，改进了输入数据表格，气象输入文件由 TEXT 文件代替了 dBase 文件，添加了 DRAINMOD 地下排水选项，城市地类划分中添加了滞留池、湿地、保留区、沉淀区等，扩展了输出文件，输入结果可以直接用 SWATCheck 程序查看等

版本间有较大变动的是 SWAT2000、SWAT2005、SWAT2009 和 SWAT2012，4 个版本在 SWAT 官方网站上（https://swat.tamu.edu/docs/）均有理论文档和输入输出文档可供下载。

6.1.3　模型 GIS 界面及其他工具

SWAT 模型与 GIS 界面和其他工具结合是与模型发展历程相平行的另一个趋势，模型利用 GIS 界面支持地形、土地利用、土壤等空间信息数据的输入。基于GIS 界面开发的第一个 SWAT 模型程序是建立在栅格数据基础上的 SWAT/GRASS，在输入输出软件包（IOSWAT）中采用 SWAT/GRASS，同时结合地形参数工具（TOPAZ），为 SWAT 和 SWAT-G 模型提供了输入和输出数据的图形显示功能。在众多的 GIS 界面中，与 SWAT 结合紧密、应用较多的是 ArcView 和 ArcGIS，为辅助 SWAT 模型进行前处理和后分析，SWAT 模型工作组也陆续开发了其他辅助性工具。

1. 模型 GIS 界面

AVSWAT 界面利用 ArcView 3.x 生成模型 GIS 输入数据，并运行 SWAT2000。AVSWAT 也提供了另外的输入生成器，如使用 SWAT2005 时可用美国农业部（USDA）自然资源保护局（Natural Resources Conservation Service，NRCS）的土

壤地理数据库（state soil geographic database，STATSGO）和土壤调查地理数据库（soil survey geographic database，SSURGO）输入土壤数据。自动地理空间流域评价（automated geospatial watershed assessment，AGWA）也是一个基于 ArcView 的界面工具，为 SWAT2000 提供输入数据，包括从 SSURGO、STATSGO 或联合国粮食及农业组织（Food and Agriculture Organization of the United Nations，FAO）全球土壤数据库中输入土壤数据等。

在满足组件对象模型（component object model，COM）协议基础上，应用地理数据库方法及设计结构，模型研发组开发了与 ArcGIS9.x 集成的 SWAT 界面（ArcSWAT），经历了分别嵌入 ArcGIS9.1、ArcGIS9.2、ArcGIS9.2SP6、ArcGIS9.3SP1、ArcGIS9.3SP2 版本的 ArcSWAT1.07、ArcSWAT2.00、ArcSWAT2.1.6、ArcSWAT2.3.4、ArcSWAT2009.93. 7b 和 ArcSWAT2009.10.1，随着 ArcGIS10 的出现，SWAT 模型也出现了相对应的界面，如 ArcSWAT2012.10.0.15、ArcSWAT2012.10.1.18、ArcSWAT2012.10.2.19、ArcSWAT2012. 10.3.19、ArcSWAT2012.10.4.21、ArcSWAT2012.10.5.22 和 ArcSWAT 2012.10.24 分别对应嵌入 ArcGIS10.0、ArcGIS10.1、ArcGIS10.2、ArcGIS10.3、ArcGIS10.4、ArcGIS10.5、ArcGIS10.6 和 ArcGIS10.7 版本中。目前 ArcSWAT2012 版之前的版本已不再维护。

QSWAT 借助于开源 QGIS 界面，QSWAT1.9 版集成在 QGIS2 中，由于 QGIS2 不再维护，模型研发组开发了 QSWAT3 以适应 QGIS3。QSWAT 需要 SWAT 编辑器、QGIS、Microsoft office 和微软 Access 数据库引擎（Microsoft access database engine）的支持，并根据 Microsoft office 32 位或 64 位版本的不同，分为 QSWAT3 和 QSWAT3_64 两个版本，最新版 QSWAT3V1.1 发布于 2020 年 10 月 5 日。

2. 模型其他版本

SWAT 编辑器（SWAT Editor）是一个编辑 SWAT 输入文件的界面，它可以读取 ArcSWAT 或 QSWAT 生成的项目数据库，允许用户编辑 SWAT 输入文件、执行 SWAT、进行敏感性分析、自动校准和不确定度分析。它是一个不需要 GIS 的独立程序，帮助 ArcSWAT 和 QSWAT 的用户与其他没有 GIS 或 GIS 经验不丰富的用户分享他们的项目。其主要步骤包括：加载或选择 ArcSWAT 扩展模块，划定流域并定义水文响应单元（hydrological response unit，HRU）（包括土地利用、土壤和坡度作为独立的 HRU），编辑 SWAT 数据库（可选），定义气象数据，应用默认的输入文件编写器，编辑默认的输入文件（可选），设置（需要指定模拟周期、潜在蒸散发计算方法等）并运行 SWAT，应用校准工具（可选），分析、绘图和以图形展示 SWAT 输出结果（可选）。2018 年 10 月 1 日推出了 SWAT Editor 2012.10.21 版本，2020 年 6 月 8 日推出了 SWAT Editor 2012.10.23 版本。

经过 30 多年的发展，SWAT 模型在全球已广泛应用，同时模型的局限性也开始显现，模型开发需求逐渐确定。模型及其各个组件的大量添加和修改使得代码越来越难以管理和维护。为了应对当前和未来水资源建模方面的挑战，SWAT 代码在过去几年中进行了重大修改，产生了 SWAT+ 这个完全修订版的模型。尽管模型模拟过程中的基本算法没有改变，但基于对象的代码和基于关系的输入文件的结构和组织都有相当大的修改。这有助于模型维护、代码修改，并促进与其他研究人员的合作，以便将新的学科集成到 SWAT 模块中。SWAT+ 提供了流域内交互作用和过程的更灵活的空间展示，是一个运行文本文件输入的命令行可执行文件，可以自己设置这些输入，官网也提供了界面输入使其更容易操作。界面有两部分：QSWAT+，一个建立流域的 QGIS 界面；SWAT+ 编辑器，修改 SWAT+ 输入和运行模型的用户界面。2019 年 12 月 4 日，SWAT+ 1.2.3 版开发完成，软件包、界面相关和模型输入信息在官网上可获取，并开发了 SWATplus-CUP，作为 SWAT+ 的参数率定和不确定性分析工具，IPEAT+ UI（v0.8.8）作为校准 SWAT+ 模型的首批校准工具之一，基于 FORTRAN 的 IPEAT+ 被基于 VB、使用与 IPEAT/IPEAT+ 相同的框架接口调用（Yen，2019）。

3. 模型辅助工具

为支持 SWAT 模型运行，学者们陆续开发了许多辅助工具，包括气象数据处理工具、输出结果分析工具、参数分析率定工具等。

气象数据处理工具有：水文模拟的气候模型数据（climate model data for hydrologic modeling，CMhyd）工具，用于为水文模拟准备气候数据；天气发生器参数估计工具（WGN parameters estimation tool），是微软的数据库工具，用于日气象数据库的存储和处理；天气发生器 Excel 表格宏命令（WGN Excel macro），用于计算气象站需要的月统计数据；SWAT 降水输入处理程序（SWAT precipitation input preprocessors，pcpSTAT），用于计算天气发生器需要的日降水量统计参数；露点温度计算工具（dewpoint estimation），用于计算每个月的日平均露点温度。

输出结果分析工具有：检查工具（SWAT check），帮助查找潜在的模型输入参数问题，现已融入 ArcGIS 界面中，在运行结束后可点击该工具查看流域层次的水文循环、营养物质循环、泥沙运移等输出结果；可视化和分析工具（VIZSWAT），用于分析 SWAT 2000、SWAT 2005 和 SWAT 2009 版本的 AVSWAT 和 ArcSWAT，它是基于 GIS 空间数据分析器（spatial data analysis，SDA）的一个定制版本，能快速在 GIS 地图上动态显示时间序列和空间数据；结果展示工具（SWAT output viewer），是一个快速查看和分析模型动态输出的可选工具。

模型不确定性分析、参数率定和验证的主要工具是 SWAT 模型的校核和不确定性分析程序（SWAT calibration and uncertainty program，SWAT-CUP），目前有：①SWAT-CUP 高级版，用于 SWAT 模型的校准、验证和敏感性分析，允许行为和多目标校准，需要收费。②SWAT-CUP 版，可用于执行校准、验证、敏感性分析（一次一个参数和全局性分析）和不确定性分析，该程序将序列不确定拟合（sequential uncertainty fitting version 2，SUFI-2）、广义似然不确定性估计（generalized likelihood uncertainty estimation，GLUE）、参数解法（parameter solutions method，ParaSol）、马尔可夫链蒙特卡洛（Markov chain Monte Carlo，MCMC）和粒子群优化（particle swarm optimization，PSO）等算法应用到模型中，任何一种方法都可以对模型进行校准和不确定性分析。SWAT-CUP 还具有图形模块，用于查看模拟结果、不确定性范围和敏感性图，并具有使用 Bing 地图的流域可视化和统计报告功能。③SWAT plus-CUP 版，用于 SWAT + 的校准、验证和敏感性分析，该程序将 SPE（以前的 SUFI2）和 PSO 算法应用到 SWAT + ，这两种方法都可以对模型进行校准和不确定性分析。SWAT plus-CUP 允许选择 11 个目标函数，具有观察模拟结果和点图的图形模块，提供 95%的预测不确定性（95% prediction uncertainty，95PPU）、敏感性图、使用 Bing 地图的流域可视化和统计报告。SWAT plus-CUP 与 SWAT-CUP 具有相同的结构和界面，这使得从 SWAT 到 SWAT + 的过渡非常容易。

其他辅助工具还有：SWAT plusR，用于整合 SWAT + 和 SWAT2012 工作流，其主要目标是以整洁的格式返回模拟结果，以便 SWAT 等轻松实现高效的编程工作。为了有效处理具有大量模型评估或模拟输出的大型 SWAT 项目，SWAT plusR 提供了并行计算和增量保存，将模拟结果选择性加载到 SQLite 数据库中的功能。湿地-水生态系统工具（wet-water ecosystems tool）是耦合到 SWAT 中的湖泊和水库高级模拟工具，SWAT-MODFLOW 是 SWAT 和地下水模型耦合工具，土壤景观估算和评估程序（soil-landscape estimation and evaluation program，SLEEP）是土壤-景观评价工具，潜在热量估算程序（potential heat unit program）是用于估算植物成熟所需热量单位的工具，基流分割程序（baseflow filter program）是从流量记录中估算河道与基流/地下水交换量的工具。还有些工具如 MWSWAT（MapWindows 界面的 SWAT）已不再更新，并已被其他工具（QSWAT）代替。这些辅助工具可根据需要在官网上下载使用。

6.1.4　SWAT 模型应用研究

SWAT 主要用于模拟地表和地下水的水质和水量，预测土地管理措施对具有多种土壤、土地利用和管理方式的大面积复杂流域的水文、泥沙和农业化学物质产量的影响，主要包含水文过程子模型、土壤侵蚀子模型和污染负荷子模型。

1. 应用研究概述

过去几十年，SWAT 模型已被广泛应用于世界不同区域的不同流域，流域水量平衡、长期地表径流以及日平均径流模拟等是其主要应用领域，在产沙量、农药输移、非点源污染等方面也得到了应用。美国和欧盟主要针对人类活动、气候变化或其他因素对大范围水资源的影响利用 SWAT 模型进行直接评价或对模型未来应用的适应进行探索性评价。在 SWAT 文献库 1984～2020 年的 3993 篇文献中（截至 2020 年 4 月 30 日），经同行评审的期刊论文主要分为 20 类（表 6-2），SWAT 模型官方网站提供了完整的经同行评审的论文清单（https://www.card.iastate.edu/swat_articles/），并且及时更新。

表 6-2　文献中 SWAT 主要应用研究类型论文数量

应用分类	文献数量/篇	应用分类	文献数量/篇
最优管理措施（best management practices，BMP）总结或概念方法	16	水文和污染（含温室气体排放、土壤流失和运移、杀虫剂残留和运移、污染物循环、气象数据影响、气候变化和土地利用变化、人类活动影响、氮磷循环等）	1317
碳循环（含数据/模块、土壤碳循环和迁移、温室气体排放）	5	只涉及水文评估（含气候变化和土地利用变化、水库坑塘影响、模型比较、地下水/土壤水影响、气象数据影响、校准、敏感性和不确定性分析、蒸散发评估、干旱评估等）	1987
计算方法（含计算效率、土地利用变化、率定和/或敏感性分析等）	18	界面工具和其他软件（含 GIS 界面、GIS 实用程序或其他类型的界面和实用程序、基流分割技术等）	49
概念方法（含模型界面、水文评估、气候变化、营养物循环/流失和迁移、植被生长/收获或参数、干旱评估、生态系统服务、杀虫剂/泥沙流失和迁移等）	30	文献引用分析（含文献计量分析、模型比较）	14
作物生长/生产力（含蓝/绿水生产、生物能评估、灌溉影响、气候变化等）	31	特殊期刊发行/章节等概述（含综述/历史、校准、敏感性和不确定性分析、水文评估等）	20
数据或组件发展（含土壤温度评估、蒸汽温度评估、蒸发评估、DEM 数据分辨率影响、径流曲线数估计或敏感性评估、气候变化、输入文件结构等）	41	只涉及污染物评价（含泥沙流失和运移、优化算法、营养物损失和运移、气候变化、土地利用变化、模型界面等）	298
文档或术语相关	2	SWAT 前处理及相关（含综述/历史、界面和实用程序、数据和组件等）	13
评论、序言、导言或结论相关	10	综述/历史（含径流曲线数问题和可替代方法问题、湿地影响、气候变化、半日水文过程、模型比较、气候变化、土地利用变化等）	127
教育或培训	1	理论基础（模型方程、函数和源代码）	1
勘误、评论、讨论、信件或答复	10	流域描述（数据或组件、综述）	3

SWAT 模型在径流和产沙量模拟、非点源污染负荷的估算、气候变化对区域

水循环影响等方面均有比较广泛的应用实践。水量平衡模拟是 SWAT 模型流域模拟的基础，在水量平衡模拟方面，主要对模型参数率定和验证结果进行统计分析，尤其是针对断面流量。341 篇文献应用 SWAT 模型进行率定和验证结果的评价参数选用相关性系数 R^2 和 Nash-Sutcliffe 效率系数（Nash-Sutcliffe efficiency coefficient，NSE），文献中大部分评价结果令人满意。SWAT 模型相关文献中约 1620 篇涉及一种或几种污染物的模拟与评估研究，超过文献总量的 50%，尽管其模拟精度比径流模拟精度低，但是多数研究对污染物预测的模拟精度能够达到相应标准，但日尺度的模拟效果较差，主要原因是输入数据对流域特征的描述不充分、污染物运移模拟参数未率定或污染物实测数据具有不确定性等。SWAT 模型分析气候变化的影响主要考虑以下因素：①CO_2 浓度倍增对植被生长和蒸腾的影响；②气候输入的变化。许多 SWAT 研究成果为任意 CO_2 浓度变化和气候输入对植被生长、径流量和其他因素的影响提供了借鉴，研究中主要应用对全球气候模式（global climate models，GCMs）与区域气候模式（regional climate models，RCMs）耦合预测的气候变化情景的降尺度方法。本章着重阐述模型在径流模拟方面的主要研究成果、不足和改进。

2. SWAT 在径流模拟方面的应用

SWAT 模型开发后已通过了美国环境保护署组织的关于模型性能、模拟精度等方面的全方位评价，也经过了北美洲不同土地利用、作物植被、降雨、农业管理方式等数千种条件下的模型校准和验证。验证工作基于庞大而扎实的野外调查，在各水文响应单元尺度上进行。模型基本做到了在任何地区的水文响应单元、任何给定降雨条件下都可得到与实际产流情况近似的结果，因而 SWAT 模型在北美洲、欧洲、亚洲、非洲等地区都得到了广泛应用。

国外学者利用 SWAT 模型开展流域径流模拟的研究主要包括：SWAT 模型研发者 Arnold 和 Allen（1996）借助数字化滤波技术和 SWAT 模型中水量平衡组件对美国密西西比河上游流域的地下水补给和地下水出流状况展开模拟，并对两种方法的模拟精度进行了比较，研究发现两种方法得出的基流和地下水补给结果总体保持一致；Rosenthal 和 Hoffman（1999）对位于美国得克萨斯州约 9000km^2 的科罗拉多河（Colorado River）下游流域径流进行模拟，模拟结果显示，若不对参数进行率定，极端事件下，SWAT 模型模拟出的径流结果明显偏小，但相关系数仍可达到 0.75，流域上游的城市化进程会强烈影响下游径流量；Liew 和 Garbrecht（2003）选取美国俄克拉荷马州西南部的 Little Washital 试验流域为研究区，探索不同气候条件下 SWAT 模型的径流模拟反馈效果；Bouraoui 等（2005）对严重缺水的北非国家突尼斯北部的 Medjerda 流域（占国土面积的 17%，提供突尼斯地表水资源总量的 80%，保障全国 60% 人口饮用水）开展径流模拟，以日和月为时间步长的径流模拟相关系数 R^2 都在 0.62 以上，NSE 在 0.41 以上；Benham 等（2006）以美国密苏里州的 Shoal 湾流域为研究区，模拟和评价了流域的最大日负荷总量，在月尺度上校准期的 R^2 和 NSE 分别达到 0.7 和 0.63，验证期的 R^2 和 NSE 分别达到 0.66 和 0.61；Cruise 等（2007）对美国东南部地区的流域径流研究发现，大部分区域的径流量在未来的 30～50 年将会下降，势必加重美国东南部地区水质恶化的态势；Milewski 等（2009）选择埃及西奈半岛（Sinai Peninsula）和东部沙漠地区为研究区域，着重分析了 1998～2007 年降水与径流的关系；Jayakrishnan 等（2010）以肯尼亚西部的 Sondu 河流域为研究区，指出 SWAT 模型在非洲地区的流域具有非常大的应用潜力，但由于模型输入数据的缺乏，此次径流模拟效果较差。

此外，在不同流域尺度、不同放牧强度条件以及缺资料地区等利用 SWAT 模型进行径流模拟的研究，均取得较令人满意的模拟结果。Manguerra 和 Engel（1998）选择美国印第安纳州西部的缺观测资料地区为对象，探索了一种应用 SWAT 模型提高缺乏观测数据地区径流模拟精度的方法；Chanasyk 等（2003）模拟了三种放牧强度下，放牧活动对水文及土壤湿度的影响，并评价了模型在径流量小、有融雪过程流域的适用性；Gosain 等（2005）应用 SWAT 模拟了流域在实施渠道引水灌溉之后基流的变化；Arnold 等（2012）选择美国不同州县、不同流域为研究对象，分别从国家、流域及小流域尺度验证了 SWAT 模型在径流模拟方面的适用性。

我国水文工作者对 SWAT 模型的实践研究与国外相比起步相对较晚，大概始于 2000 年。王中根等（2003）初步探讨了 SWAT 模型的水文原理、运行控制、结构等，借助 AVSWAT2000 模型，首次将 SWAT 模型成功应用于西北寒区黑河莺落峡以上流域的日径流过程的模拟；姚允龙和王蕾（2008）、夏智宏等（2010）、卢晓宁等（2010）、曹隽隽等（2013）分别选取我国干旱区或湿润区的挠力河、汉江、黄河流域、江汉平原等流域开展 SWAT 模型的适应性评价及径流模拟研究。总体来看，SWAT 模型在中观空间尺度、长时间序列的径流模拟中能够取得比较高的模拟精度，如宋轩等（2010）在河南省淅川县丹江口水库库区的研究发现，SWAT 模型能够较好地模拟丹江口库区年径流的变化，验证期 NSE 为 0.88，平均精度在 91% 以上；陈杨（2010）运用 SWAT 模型模拟了丹江口水库 1961～1997 年的入库径流量，在率定期（1961～1990 年）NSE、R^2 分别为 0.80、0.91，验证期（1991～1997 年）NSE、R^2 分别为 0.95、0.96；姚苏红等（2013）以内蒙古自治区的闪电河流域为研究区，率定后的 NSE、R^2 分别为 0.75、0.85，能够较好地模拟闪电河流域的径流。不容忽视的是，在特殊区域或异常年份，SWAT 模拟精度不尽如人意，如程磊等（2009）发现，SWAT2005 模型在干旱半干旱区的窟野河流域水量平衡模拟及月径流过程模拟效果尚可，但日径流过程模拟效果一般，且不能有效地模拟窟野河流域壤中流和浅层地下水径流过程；姚海芳等（2015）对干旱半干旱区的西柳沟流域进行了径流模拟,校准期和验证期的 NSE 和 R^2 均在 0.6 和 0.5 之上,但 SWAT 在降水量较少的月份模拟效果并不理想。

不少学者关于 SWAT 模型输入参数对径流模拟结果的影响进行了研究。王艳君等(2008)以江苏省秦淮河流域为对象,研究了不同数目子流域和 DEM 变化条件下的径流量响应,发现当子流域划分数目变化时,径流量几乎没有影响,当 DEM 的格网单元分辨率小于 100m 时,各网格单元产生的径流模拟值变化不明显;邱临静等(2012)在对黄土高原杏子河流域的研究中发现,当数字高程模型的栅格单元分辨率介于 20~150m 时,SWAT 在模拟流域年河川径流量、地表径流量、基流时,各要素模拟效果比较一致;而当栅格单元分辨率大于 150m 时,产流、产沙的模拟效果存在比较明显的差异。土壤数据的空间分辨率对 SWAT 模拟也有比较大的影响,Geza 和 Mccray(2008)指出使用分辨率高的土壤图一般可以获得更好的模拟效果,但叶许春等(2009)在鄱阳湖信江流域的研究发现,高、低两种不同空间分辨率的土壤图所得到的径流差别不大。

预测是模型的功能之一,SWAT 模型具备预测变化环境下水文过程模拟的功能,国内外许多学者通过构建流域生态水文模型,模拟不同植被覆盖下的生态水文过程,为退化的生态环境恢复重建提供科学依据。例如,郝芳华等(2004)以黄河下游支流为研究区,分别研究了退草还耕、退草还林和退耕还草三种情景对流域产流产沙的影响,结果表明相对于草地和农用地,森林具有增水减沙的效应;陈军锋和陈秀万(2004a)分别模拟四种情景下的径流深与蒸发量,定量评估了梭磨河流域的植被覆被变化对流域径流深和洪峰流量的影响;代俊峰等(2006)对红壤丘岗集水区四种林草系统的水量平衡影响进行了研究,定量分析表明,林地比草地能更有效减少区域地表径流量。

6.2　SWAT 模型径流模拟基本原理

SWAT 模型综合运用全球定位系统(global positioning system,GPS)、RS 与 GIS 技术,通过 DEM 数据获取流域的地形参数,并采用子流域(subbasin)离散、坡面(slope)离散或格网(grid)离散、子区(subarea)离散等方法将研究区离散化(划分出模型运行最小流域单元的过程),划分出若干子流域(通过调整集水区面积阈值或增减子流域出口实现),然后将土地利用、土壤等空间数据与子流域分布信息叠加,生成模型运行所需的基本研究单元——水文响应单元(HRU)。SWAT 首先计算每一个 HRU 上的径流量/负荷量,再依据河网之间的拓扑关系,推求出流域出口断面的总径流量/负荷量。

模型由 700 多个函数方程式、1000 多个中间变量组成,包括子流域水文循环、河道径流和水库水量平衡演算几个主要部分。本章简要介绍 SWAT 模型水文循环中的降水-径流过程基本原理。

6.2.1 产流过程

总体上说，SWAT 产流部分模拟的径流包括坡面地表径流、壤中流、浅层地下径流和深层地下径流四部分。SWAT 模型有两种方法计算地表径流：SCS 和格林-安普特（Green-Ampt）产流模型。由于 Green-Ampt 法需要以小时为单位的降雨数据，实际应用中使用较少，本章不做分析。

1. SCS 地表径流计算

模型中应用的 SCS 径流曲线法的基本假设是 SCS 模型，只是在每日的径流曲线数（runoff curve number，CN 值）和最大滞蓄量的计算方法上进行了改进。SCS 是 20 世纪 50 年代由美国农业部土壤保持局提出的，目的是推求小流域设计洪水。该方法的降水-径流基本关系是在美国 2000 多个小流域实测资料的基础上经过统计分析并总结而得到的经验关系，并无严格的理论解释。但是，由于其由实测资料统计分析而得到，本身代表着自然规律，大量应用结果也证明了其合理性，后来在使用过程中部分参数被赋予了物理意义。SCS 充分考虑了径流、土壤和土地利用/覆被之间的关系，计算公式为

$$Q_{\text{surf}} = \frac{(R_{\text{day}} - I_a)^2}{(R_{\text{day}} - I_a + S)} \quad (6\text{-}1)$$

式中，Q_{surf} 为积累地表径流量，mm；I_a 为地表径流发生前的初始损耗量，包括填注、截留等，mm；R_{day} 为日降水量，mm；S 为土壤最大可能滞留量或土壤持水能力，mm。初损量一般假定为 $0.2S$；截留量 S 随着土壤属性、土地利用/覆盖、田间管理和坡度的变化而不同，在时间上，截留量随着土壤含水量的变化而变化，一般用下式计算：

$$S = 25.4\left(\frac{1000}{\text{CN}} - 10\right) \quad (6\text{-}2)$$

其中，CN 为径流曲线数，通常取值在 30～100，无量纲。CN 值的大小与土壤的渗透性、土地覆盖/利用和前期土壤湿润程度有关，CN 值越大说明流域的截留量越小，地表径流产流量越大。模型开发者给出了一套详细的 CN 值查询表，但是由查询表得到的 CN 值计算的产流量误差太大（Neitsch et al.，2002），在

实际应用中 CN 值的确定仍然是 SCS 应用的瓶颈。在 SWAT2005 中，改进 SCS 对 CN 值和截留量两个参数提供了可供选择的修正计算方法，减少了 CN 值确定的主观性和对经验的依赖。

1）土壤截留量的改进计算

在土壤截留量的计算上，传统的方法是截留量随着土壤含水量的变化而变化，是土壤含水量的函数，计算方法如下：

$$S = S_{\max} \left\{ 1 - \frac{\text{SW}}{[\text{SW} + \exp(w_1 - w_2 \times \text{SW})]} \right\} \qquad (6\text{-}3)$$

式中，S 为日土壤截留量，mm；$S_{\max}$ 为日土壤最大可能截留量，mm，下同；SW 为日土壤含水量，mm；w_1、w_2 为形状系数。最大截留量可以在推求 CN 值时求得，形状系数是和土壤凋萎含水量、田间含水量和饱和含水量相关的参数。

SWAT2005 版提出了一种截留量随着植物累计蒸散发量变化而变化的方法。同时，CN_2 值的计算也提供了一种以植物蒸散量为因变量的计算方法，是植物蒸散发的函数：

$$S = S_{\text{prev}} + E_0 \exp\left(\frac{-\text{cncoef} - S_{\text{prev}}}{S_{\max}} \right) - R_{\text{day}} - Q_{\text{surf}} \qquad (6\text{-}4)$$

式中，S 为日土壤截留量，mm；S_{prev} 为前一天土壤截留量，mm；E_0 为日潜在蒸散发量，mm；cncoef 为权重系数，用于计算截留量和 CN 值之间的关系，与植物的蒸散发有关；R_{day}、Q_{surf} 定义同上。

在冻土条件下，截留量用下式进行修正：

$$S_{\text{frz}} = S_{\max} \left[1 - \exp(-0.000862 \times S) \right] \qquad (6\text{-}5)$$

式中，S_{frz} 为冻土情况下的日截留量，mm；其他参数定义同上。

2）CN 值的计算

传统的 CN 值确定是先假定流域前期湿润状况处于一般条件（AMCII）下，之后根据土壤的渗透性、土壤覆盖/土地利用、田间管理水平等因素查表得到 CN_2 值，然后通过 CN_2 值转换得到干旱条件（AMCI）下的 CN_1 值和湿润条件（AMCIII）下的 CN_3 值。在 SWAT2005 以后的版本中，CN_2 是植被蒸散发的函数，土壤含水量对 CN_2 值的影响相对较小，而前期土壤湿度对 CN_2 值的影响较大。

模型中 CN_2 值用土壤最大截留量 S 进行计算，S 值用与土壤含水量相关的关系式进行计算。传统方法中，CN_2 是坡度的函数，Williams（1995）提出了 CN_2 值坡度订正的方法，如下：

$$CN_{2S} = \frac{CN_3 - CN_2}{3} \times [1 - 2 \times \exp(-13.68 \times slp)] + CN_2 \quad (6\text{-}6)$$

式中，CN_{2S} 为经过坡度订正之后的 CN_2 值；slp 为子流域的平均坡度，mm/m，下同；其他参数定义同上。

在 SWAT 模型中并没有采用查表的方式得到 CN_1、CN_3 的值，而是提供了相应的经验公式转化计算：

$$CN_1 = CN_2 - \frac{20 \times (100 - CN_2)}{100 - CN_2 + \exp[2.533 - 0.0636 \times (100 - CN_2)]} \quad (6\text{-}7)$$

$$CN_3 = CN_2 - \exp[0.0673 \times (100 - CN_2)] \quad (6\text{-}8)$$

2. 壤中流计算

渗入土壤的水量是当日降水量（扣除初损后）与地表径流量的差值，扣除渗漏出土壤底层的水量之后即为当日滞留在土壤层内的水分，这部分水分在不同的土壤层之间进行分配。

SWAT 土壤水分计算中，考虑了某些黏粒体积含量大于 30% 的土壤在干旱和湿润状态间变化时表层土壤出现裂纹而影响地表产流量的情况，并对地表径流进行了修正；计算完地表径流后，估算土壤层裂隙导致水量提前渗透而引起的地表径流减少量，即裂隙蓄水量，并对地表径流进行了修正，计算公式为

$$\begin{cases} Q_{surf} = Q_{surf,i} - crk & Q_{surf,i} > crk \\ Q_{surf} = 0 & Q_{surf,i} \leqslant crk \end{cases} \quad (6\text{-}9)$$

式中，crk 为土壤裂隙蓄水量，mm；$Q_{surf,i}$ 为改进 SCS 计算出的地表径流量，mm；Q_{surf} 为经过裂隙蓄水修正后的地表径流量，mm，下同。

渗入土壤的水量是当日降水量与地表径流量的差值，即

$$w_{inf} = R_{day} - Q_{surf} \quad (6\text{-}10)$$

式中，w_{inf} 为入渗量，mm；R_{day} 为扣除初损的降水量，mm。

SWAT 中假定，只有上层土壤达到田间持水量且下层土壤未饱和的情况下，多余的水分才能渗透到下层土壤，上下两层之间水分传输量用蓄量演算方法：

$$w_{perc,ly} = SW_{ly,excess} \times \left[1 - \exp\left(\frac{-\Delta t}{TT_{perc}} \right) \right] \quad (6\text{-}11)$$

式中，$w_{perc,ly}$ 为渗透到下层的水量，mm；$SW_{ly,excess}$ 为该层可供渗透的水量（可能产流量），假定为饱和含水量与田间持水量的差值，mm，下同；Δt 为计算时长，

h；TT_{perc} 为水分运动时间，是每层饱和含水量和田间持水量的差值与饱和导水率的比值，h。

渗漏出土壤层的水分进入渗流区，进而补充地下含水层。当下层土壤的渗透性小于上层土壤的时候，保留在土壤层中的水分会因为上下层之间水力传导度和渗透性的差异而使得上层土壤逐渐趋于饱和，进而产生壤中流。SWAT 中采用动态蓄量模型（kinematic storage model）对壤中流进行计算，并假定只有在水分达到田间持水量之后才产流，最大产流量为大于田间持水量的部分。土壤层中能够产生的壤中流计算公式为

$$Q_{lat} = 0.024 \times \left(\frac{2 \times SW_{ly,excess} \times K_{sat} \times slp}{\varphi_d \times L_{hill}} \right) \tag{6-12}$$

式中，Q_{lat} 为坡面壤中流产流量，mm；K_{sat} 为土壤层的饱和水力传导率，mm/h；φ_d 为土壤空隙率，mm/mm；L_{hill} 为坡长，m。

3. 地下径流计算

SWAT 模型中的地下径流包括浅层地下径流和深层地下径流，浅层地下径流为地下浅层饱水带中的水，以基流的形式汇入河川径流；深层地下径流为地下承压饱水带中的水，可以以抽水灌溉的方式利用。

浅层地下径流的水量平衡方程为

$$aq_{sh,i} = aq_{sh,i-1} + w_{rchrg,sh} - Q_{gw} - w_{revap} - w_{pump,sh} \tag{6-13}$$

式中，$aq_{sh,i}$、$aq_{sh,i-1}$ 分别为当天、前一天浅层地下含水量，mm；$w_{rchrg,sh}$ 为浅层地下水补给量，mm；Q_{gw} 为浅层地下水产流量，即基流，是排入河道的浅层地下水，mm；w_{revap} 为浅层地下水向上扩散到土壤层中的水量，mm；$w_{pump,sh}$ 为抽取到地面的浅层地下水水量，mm。

SWAT 中采用降水-地下水响应模型中的指数衰减权重函数（Sangrey et al., 1984；Venetis, 1969）来计算土壤水补给地下水的时滞，公式为

$$w_{rchrg,i} = \left[1 - \exp(-1/\delta_{gw}) \right] \times W_{seep} + \exp(-1/\delta_{gw}) \times w_{rchrg,i-1} \tag{6-14}$$

式中，$w_{rchrg,i}$、$w_{rchrg,i-1}$ 分别为当天、前一天地下水补给量，包括浅层和深层地下水补给量，mm；δ_{gw} 为渗流区水分传导常数，d；W_{seep} 为渗漏出土壤底层补给地下水的土壤含水量，mm。

SWAT 中，浅层地下水与土壤水和深层地下水之间都存在相互交换的关系，土壤水可以补给地下水，而地下水也会因为毛管力的作用向上扩散或被根系较深的植被通过散发消耗。同时浅层地下水可以向下渗透补充深层地下水，补给量与

地下水的总补给量呈正比线性关系。补给地下水的土壤水量 W_{seep} 为最底层土壤下渗的水量与提前渗透出土壤剖面的水量之和，扣除补给深层地下水量即为补给浅层地下水量。浅层地下水因为毛管力向上扩散或根系作用而散发的水量在 SWAT 中定义为蒸散发量（revap），并且假定只有当浅层地下水量大于预先设定的一个 revap 阈值之后才进行计算，其值大小与潜在蒸散发量之间呈正比线性关系。地下径流中只有浅层地下水对流域的河川径流有补给，且假定浅层饱水带中的水位大于给定的临界值才产流，用下式计算：

$$Q_{gw,i} = \begin{cases} Q_{gw,i-1} \times \exp(-a_{gw} \times \Delta t) + w_{rchrg,sh} \times [1-\exp(-a_{gw} \times \Delta t)], & aq_{sh} > aq_{shthr,q} \\ 0, & aq_{sh} \leq aq_{shthr,q} \end{cases} \quad (6\text{-}15)$$

式中，$Q_{gw,i}$、$Q_{gw,i-1}$ 分别为当天、前一天进入河道的浅层地下水量，mm；a_{gw} 为地下水退水系数；Δt 为计算时长，d；$w_{rchrg,sh}$ 为浅层地下水补给量，mm；aq_{sh} 为浅层地下水含水量，mm；$aq_{shthr,q}$ 为浅层地下水产流的临界含水量，mm。在 SWAT 模型中，日尺度模拟每天都会对地下水水位进行计算。

6.2.2　蒸散发计算

蒸散发指流域全部水分的蒸发，包括水体蒸发、叶面蒸腾、陆面蒸发等，是流域中水分消耗的主要途径之一，是保持地表水热平衡的重要参量。SWAT 中包括冠层截留、潜在蒸散发（potential evapotranspiration，PET）和实际蒸散发计算。

1. 冠层截留

植被冠层对下渗、地表径流和蒸散发影响显著。冠层截留可以降低雨水的侵蚀能力，并将一部分雨水滞留在冠层中。冠层对这些过程的影响取决于植被覆盖密度和植被物种形态。

计算地表径流时，SCS 将冠层截留集成到初损中。初损同时也包括地表蓄水和产流前的下渗，大约占当天滞蓄量的 20%。当采用 Green-Ampt 下渗方程进行地表径流和下渗计算时，冠层的降雨截留必须单独计算。

SWAT 可以根据叶面积指数来估算每天的最大冠层存储量：

$$can_{day} = can_{mx} \times \frac{LAI}{LAI_{mx}} \quad (6\text{-}16)$$

式中，can_{day} 为模拟日最大冠层存储量，mm，下同；can_{mx} 为冠层充分发育时的最大冠层存储量，mm；LAI 为模拟日叶面积指数；LAI_{mx} 为植被最大叶面积指数。

任意一天的降雨过程中，在水分到达地面之前，首先要满足冠层存储的自由水量：

当 $R'_{\text{day}} \leqslant \text{can}_{\text{day}} - R_{\text{INT}(i)}$ 时，

$$R_{\text{INT}(f)} = R_{\text{INT}(i)} + R'_{\text{day}}, R_{\text{day}} = 0 \tag{6-17}$$

当 $R'_{\text{day}} > \text{can}_{\text{day}} - R_{\text{INT}(i)}$ 时，

$$R_{\text{INT}(f)} = \text{can}_{\text{day}}, R_{\text{day}} = R'_{\text{day}} - (\text{can}_{\text{day}} - R_{\text{INT}(i)}) \tag{6-18}$$

式中，$R_{\text{INT}(i)}$ 为模拟日冠层存储的初始自由水量，mm；$R_{\text{INT}(f)}$ 为模拟日冠层存储的最终自由水量，mm；R'_{day} 为扣除冠层截留之前的降水量，mm；R_{day} 为模拟日到达地面的降水量，mm。

2. 潜在蒸散发

潜在蒸散发最初是由 Thornthwaite（1948）作为气候分类框架中的一部分而提出的概念，他定义 PET 为土壤水分供给充分、并且在无对流或热存储效应的条件下，均匀覆盖生长植被的区域蒸散发速率。因为蒸散发速率受不同植被表面特征影响显著，Penman（1956）简化 PET 的概念为充分供水条件下，完全遮蔽地表、具有均匀高度的矮绿作物的散发量。Penman 采用草作为参照作物，但后来一些学者（Jensen et al.，1990）认为高度为 30～50cm 的紫花苜蓿可能更为合适。

目前有很多估算潜在蒸散发量的方法，SWAT 模型引入了其中三种：彭曼-蒙特斯（Penman-Monteith）法、Priestley-Taylor 法和 Hargreaves 法。三种方法需要的输入数据不同：Penman-Monteith 法需要降水、太阳辐射、气温、相对湿度和风速等；Priestley-Taylor 法需要太阳辐射、气温、相对湿度；Hargreaves 法只需要气温。SWAT 模型也可以读入实测值或用户采用其他方法计算的潜在蒸散发量。

1）Penman-Monteith 法

Penman-Monteith 方程考虑了能量平衡、水汽扩散理论、空气动力学和表面阻抗项，方程为

$$\lambda E = \frac{\Delta \times (H_{\text{net}} - G) + \rho_{\text{air}} \times c_{\text{p}} \times [e_z^0 - e_z]/r_{\text{a}}}{\Delta + \gamma \times (1 + r_{\text{c}}/r_{\text{a}})} \tag{6-19}$$

式中，λE 为潜热通量，$\text{MJ}/(\text{m}^2 \cdot \text{d})$；$E$ 为蒸发率，mm/d；Δ 为饱和水汽压-温度曲线斜率，kPa/℃；H_{net} 为净辐射，$\text{MJ}/(\text{m}^2 \cdot \text{d})$；$G$ 为土壤热通量，$\text{MJ}/(\text{m}^2 \cdot \text{d})$；$\rho_{\text{air}}$ 为空气密度，kg/m^3；c_{p} 为固定压强下的比热，$\text{MJ}/(\text{kg} \cdot ℃)$；$e_z^0$ 为高度 z 处的饱和水汽压，kPa；e_z 为高度 z 处的水汽压，kPa；γ 为干湿计常数，kPa/℃；r_{c} 为植被冠层阻抗，s/m；r_{a} 为空气层弥散阻抗（空气动力学阻抗），s/m。

对于中性大气稳定度下，假设风廓线形式为对数且供水良好的植被，Penman-Monteith 方程可以写为

$$\lambda E_t = \frac{\Delta \times (H_{net} - G) + \gamma \times K_1 \times (0.622 \times \lambda \times \rho_{air}/P) \times (e_z^0 - e_z)/r_a}{\Delta + \gamma \times (1 + r_c/r_a)} \qquad (6\text{-}20)$$

式中，λ 为蒸发潜热，MJ/kg；E_t 为最大蒸腾率，mm/d；K_1 为确保两个参数具有相同单位的维度系数（当风速单位为 m/s 时，$K_1 = 8.64 \times 10^4$）；P 为大气压，kPa。

当以小时为时间步长叠加成日值时，Penman-Monteith 方程的计算结果最为精确。日平均参数值可以提供可靠的日蒸散发估算值，SWAT 中也采用这一方法。但用户使用日平均值代入 Penman-Monteith 方程估算日蒸散发可能导致严重错误，风速、湿度和净辐射的日分布不均使得日平均参数值不符合实际情况。

2）Priestley-Taylor 法

Priestley 和 Taylor 提出组合方程的一个简化版本，适用于通常较湿润的地表区域。去掉除空气动力学部分，能量部分乘以系数 α_{pet}，当周边环境湿润时，$\alpha_{pet} = 1.28$，则

$$\lambda E_0 = \alpha_{pet} \times \frac{\Delta}{\Delta + \gamma} \times (H_{net} - G) \qquad (6\text{-}21)$$

式中，λ 为蒸发潜热，MJ/kg；E_0 为潜在蒸散发量，mm/d；α_{pet} 为系数；Δ 为饱和水汽压-温度曲线斜率，kPa/℃；H_{net} 为净辐射，MJ/(m²·d)；G 为土壤热通量，MJ/(m²·d)；γ 为干湿计常数，kPa/℃。

Priestley-Taylor 方程提供了弱对流条件下估算潜在蒸散发量的方法，在半干旱或干旱地区，能量平衡的对流过程显著，该方法会低估潜在蒸散发量。

3）Hargreaves 法

Hargreaves 法最初是根据加利福尼亚州 Davis 地区 8 年凉爽季节的阿尔塔羊茅草（Alta fescue grass）蒸渗仪数据推导得出的（Hargreaves，1975），并对原方程进行了一些改进，SWAT 模型中应用的是 Hargreaves 和 Samani（1985）提出的方程：

$$\lambda E_0 = 0.0023 H_0 \times (T_{mx} - T_{mn})^{0.5} \times (\overline{T}_{av} + 17.8) \qquad (6\text{-}22)$$

式中，λ 为蒸发潜热，MJ/kg；E_0 为潜在蒸散发量，mm/d；H_0 为地外辐射，MJ/(m²·d)；T_{mx} 为日最高气温，℃；T_{mn} 为日最低气温，℃；$\overline{T}_{av}$ 为日平均气温，℃。

3. 实际蒸散发

SWAT 模型在潜在蒸散发的基础上计算实际蒸散发：首先从植被冠层截留的

蒸发开始计算,然后计算最大蒸腾量、最大升华量和最大土壤水分蒸发量,最后计算实际的升华量和土壤水分蒸发量。

1)冠层截留蒸发量

模型在计算实际蒸发时,假定尽可能蒸发冠层截留的水分,如果潜在蒸发量 E_0 小于冠层截留的自由水量 R_{INT},则

$$E_a = E_{can} = E_0 \tag{6-23}$$

$$E_{INT(f)} = E_{INT(i)} - E_{can} \tag{6-24}$$

式中,E_a 为某日流域的实际蒸发量,mm;E_{can} 为某日冠层自由水蒸发量,mm;E_0 为某日的潜在蒸发量,mm;$E_{INT(i)}$ 为某日植被冠层自由水初始含量,mm;$E_{INT(f)}$ 为某日植被冠层自由水终止含量,mm。如果潜在蒸发量 E_0 大于冠层截留的自由水含量 E_{INT},则

$$E_{can} = E_{INT(i)}, E_{INT(f)} = 0 \tag{6-25}$$

当植被冠层截留的自由水被全部蒸发掉,继续蒸发所需要的水分($E_0' = E_0 - E_{can}$)就要从植被和土壤中得到。

2)植物蒸腾

假设植被生长在一个理想的条件下,植物蒸腾量可用下式计算:

$$E_t = \begin{cases} \dfrac{E_0' \times \text{LAI}}{3.0}, & 0 \leqslant \text{LAI} \leqslant 3.0 \\ E_0', & \text{LAI} > 3.0 \end{cases} \tag{6-26}$$

式中,E_t 为某日最大蒸腾量,mm;E_0' 为植被冠层自由水蒸发调整后的潜在蒸发量,mm;LAI 为叶面积指数。由此计算出的蒸腾量可能比实际蒸腾量要大一些。

3)土壤水分蒸发

模型中土壤水蒸发量是土壤深度和含水率的指数函数。在计算土壤水分蒸发时,首先区分出不同深度土壤层所需要的蒸发量,土壤深度层次的划分决定了土壤允许的最大蒸发量,可由下式计算:

$$E_{soil,z} = E_s'' \times \frac{z}{z + \exp(2.347 - 0.00713z)} \tag{6-27}$$

式中,$E_{soil,z}$ 为 z 深度处蒸发需要的水量,mm;z 为地表以下土壤深度,mm。表达式中的系数是为了满足 50%的蒸发所需水分来自土壤表层 10mm,以及 95%的蒸发所需的水分来自 0~100mm 土壤深度范围内。

土壤水分蒸发所需要的水量是由土壤上层蒸发需水量与土壤下层蒸发需水量决定的:

$$E_{\text{soil,ly}} = E_{\text{soil,zl}} - E_{\text{soil,zu}} \tag{6-28}$$

式中，$E_{\text{soil,ly}}$ 为 ly 层的蒸发需水量，mm；$E_{\text{soil,zl}}$ 为土壤下层的蒸发需水量，mm；$E_{\text{soil,zu}}$ 为土壤上层的蒸发需水量，mm。

以上说明，土壤深度的划分假设 50%的蒸发需水量由 0～10mm 内土壤层的含水量提供，显然上层土壤无法满足需要，所以，SWAT 模型建立了一个系数来调整土壤层深度的划分，以满足蒸发需水量，调整后的公式表示为

$$E_{\text{soil,ly}} = E_{\text{soil,zl}} - E_{\text{soil,zu}} \times \text{esco} \tag{6-29}$$

式中，esco 为土壤蒸发调节系数，该系数是 SWAT 明显为调整土壤因毛细作用和土壤裂隙等因素对不同土层蒸发量影响而提出的，不同的 esco 值对应着不同的土壤层划分深度（图 6-2）。

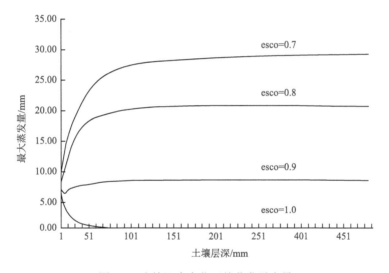

图 6-2　土壤深度变化下的蒸发需水量

随着 esco 值减小，模型能够从更深层的土壤获得水分供给蒸发。当土壤层含水量低于田间持水量时，蒸发需水量也相应减少，蒸发需水量可由下式求得：

$$E'_{\text{soil,ly}} = \begin{cases} E_{\text{soil,ly}} \times \exp\left[\dfrac{2.5(\text{SW}_{\text{ly}} - \text{FC}_{\text{ly}})}{\text{FC}_{\text{ly}} - \text{WP}_{\text{ly}}}\right], & \text{SW}_{\text{ly}} < \text{FC}_{\text{ly}} \\[3mm] E_{\text{soil,ly}}, & \text{SW}_{\text{ly}} \geqslant \text{FC}_{\text{ly}} \end{cases} \tag{6-30}$$

式中，$E'_{\text{soil,ly}}$ 为调整后的土壤 ly 层蒸发需水量，mm；SW_{ly} 为土壤 ly 层含水量，mm；FC_{ly} 为土壤 ly 层的田间持水量，mm；WP_{ly} 为土壤 ly 层的凋萎含水量，mm。

6.2.3　坡面汇流

SWAT 中考虑坡面汇流的时滞现象，由 SCS 计算得到的地表径流由下式控制汇入河道的水量：

$$Q_{\text{surf}} = (Q'_{\text{surf}} + Q_{\text{stor},i-1}) \times \left[1 - \exp\left(-\frac{\text{surlag}}{t_{\text{conc}}} \right) \right] \qquad (6\text{-}31)$$

式中，Q_{surf} 为进入河道的日流量，mm；Q'_{surf} 为坡面日产流量，mm；$Q_{\text{stor},i-1}$ 为前一天滞蓄在子流域中的坡面产流量，mm；surlag 为地表径流滞蓄系数；t_{conc} 为子流域的产流时间，h。在给定产流时间的情况下，地表径流滞蓄系数越大，表明滞蓄在子流域中的水量越少。此外，考虑坡面汇流的作用会使得进入河道的水量过程线是一个平滑的过程，这与实际情况也是相符的。

6.3　模型结构及特点

SWAT 模型采用模块化结构，便于扩展和修改。模型优缺点并存，近些年模型开发团队和使用者针对其缺点不断进行改进。

水量平衡在 SWAT 流域模拟中十分重要，流域的水文模拟可以分为两个主要部分：第一部分为水文循环的陆地阶段（图 6-3），控制进入河道的水、泥沙和营养物以及杀虫剂的量；第二部分为水文循环的河道演算阶段，可以定义为水和泥沙等在河道中运动至出口的过程，包含河道径流和水库水量平衡演算等。

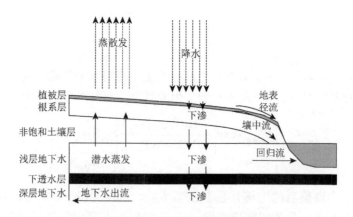

图 6-3　陆面部分水文循环结构示意图

6.3.1　陆面阶段水文循环过程

陆面阶段的水文循环过程包括 7 个模块：气候（climate）、水文过程（hydrology）、作物生长（land cover/plant growth）、侵蚀（erosion）、营养物质（nutrient）、杀虫剂（pesticides）和农业管理（agriculture management）。水量平衡是 SWAT 模型原理的根本，核心表达式为

$$SW_t = SW_0 + \sum_{i=1}^{t}(R_{day} - Q_{surf} - E_a - W_{seep} - Q_{gw}) \tag{6-32}$$

式中，SW_t、SW_0 分别为土壤最终含水量、初始含水量，　mm；t 为时间步长，d；R_{day}、Q_{surf}、E_a、Q_{gw} 分别为第 t 天的降水量、地表径流量、蒸发量、基流量，mm；W_{seep} 为第 i 天存于土壤剖面底层的渗透量，mm。

1. 气候模块

气候模块提供了能量输入方式，控制着水量平衡，决定了水文循环不同过程的相对重要性，包含天气发生器、降雪、土壤温度等部分。

天气发生器：SWAT 模型需要的气象数据有日降水、最高/最低气温、太阳辐射、风速和相对湿度。模型可以通过文件读入实测数据，也可以由天气发生器自动生成。实测数据若有缺失，可以利用天气发生器生成，但模型必须利用多年平均月降水和月气温资料生成日值或填补缺失数据。模型先独立计算日降水量，其他数据根据是否有降水量生成。SWAT 模型采用偏态马尔可夫链模型或指数马尔可夫链模型生成日降水量，一级马尔可夫链比较模型生成的 0～1 随机数和用户输入的月值资料，并根据前一日的情况来定义该日的阴晴：如果被确定为阴（0.1mm及以上雨量），则降水量根据偏斜分布产生；若定义为晴，则降水量根据修改的指数分布给出。利用基于弱稳定过程的连续方程，计算日最大、最小气温和日辐射量的变化量，然后根据阴晴条件由正态分布产生，当天气为阴时，下调最高气温和日辐射量，反之上调。采用正态分布生成气温和太阳辐射，采用修正指数方程生成日平均风速，日相对湿度模型采用三角分布，并且气温、辐射和相对湿度均根据干湿日进行调整。

降雪：SWAT 模型根据日平均气温将降水分为雨或冻雨/雪，并允许子流域按照高程带分别计算积雪覆盖和融化。

土壤温度：土壤温度年变化遵循正弦函数，并且波动幅度随深度增加而减小。土壤温度影响土壤水运动和土壤残余物腐蚀速度。利用改进的 Carslaw 和

Jaeger（1959）公式计算土壤温度的季节变化，其中土壤温度是前一日的土壤温度、年平均气温、土壤剖面深度和当日土壤表层温度的函数，地表温度是植被覆盖、积雪裸地温度以及前一日地表温度的函数，土层温度是地表温度、平均年气温和衰减深度的函数。与此相关的参数有土壤密度、土层厚度、土壤含水率等。

2. 水文过程

雨雪等在降落过程中，可能被截留在植被冠层或者直接降落到土壤表面，当日最高气温超过 0℃时，融雪量是温度的线性函数，土壤表面的水分将下渗到土壤剖面或者产生坡面径流。坡面径流的运动相对较快，进入河道产生短期径流。下渗的水分可以滞留在土壤中，然后被蒸发，或者通过地下路径缓慢地运动到地表水系。其中涉及的物理过程包括冠层截留、下渗、再分配、蒸散发、侧向地下径流、地表径流、坑塘和回归流等。

3. 土地利用/植被生长模块

SWAT 模型采用简化的侵蚀-土壤地生产力影响评估（EPIC）模型来模拟植物生长和营养物质循环，并用来估计作物耗水量。以温度作为控制条件，按照能量理论划分植被生长周期，作物生长基于日累积热量，每种植被都有生长温度上下限，从当天的平均气温超过该植被的最小生长温度开始计算，超过 1℃计作一个热量单位。模型能够区分一年生和多年生植物，对于一年生植物从播种到种子成熟计算累积的热量，直到累积的热量单元等于植物的潜在热量单元；多年生植物全年维持其根系系统，当超过最小气温时开始计算累积热量，当冬季低于最小气温时则"休眠"，当日平均温度超过基温时，重新开始生长。生物量基于 Monteith 方法计算，作物产量利用收获指数估计，其中氮磷的摄取利用供需方法计算，植被氮磷的需求量根据实际浓度和理想浓度的差值计算，植被的能量截留是日辐射和叶面积指数的函数，日生物量增长根据截留的能量和转化计算。植物生长模块用来评价水分和营养物从根系区的迁移、蒸发及作物产量，作物生长数据库涉及的参数有植被名称、辐射利用率、收获指数、最大叶面积指数、冠层高、根系深度、适宜生长温度、各生长季碳氮摄取量、气孔导度等。

4. 泥沙模块

对每个 HRU 的侵蚀量和泥沙量采用修正的通用土壤流失方程（modified universal soil loss equation，MUSLE）进行计算。通用土壤流失方程（universal soil loss equation，USLE）是 Wischmeier 和 Smith（1978，1965）共同研发的计算降水-径流-年侵蚀量的计算公式。USLE 使用降水量作为侵蚀能量的指标，而MUSLE 采用径流量来模拟侵蚀和泥沙产量。这种替代的好处在于：提高模型的预测精度，减少对输移比的要求，并能够估算单次暴雨的泥沙产量。水文模型支持利用径流量和峰值径流率，结合子流域面积计算径流侵蚀力。降雨径流产生的侵蚀量计算相关参数有径流量、洪峰速率、地表生物量、作物残余量、土壤侵蚀因子、植被覆盖、地形参数及土壤管理因子等，公式为

$$\text{sed} = 11.8 \times (Q_{\text{surf}} \times q_{\text{peak}} \times \text{area}_{\text{hru}})^{0.56} \times K_{\text{USLE}} \times C_{\text{USLE}} \times P_{\text{USLE}} \times \text{LS}_{\text{USLE}} \times \text{CFRG}$$

$$（6\text{-}33）$$

式中，sed 为土壤侵蚀量，t；Q_{surf} 为地表径流，mm；q_{peak} 洪峰径流，m³/s；area_{hru} 为 HRU 面积，0.01km²；K_{USLE} 为土壤侵蚀因子；C_{USLE} 为植被覆盖和作物管理因子；P_{USLE} 为保持措施因子；LS_{USLE} 为地形因子；CFRG 为粗碎屑因子。各因子的计算方法详见 MUSLE 有关文献，此处不再详述。

5. 营养物质循环模块

该模块主要考虑了流域水文过程中水文响应单元内几种形式的氮和磷的迁移和转化，包括土壤植被的吸收、作物施肥、淋溶、进入河道/湖泊坑塘、分解和矿化。径流、渗流和壤中流中 NO_3-N 的含量是水量和平均浓度的函数，植被所利用的氮、磷在植被生长模块中用需求量估计，在土壤中从一种形态到另一种形态的转化由氮循环、磷循环来控制。营养物可以通过地表径流和壤中流进入河道，并在河道中向下游输移。

土壤中考虑了 5 种形态的氮和 6 种形态的磷，分作矿物质形态和有机质形态。硝酸盐和有机氮通过水体渗漏、侧流进入土壤、泥沙中，泥沙携带的氮、磷量由负载函数[由 McElroy 等（1976）开发，Williams 和 Hanm（1978）修改而来]计算；可溶性磷的总量由土壤 10mm 以上可溶性磷的浓度、地表径流量来预测。

SWAT 模型可以模拟径流中不同形态氮的迁移转化过程，如地表径流流失、入渗淋失和化肥输入等物理过程，有机氮矿化、反硝化等化学过程以及作物吸收等生物过程，如图 6-4 所示。氮可以分为有机氮、作物氮和硝酸盐氮三种化学状态；有机氮又被划分为活性有机氮和惰性有机氮两种状态，以及铵态氮挥发过程。

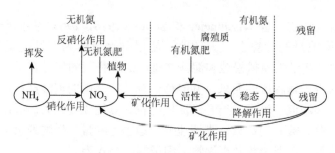

图 6-4　SWAT 模型氮循环模拟示意图

　　磷可以分为腐殖质中的有机磷、不可溶解的无机磷和植物可利用的土壤溶液中的磷三种化学状态。磷可以通过施肥、粪肥和残余物施用等方式被添加到土壤中，通过植物吸收和侵蚀从土壤中移除。与高活性的氮不同，磷的溶解性在大多数环境中是有限的。磷可以与其他离子结合形成一些不可溶的化合物，并从溶液中沉淀。这些特性使得磷在土壤表层累积，从而易于随地表径流运移。磷循环模拟如图 6-5 所示。

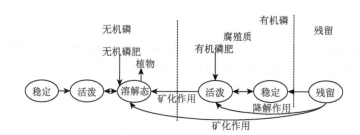

图 6-5　SWAT 模型磷循环模拟示意图

　　SWAT 模型中河道水质模型部分采用河流综合水质模型 QUAL2E（Brown and Barnwell，1987）计算。在有氧水体中，有机氮可以一步一步转化为氨氮、亚硝酸盐和硝酸盐，通过沉淀去除。磷循环和氮循环相似，藻类死亡后转化为有机磷，有机磷被矿化为可被藻类吸收的溶解态磷，也可以通过沉淀去除。

　　6. 杀虫剂模块

　　该模块模拟任何时间的土壤耕作或在土壤的任何深度上，杀虫剂在径流和土壤中的蒸发、入渗和沉积过程，主要是地表径流携带杀虫剂进入河道（以溶液或吸附在泥沙上的形式），通过渗透进入土壤剖面和含水层（溶液中）的过程。每一种杀虫剂都有一套参数，陆面阶段水循环中的杀虫剂运移模块由 GLEAMS 模型改进而来，涉及的参数有可溶性、半衰期、土壤有机碳吸收系数。

7. 农业管理模块

农业管理包括作物轮作中的各种管理措施，该模块不限作物轮作年份，可以在每个 HRU 中，根据采用的管理措施来定义生长季节的起始日期、规定施肥的时间和数量、使用农药和进行灌溉以及耕作的日程。在生长季节结束时，生物量可以从 HRU 中作为产量去除或者作为残渣留在地表。除了这些基本的管理措施外，该模块还包括了放牧、自动施肥和灌溉、每种可能的用水管理选项（如从其他水文单元或流域外水源调水灌溉等）以及各种组合措施。改进的土地管理集成了来自城市汇流区的泥沙和营养物负荷。

6.3.2　河道径流演算过程

SWAT 模型一旦确定了主河道的水量、泥沙量、营养物质和杀虫剂的负荷，即利用命令结构来演算通过流域河网的负荷。同时，为了跟踪河道中的物质流动，SWAT 模型对河流和河床中的化学物质转化进行了模拟。

SWAT 模型水文循环的演算阶段分为主河道和水库/坑塘两个部分。主河道的演算主要包括河道洪水演算、河道运移演算、河道营养物质演算和河道杀虫剂演算等；水库/坑塘演算主要包括水库水量平衡和出流演算、泥沙演算、水库营养物质和杀虫剂演算等。

1. 主河道的演算

该部分包括河道洪水演算、河道运移演算、河道营养物质演算和河道杀虫剂演算等。

河道洪水演算：随着水流向下游流动，一部分通过蒸发及在河道中的传播而损失，另一部分通过农业或人类用水而消耗，水量通过降水或点源入河排放得到补给。河道洪水径流演算使用 Willams 于 1969 年开发的可变库容参数模型（variable storage model）或马斯京根法（Muskingum method），河道输入参数有河道长度、坡度、边坡、曼宁系数等。流速和汇流时间用曼宁公式计算，考虑渠道蒸发、传输损失、灌溉用水、生活用水、分流和回流等。渗流利用储蓄演算方法，传输损失依据 Lane's 公式计算。SWAT 定义了主河道（main channel）和支流河道（tributary channel）两种河道汇流类型，以及可变库容参数方法和马斯京根法两种河道演算方法。变动存储系数法核心公式为

$$q_{\text{out},2} = \text{SC} \times q_{\text{in,ave}} + (1-\text{SC}) \times q_{\text{out},1} \tag{6-34}$$

式中，SC 为存储系数；$q_{\text{in,ave}}$ 为时段内平均入流速率，m^3/s；$q_{\text{out},1}$、$q_{\text{out},2}$ 分别为

开始、结束时的出流速率，m³/s。

河道运移演算：包括沉积和侵蚀两部分，沉积作用基于泥沙颗粒在河流中的沉降速率，沉降速率与泥沙粒径大小有关；降解部分基于 Bagnold 的河流功率概念和河流能量公式，此公式与水密度、流速和水力坡度有关。

河道营养物质演算：目前模拟较少，河流中营养物质的转化由河道内水质模块控制。采用改进的河流综合水质模型 QUAL2E，考虑营养物质的溶解和泥沙吸附作用。模型模拟溶解态营养物和吸附态营养物，溶解态营养物与水一起运移，而吸附态营养物允许随泥沙沉积在河床。

河道杀虫剂演算：采用的模拟杀虫剂运动和转化的算法来自 GLEAMS 模型，与营养物相似，河道杀虫剂负荷被分为溶解态和吸附态两部分。

2. 水库/坑塘水量平衡演算

水库水量平衡参数包括入流、出流，水面降水、蒸发，库底渗漏，引水和回归流等；坑塘储水量是库容、日入流量、出流量、渗漏和蒸发量的函数。

出流演算：模型提供了三种方法估算水库出流，第一种为简单的直接读入实测出流，模型计算水量平衡的其他部分；第二种针对不受控制的小水库设计，当水库容量超过常规库容时，以特定的速率泄流，超过防洪库容的部分水量在一天内被泄完；第三种针对有管理措施的大型水库设计，采用月目标水量方法。

泥沙演算：水库的入流沉积量用 MUSLE 计算，主要根据水量和泥沙含量计算。出库泥沙量为出流量和泥沙浓度的乘积，出流浓度根据入流量和浓度的简单连续性方程来估算。水库含沙量采用简单的基于水量、浓度、出流、入流和水库储量的连续方程计算。

水库营养物质和杀虫剂演算：使用 Chapra（1997）给出的简单氮磷物质平衡模型，该模型假定湖泊或水库内物质完全混合，对于营养物质来说，磷是有限的营养物，可以用总磷来衡量营养状态。对于杀虫剂模拟，假设系统分为完全混合的上层水和完全混合的下层泥沙层。杀虫剂模拟分为可溶性和颗粒状过程，包括负荷、出流量、迁移转化、挥发、沉淀、扩散、悬浮和沉积过程。

6.3.3　命令控制流程与运算结构

SWAT 模型在进行产汇流及污染物演算之前，首先借助于 ArcView、ArcGIS、QGIS 等对空间属性进行处理并构建其他属性数据库。产汇流计算涉及地表径流、土壤水、地下水及河道汇流过程等环节，模型流程如图 6-6 所示。

SWAT 模型按照子流域/水文响应单元计算指令进行分布式产流计算，通过汇流演算命令，运行河网及水库模拟汇流过程；通过叠加命令，把实测的数据和源数据输入模型中与模拟值进行比较；通过输入命令，接受其他模型的输出值；通过转移命令，把某河段（或水库）的水量转移到其他河段（或水库）中，也可以直接用作农业灌溉。SWAT 模型的命令代码能够根据需要进行扩展，图 6-7 为产汇流部分的计算结构示意图。

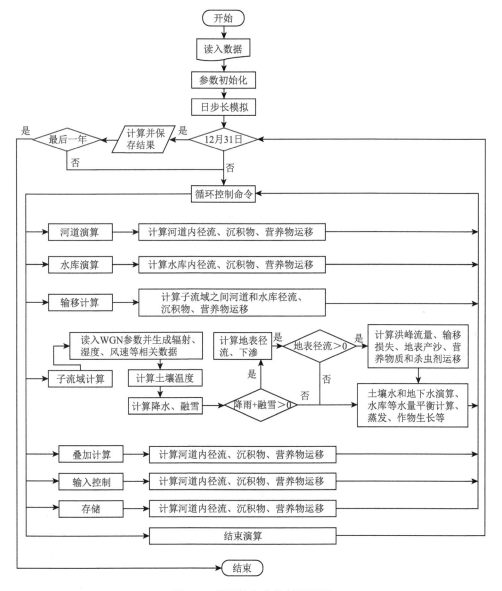

图 6-6　模型的命令控制流程图

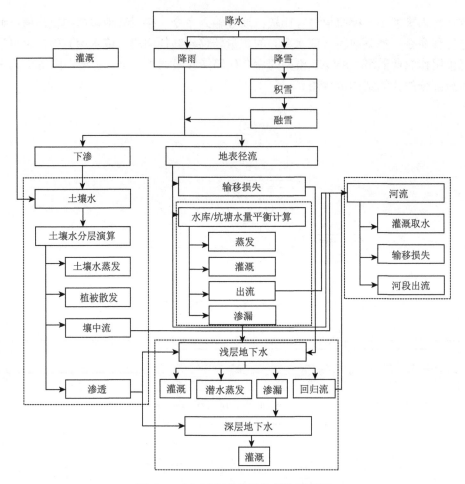

图 6-7　产汇流部分的计算结构示意图

6.3.4　模型优缺点及改进

1. 模型主要优点

（1）基于物理过程：模型输入流域内的天气、土壤属性、地形、植被和土地管理措施等特定信息，径流演算、泥沙输移、植物生长和营养物质循环等相关物理过程都可以直接模拟，这样即使在无观测资料的流域也可应用，不同输入数据（如管理措施、气候和植被等的变化）对水量水质或其他变量的影响可量化。

（2）输入数据易获取且体现区域差异性：随着数据共享程度和遥感技术应用水平的提高，模型运行必需的天气、DEM、土壤、土地利用等基础数据和专题图都可较容易获取；地形、土壤、土地利用等专题图空间数据的使用可体现区域的异质性，不同子流域甚至不同水文响应单元就可进行单独分析。

（3）能够长期连续模拟，运算效率高：模型可以根据输入数据，连续长期模拟并给出模拟结果，可分析长期气候变化、人类活动、污染物累积影响等问题，且对于复杂大流域多种管理决策模拟时，不需要投入过多的时间，运行效率高。

（4）功能完善、界面多样、开源使用：SWAT 模型是一个综合性的水文模型，不仅涉及径流模拟，还涉及泥沙、营养物、污染物等的模拟预测；模型可与多种GIS 界面结合，便于空间分布信息的预处理和结果分析，也可直接使用输入文件运行模型或与其他模型耦合；模型代码可以在官网上直接下载，软件开发者和用户通过邮件或论坛等进行模型应用问题讨论，便于模型的改进和提高。

2. 模型局限性

SWAT 模型的局限性在于模型使用的数据和模型本身的不足，包括以下几个方面。

（1）模型参数问题：建立 SWAT 模型基础数据库时用到大量地理空间数据，SWAT 中已内置美国的气象、土壤、土地利用等数据库，一系列的经验公式（坡面和河道的曼宁系数、植物热单元估算）都是按美国自然地理环境设计的，模型使用者需针对研究区域自行构建土壤、气象、甚至土地利用数据库，其中各数据库的参数收集较困难，若想获得准确的流域数据库参数，要有很好的研究基础，还需要花大量时间做大量的试验，建模过程较为烦琐。

（2）大尺度水文模拟中降水的空间异质性问题：SWAT 模型选取距离子流域质心最近的雨量站点数据，作为整个子流域的面降水量，当子流域的面积较大而降水的空间差异也较大时，会出现较大误差。另外，天气发生器只能在一点产生天气序列数据，如果日降水数据缺失过多，模拟误差则较大，需要开发大尺度水文模拟所需的、能够描述空间异质性的天气发生器。

（3）人类活动影响问题：SWAT 模型能够较好地模拟天然山区流域，对人类活动影响比较大的流域或平原区流域，则模拟精度不高，特别是有大中型水库调蓄、工农业用水较多、资料不易获取的流域；模型对非点源污染物质的模拟多集中于氮、磷等营养物上，对石油、重金属等其他污染物的模拟缺乏。

（4）模拟尺度和部分模块处理问题：SWAT 模型模拟时间步长为日、月、年，也有半日降雨径流模拟，但还没有基于小时时段的场次洪水和泥沙过程模拟。模型对泥沙、污染物演算处理相对简单，如对河床描述过于简单化；水库演算基于完全混合的假设，对出流控制考虑简单；通过在地表 10mm 土层内均匀增加营养物质来模拟农业化肥施用，化肥施用与地表径流的相互作用考虑简单；在处理地下水方面形式单一，缺乏动态性，需要结合其他模型或进一步改进等。当使用

SWAT 模型进行日或者月时段模拟时，这些局限比较明显，而基于年时段模拟时，影响则相对较小。

目前，SWAT 工作组和相关研究人员针对模型的局限性和不足，在开发新的模型工具或改进算法等，以扩展模型的应用范围，提高模型适用性和模拟精度。

3. 模型针对性改进

SWAT 模型有一定的适用范围，在具体应用时要进行改进和提高，目前主要的改进形式是与其他模型的耦合，如 SWIM、SWATMOD、SWAT-G 和 E-SWAT 等。SWIM 模型开发的目的是为中尺度流域（$100\sim10000\text{km}^2$）的水文和水质模拟提供一个综合性的工具，基于 SWAT 模型和 MATSALU 模型，并且和 GRASS 集成，利用 MATSALU 模型提供的三种层次流域分解方法和 N 模块，在区域尺度上更易应用，增强了模拟能力。结合 SWAT 模型和 MODFLOW 模型的长处，SWAT 工作组和相关研究人员开发了 SWATMOD 模型，并应用于美国堪萨斯州的拉特尔斯内克溪（Rattlesnake Creek）流域。在德国中部低山地区，基于研究区域主要为陡坡和浅层土壤含水层覆盖在坚硬的岩石上、地下水对径流的贡献相对较小、产流形式以壤中流为主的特点，修正了 SWAT 模型中渗透和壤中流的计算公式，开发了 SWAT-G 模型。在比利时的 Dender 流域，通过把 QUAL2E 模型集成到 SWAT 模型中，增强了 SWAT 模型的水质模拟功能，开发出了 E-SWAT 模型。

在使用 SWAT 模型的过程中，还应着重解决以下问题：①模型大量参数的率定，特别是地表径流参数的敏感性以及地表径流基流部分的确定，扩大植被参数库以支持更多的植被模拟，深入检验植物生长模块，包括修改植被参数。②改进降水数据的空间处理方式，扩充气象数据输入格式，使其可支持雷达降水、数值预报数据等空间气象数据格式。③模块改进，改进河道降解和泥沙沉积模块；改进洪泛区沉积算法，并加入河岸侵蚀程序；改进模型碳、氮、磷循环程序模块，提供更加符合实际的碳、氮、磷循环的计算程序；发展集中动物饲养措施并模拟该措施对营养物降解、径流和土壤分布及泥沙负荷的影响等。④模型尺度转化问题，对于水文循环、泥沙运移、污染物迁移转化等物理现象，不同研究尺度下数学表达式可能不同，若已知某一空间尺度上水文变量及其变化特征，如何将参数推算到另一尺度上，用同一套参数是否合适等问题还有待研究，这也是当前水文学研究面临的极具挑战性的课题之一。

6.4　参数分析与率定

SWAT2003 版开始提供了自动参数敏感性分析、自动率定和模型不确定分析模块，但在 SWAT2009 版以后和 SWAT 模拟界面分离，而以 SWAT-CUP 的程序单独使用。作为 SWAT 模型的校准程序，SWAT-CUP 可用于模型校准、验证、敏感性分析（一次改变一个变量，全局）和不确定度分析。该程序应用序列不确定性拟合、广义似然不确定性估计、参数解、马尔可夫链蒙特卡洛和粒子群优化五种方法，任何一种方法都可以用来对 SWAT 模型进行校准和不确定度分析。SWAT-CUP 还具有图形模块用于观察模拟结果、不确定度范围、敏感性图、使用 Bing 地图的流域可视化以及统计报告。历经 10 年发展，目前SWAT-CUP 已更新到 5.2.1.1 版，之前的版本已不再维护和更新，但此版本需要购买激活许可证才能获得软件的全部功能。有关该模块的介绍可参看官网相关文献，本章不赘述。

6.4.1　敏感性分析

随着对分布式模型模拟预测精度越来越高的要求，分布式模型发展趋势表现为两个方面：一是模型本身时空尺度的适应范围逐渐扩展；二是模型本身的模拟预测要素范围逐渐拓展。事实上，模型的准确性和可靠性是有限的，模型模拟预测精度的提高，一方面依赖于模型本身的原理、算法和程序，另一方面需要水文站、监测站、实验室等大量的实测或试验数据以校正模型。物理参数是分布式水文模型的重要组成部分，参数代表了不同流域水循环过程的特点，每一个参数的合理取值直接影响模拟结果。由于分布式模型结构和参数的复杂性，分布式水文模型中众多物理参数不可能全部实测得到，确定每个参数的准确值相当困难，只能使重要的参数尽可能准确。因此，只能选择模型中对模拟结果产生重要影响，即敏感性较大的几个参数进行率定，以保证最终模拟的精度。敏感性表示为一个无量纲的指数，反映了模型输出结果随模型参数的微小改变而变化的影响程度或敏感性程度，参数敏感性分析是了解影响流域模拟精度关键因子的重要方法，可以帮助模型使用者确定对模型输出影响显著的参数。

较为常见的参数敏感性分析方法是摩尔斯分类筛选法（Morris，1991），该法属于一次一个变量（one-factor-at-a-time，OAT）法，具体做法是选定众多参数中的一个变量，在该变量阈值范围内随机改变变量值，运行模型得到该变量不同值对应的目标函数值，运用基本影响值来判断参数变化对输出值的影响程度（郝芳华等，2006）。虽然这种方法具有易于编程实现、运行/计算效率高和单个参数敏感性特征明显的特点（Lenhart et al.，2002），但是没有考虑参数与参数之间的相关性，因此，各国研究者又采用了许多其他方法，典型的有傅里叶分析法、蒙特卡洛法（Monte Carlo methods）以及拉丁超立方体抽样（Latin hypercube sampling，LHS）法等。其中 LHS 法是一种整体的参数敏感性分析方法，其具体做法是将每个变量的取值范围按假定的概率密度函数，以等概率分为若干个不重叠的区间间隔，对每个输入变量在每个间隔内的取值按各自的概率密度分布随机抽样，然后将抽样的结果在多个变量间进行随机配对组合，选出一个适当的组合，最后通过多元线性回归方程求出各变量的敏感度。这种方法基于整个参数空间来确定参数的敏感度，既保证了较高的计算效率，又考虑了参数间的相关性。各种参数敏感性分析法的不同之处在于参数取样方法的不同，可分为局部分析法、全局分析法和两者相结合的随机方法（intergration random methods）。摩尔斯分类筛选法属于局部分析法；蒙特卡洛法、LHS 法和 LH-OAT（Latin hypercube one-factor-at-a-time）方法属于全局分析法；OAT 法属于随机方法。

SWAT2003 版及 SWAT2009 版之前的模型以 LHS 法和 OAT 法相结合的 LH-OAT 法进行参数敏感性分析。在使用 LH-OAT 法时，首先用 LHS 法选出一个适当的变量随机抽样组合，然后利用 OAT 法直接确定参数敏感度（Morris，1991），这样就兼具了两种分析方法的优点，即参数敏感度是基于整个参数空间得到的，且在多元回归中不作线性假设，同时考虑了参数的校正。

SWAT 给出了两个不同的敏感性判别方法供模型使用者比较，一是采用传统的摩尔斯平均系数，即

$$SN = \sum_{i=0}^{n-1} \frac{(Y_{i+1}-Y_i)/Y_0}{(P_{i+1}-P_i)/100} / n \tag{6-35}$$

式中，SN 为敏感性判别因子；Y_i 为模型第 i 次运行输出值；Y_{i+1} 为模型第 $i+1$ 次运行输出值；Y_0 为参数调整后计算结果初始值；P_i 为第 i 次模型运算参数值相对于校准后参数值的变化百分率；P_{i+1} 为第 $i+1$ 次模型运算参数值相对于校准后参数值的变化百分率；n 为模型运行次数。

二是给出了一个目标函数，误差平方和 SSQ：

$$SSQ = \sum_{i=1}^{n} \left(x_{i,\text{measured}} - x_{i,\text{simulated}} \right)^2 \tag{6-36}$$

式中，$x_{i,\text{measured}}$ 为第 i 时段实测值；$x_{i,\text{simulated}}$ 为第 i 时段模拟值。该目标函数要求在敏感性分析过程中提供流域出口断面实测时段流量/输沙量数据，通过计算实测数据和模拟结果之间误差，来确定哪些参数是最敏感的。

在参数敏感性分析过程中，SWAT 的参数敏感性分析模块给出了 33 个与径流、水质模拟以及土壤侵蚀模拟相关的模型参数供敏感性分析程序使用。

6.4.2　参数自动率定

当模型的结构和输入参数初步确定后，需要对模型进行参数率定和模型验证。参数率定是调整模型参数、初始和边界条件以及限制条件的过程，使模型模拟值

接近于实测值。参数率定是模型验证的重要步骤，能够揭示模型在设计和执行过程中的缺陷，在不能或者难以获得必要参数值时，参数率定是必要的。标准的参数率定过程是通过统计实测值和模拟值的拟合度调整参数。常用的参数率定方法是人工试错法，这种方法在实际应用中简单易行，应用广泛；但对于具有大量参数的分布式流域水文模型来说，此法耗时、耗力、效率低，对研究者的经验水平要求较高。针对这种情况，基于计算机和数学优化算法的自动优化技术得到了长足发展，其最明显的特点就是大大节省了时间和人力，提高了效率，能够获得相对更为准确的参数值。

目前在水文模型中用到的参数优化方法有遗传算法（genetic algorithm）、罗森布罗克法（Rosenbrock）、单纯形法（simplex method）、混合复杂进化算法（shuffle complex evolution algorithm，SCE-UA）、粒子群优化（particle swarm optimization，PSO）算法以及经验优选法等。其中，遗传算法不需要计算目标函数的一阶、二阶导数，不依赖参数初始值，能够在较短的时间内达到全局最优点，但精度不高；罗森布罗克法对参数初始值要求高，很大程度上依赖于搜索起始点的确定，对人员的经验要求比较高，收敛速度没有遗传算法快，容易陷入局部最优的陷阱；单纯形法收敛速度较慢，但精度较高；PSO 算法将系统初始化为一组随机粒子（particle），通过迭代搜寻最优值，每次迭代过程中，粒子在解空间追随最优的粒子进行搜索。算法中，所有的粒子都有一个由被优化的函数（目标函数）决定的适应值（fitness value），每个粒子还有一个矢量速度决定它们飞翔的方向和距离，在每一次迭代中，粒子通过跟踪两个“极值”来更新自己：一个极值是粒子本身找到的最优解，这个解称为个体极值（pbest）；另一个极值是整个种群目前找到的最优解，这个极值是全局极值（pbest-gbest）。SCE-UA 是在 Nelder 和 Mead（1965）的复合形直接算法的基础上，由自然界中的生物进化原理或基因算法的基本原理等概念综合而成的，是一种全局优化算法，结合了遗传算法、单纯形法、聚类分析及生物竞争演化等多种算法的优点，引入种群杂交的概念，能够有效解决非线性约束最优化问题，且输入参数较少（Hapuarachchi et al.，2001），可以有效克服水文模型参数优选中常见的高维、多峰值、非线性、不连续和非凸性问题（Gan and Biftu，1996；Duan et al.，1993），并可避免局部最小点的干扰，能够同时优化模型中的多个参数（Duan et al.，1992）。SWAT 模型采用 SCE-UA 自动校准分析方法来率定敏感性参数的取值，其主要步骤为：

（1）初始化：假定是 n 维问题，选取参与进化的复合形个数 p（$p \geqslant 1$）和每个复合形所包含的顶点数目 m（$m \geqslant n+1$），计算样本点数目 $s=pm$。

（2）产生样本点：在可行域内随机产生 s 个样本点 $x_1, x_2, \cdots, x_s$，分别计算每一点 x_i 的函数值 $f_i = f(x_i)$，　$i=1,2,\cdots,s$。

（3）样本点排序：把 s 个样本点 (x_i, f_i) 按照函数值的升序排列，排序后仍记为 (x_i, f_i)，$i=1,2,\cdots,s$，其中，$f_1 \leqslant f_2 \leqslant \cdots \leqslant f_s$，记 $D=\{(x_i, f_i),\ i=1,2,\cdots,s\}$。

（4）划分为复合形群体：将 D 划分为 p 个复合形 $A_1, A_2, \cdots, A_p$，每个复合形含有 m 点，其中，

$$A^k = \{(x_j^k, f_j^k); x_j^k = x_{j+(k-1)m}, f_j^k = f_{j+(k-1)m}, j=1,2,\cdots,m\} \qquad k=1,2,\cdots,p$$

（5）复合形进化：按照竞争的复合形进化算法分别进化每个复合形。

（6）复合形掺混：把进化后的每个复合形的所有顶点组合成新的点集，再次按照函数值的升序排列，排序后仍记为 D。

（7）收敛性判断：如果满足收敛条件则停止，否则回到第（4）步。

参数率定目标函数采用误差平方和 SSQ，但 SCE-UA 算法运用该目标函数只能在一个优化过程中对单个目标进行参数优化，因此在对多目标进行参数优化时（如同时对流域出口断面流量和输沙量进行参数率定），SWAT 采用了全局目标准则（global objective criterion，GOC）来判断所获取的参数值是否为最优。GOC 函数为

$$\text{GOC} = \sum_{m=1}^{M} \frac{\text{OF}_m \times n_{m,\text{obs}}}{\text{OF}_{m,\text{min}}} \tag{6-37}$$

式中，OF_m 为目标函数 m 的值，$m=1,2,\cdots,M$；$\text{OF}_{m,\text{min}}$ 为目标函数 m 的最小值，$m=1,2,\cdots,M$；$n_{m,\text{obs}}$ 为目标 m 的实测值。

参数自动率定结果的优劣指标有 Nash-Suttcliffe 效率系数、相关系数、相对误差、模拟和实测数据的平均误差和标准差、斜率、截距、回归系数等。

6.4.3　不确定性分析

模型的不确定性来自模型本身、模型的基本假设、输入数据的误差及分辨率等，因此可以给出某一置信区间内（如 90%、95%、97.5%）模拟结果的分布范围供用户参考。不确定性分析模块反映的是 SWAT 参数的不确定性，嵌入 SWAT 模型中的不确定性分析是基于 SWAT 自动率定的结果进行的，而不像其他不确定性分析方法那样通过设定很多组参数集一次次地运行模型，SWAT 进行自动率定时，虽然给出的结果是接近最优值的一组参数解，但是每次都运行模型一次，参数取值采样空间涵盖整个可行域。因此，自动率定结果中包含了不确定性分析所需的非常有价值的信息。

SWAT 模型采用分离抽样法，评价整个模型预测的不确定性，即将所用资料系列分为两部分：一部分用于率定期的模型参数率定，另一部分则用于验证期的模型验证。以上提及的参数最优化和不确定分析方法可用于模型参数的不

确定性分析，基于分离抽样的不确定性来源全局分析法（sources of uncertainty global assessment using split-samlpes，SUNGLASSES）建立参数系列，根据不确定阈值建立评价标准，可评价参数的不确定性和模型预测期的不确定性。SAWT 模型中采用的不确定性分析方法有 SCE-UA 法（利用 χ^2-统计得到置信空间，利用贝叶斯方法获得最大可能空间）和 GLUE 法（一种全局参数敏感性分析方法）。

按照 SCE-UA 最优化的目标函数值、SWAT 模型不确定分析模块，首先将所有自动率定模拟的结果分为好坏两组，所有模拟的目标函数值低于一个阈值的模拟都认为是好的模拟，高于该阈值的模拟认为是不好的模拟，而划分好坏的阈值则基于 χ^2-统计得到。对于一次自动率定，SCE-UA 都会统计出其中每一个参数集对应的目标函数值，从而找到最优的参数集 $\theta_1^* = (\theta_1^*, \theta_2^*, \cdots, \theta_p^*)$ 及最小误差平方和 SSQ 的值 $\text{OF}(\theta^*)$，然后，通过 χ^2-统计由下式得到区分好坏的阈值 c：

$$单目标参数阈值 c = \text{OF}(\theta^*) \times \left(1 + \frac{\chi^2_{p,0.95}}{n-p}\right) \tag{6-38}$$

$$多目标参数阈值 c = \text{GOC}(\theta^*) \times \left(1 + \frac{\chi^2_{p,0.95}}{\text{nobs1} + \text{nobs2} - p}\right) \tag{6-39}$$

式中，nobs1、nobs2 分别为观测值 1 和观测值 2 的个数；p 为自由参数个数。

运行了敏感性分析之后可以在 goodpar.out、parasolout.out 等文件中查看不确定性分析参数或者结果。

6.4.4　模型参数率定过程

SWAT 模型参数率定可分为水量平衡/流量、产沙量、营养物三个步骤进行。

1. 水量平衡/流量

水量平衡/流量部分参数率定必须熟悉流域的基本情况，并获得流域内或流域出口河道上水文监测站的长序列实测数据。水量平衡/流量部分的手动参数率定从年时段开始，可逐步对月时段或日时段的模拟情况进行校准。参数率定过程中，模拟结果需要遵循基本的水量平衡原则。

1）检查水量平衡

检查 sub.dbf 文件中的潜在蒸发量（PET）、实际蒸发量（ET）、融雪量（SNOMELT）、土壤水含量（SW）、地下径流（GWQ）、地表径流（SURQ）、产水量（WLYD）之间的比例是否符合流域实际情况，需要调整哪部分水量。

2）总流量的校准

检查 rch.dbf 文件中的子流域河道入流流量（FLOW_IN）和出流流量（FLOW_OUT），确定水文站河道流量观测值为子流域的入流量还是出流量。河道流量可分为基流和地表径流，有不少方法可把两者按比例分开，校准时可分别校准，流量校准基本步骤如下。

步骤一（校准地表径流）：若地表径流模拟值低于实测值，可采取以下措施：①适当增加 CN 值（位于.sub 或.mgt 中的 CN2），即降低植被地表覆盖度，CN2 为径流曲线系数，根据地表覆被情况和土壤属性，调节水的下渗量，调整地表水和下渗水量的比例从而控制产流。②如果地表径流值在调整 CN 值后仍然不合理，则可降低土壤可用水量（soil available water capacity，在.sol 中的 SOL_AWC）和土壤补偿蒸发因子（.sub 中的 ESCO），即降低土壤蒸发补偿量，调节土壤水对径流的贡献。③增加基流分割系数 Alpha_Bf（减少基流）和 Canmx，同时减小 Sol_Z、Epco、Ch_K2、Revapmn 等，直到地表径流符合实际。

步骤二（校准基流）：当地表径流校准好后，比较实测和模拟的基流值，若模拟的基流过高，则检查进入蓄水层的水量：①增加地下水的"revap"系数（.gw 中的 GW_REVAP），GW_REVAP 的最小值为 0.02，最大值为 0.20；②降低初始蓄水层中产生"revap（蒸发）"的水的深度（.gw 中的 REVAPMN），REVAPMN 的最小值为 0.0；③增加基流产生的浅层蓄水层临界水深（.gw 中的 GWQMN），GWQMN 的最小值为 0.0，最大值由用户判定。

步骤三：重复步骤一和步骤二，直到地表径流和基流值达到要求。调参过程中可能遇到以下问题。

（1）峰值合理，但陡涨陡落，起涨过程快，如图 6-8 所示。核对河道传输损失——河道水力传导度（.rte 中的 CH_K），河道水力传导度的值是水流排出河床

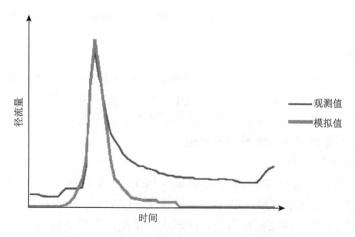

图 6-8　地表径流观测值与 SWAT 径流模拟值

的有效导水率，主要影响河道，在补给区与地下水发生补给等。永久性河流有地下水的补给，地下水能通过河床和侧坡进入河道，使河床的补给量为零。河道水力传导度大于零的唯一情形是河道不能连续接受地下水补给，该河道可能为暂时性河道。影响流量过程线形状的参数是基流消退系数 α 因子（.gw 中的 ALPHA_BF），其是地下水发生补给过程的直接因子，调节地下水补给河道径流的快慢程度。

（2）在融雪月份，峰值过高而衰退值过低：检查和降低融雪模块中的最大和最小雪融化速率（.bsn 中的 SMFMX 和 SMFMN）；另一个影响融雪的参数是降温速率（.sub 中的 TLAPS），此值可能需要调高；还可以调整基流消退系数 α 因子。

3）蒸发量校准

包含土壤蒸发和植被蒸发、腾发，分别调整位于.bsn 或.hru 文件中的 EPCO、ESCO。

4）时间序列校准

当年时段地表径流和基流符合实际情况后，再校核月时间和日时段的模型参数，此外还需要查看模拟的场次洪水峰现时间、流量过程线的合理性，可以调整Timp、Gw_Delay、Surlag 等几个参数。

5）空间校准

如果用流域内多个河道水文站实测数据校准模型参数，则需要在空间上从河道上游到下游、支流到干流依次校准，上游子流域或支流子流域模型参数校准后不再改变，然后校准其下游子流域或干流子流域的模型参数。

2. 产沙量

SWAT 中产沙量有两个来源：水文响应单元/子流域和河道侵蚀/沉积。当地表径流对基流、基流对河道的贡献量准确模拟后，来自水文响应单元/子流域的泥沙分布应该接近实测值；大多数情况下，用户获取的河道坡降/泥沙资料有限，此时，在来自水文响应单元/子流域的泥沙负荷合理后，假定泥沙观测值和模拟值之间的差值即是河道侵蚀/泥沙负荷。来自水文响应单元/子流域的泥沙负荷量可在.sbs或.bsb 文件中查看（SYLD），离开河道的泥沙总量可在.rch 文件中的 SED_OUT中获取，其校正方法如下。

1）检查水库/坑塘模拟结果

水库和坑塘对泥沙负荷有着极大的影响，如果流域内模拟得到的泥沙量离谱，首先检查是否对流域内所有的坑塘和水库都进行了考虑并且合理模拟。

2）校正子流域负荷

地表径流是控制进入河道泥沙负荷的主要因子，此外还有以下变量影响泥沙进入河流的运动：①耕作对泥沙迁移的重要影响，作物残留经侵蚀可增加或减少地表径流内的泥沙负荷，检查耕作措施的模拟是否正确；②USLE 水保措施 P 因子（.sub 文件中的 USLE_P），检查农业区等高线和梯田的计算是否正确，一般坡度大于5%的农用地会改造成梯田；③USLE 坡长因子（.sub 文件中的 SLSUBBSN），通常，在测定坡长时会有大量不确定性，坡长也会被 HRU 内的耕作措施影响；④USLE 坡度（.sub 文件中的 SLOPE），检查子流域的坡度是否正确；⑤USLE 种植措施 C 因子（crop.dat 文件中的 USLE_C），在某些情况下，作物覆盖下 C 的最小值可能不适合用户的模拟区域，需要调整。

3）校准河道侵蚀/沉积

河道侵蚀在极端暴雨和非稳定子流域中十分明显。非稳定子流域是那些土地利用类型经历明显改变的子流域，如城市化。影响河道侵蚀/沉积的变量有：①线性和指数参数，用来计算河道泥沙的再迁移（.bsn 文件的 SPCON 和 SPEXP），两个变量影响泥沙在整个流域的运动；②河道侵蚀因子（.rte 文件中的 CH_EROD）；③河道覆盖因子（.rte 文件中的 CH_COV）。

3. 营养物

SWAT 中涉及的营养物质有：矿物性氮、有机氮、可溶性磷和有机磷。校准中主要考虑因素有：营养物来源，包括水文响应单元/子流域和河道内过程；营养物时程分布，负荷总量和季节性负荷；洪水过程后的分布，地形起伏和浓度峰值。营养物的校准可分为两个步骤：校准子流域内营养物负荷和校准营养物河道内过程。

1）校准子流域内营养物负荷

①检查并调整以下输入文件中的土壤营养物初始浓度：在.sol 文件中的矿物性氮（SOL_NO$_3$）、有机氮（SOL_ORGN）、可溶性磷（SOL_MINP）、有机磷（SOL_ORGP）；②确定并调整土壤表层的施肥率，在.mgt 文件中的参数 FRT_LY1，可以辨认土壤表层 10mm 施入化肥的部分，如果该变量为零，模型会设置 FRT_LY = 0.2；③检查.mgt 文件，确定耕作措施，耕作会对土壤中的营养物质进行再分配从而改变地表径流可以交换或迁移的营养物质的负荷；④调整.bsn 文件中的作物残留系数 RSDCO 和作物混合有效系数 BIOMIX，作物残留和作物混合有着和耕作措施一样的效果，将残留物质和营养物质混合到土壤中；⑤修改磷渗透系数、土壤磷比例系数和氮渗透系数，分别为.bsn 文件中的 PPERCO、PHOSKD 和 NPERCO。

2）校准营养物河道内过程

进入河流的营养物附着在泥沙上，因此泥沙的运移对营养物的迁移有着重要影响。SWAT 包含了如 QUAL2E 文档中的河道内营养物循环过程，流域水质变量（.wwq）和河道水质变量（.swq）文件控制着这些过程。河道内矿物性氮和有机氮运移过程校核可调整.wwq 文件中的藻类生物量比率 AI1，可溶性磷和有机磷运移过程的校核可调整.wwq 文件中的藻类生物量比率 AI2。

6.5 模型输入与输出文件

嵌入 GIS 界面的 SWAT 具有 GIS 图形界面，界面生成两个视图：流域视图和 SWAT 视图，流域视图用来编辑显示所有的地图；SWAT 视图用来编辑输入数据，运行模型和分析输出结果。为生成 SWAT 数据集，界面需要获得 GIS 专题地图和数据库文件，以提供流域特定类型的信息。在运行界面之前，需要准备必要的地图和数据库文件。

6.5.1 模型输入文件

1. 输入文件概述

1）流域配置

进行流域模拟的第一步是划分子单元。在 SWAT 中，可以对流域内不同的子单元进行定义。①子流域：HRU（必选）、坑塘（可选）、湿地（可选）；②支流/干流段（每个子流域一个）（必选）；③干流河网上的蓄水体（可选）；④点源（可选）。

2）子流域

子流域（subbasins）是流域划分的第一级水平，其在流域内拥有地理位置并且在空间上与其他子流域相连接。子流域轮廓可根据地形确定的子流域边界来提取，子流域整个区域上的水流都流向子流域出口。一个子流域至少包括一个 HRU、一个河段/主河道和一条支流。

3）水文响应单元

水文响应单元是子流域内拥有特定土地利用/土壤属性/坡度的集合，且假定不同水文响应单元之间没有干扰。HRU 的优势在于其能提高子流域内负荷预测的精度。一般情况下，一个子流域会有 1~10 个 HRU，为了能在一个数据集内组合更多的多样化信息，一般要求生成多个具有合适数量 HRU 的子流域。

4）主河道

在流域中，河段/主河道（reach/main channels）与各子流域相连，子流域中的负荷汇入与之相连的流域河网，上游河段的出流量也汇入本河段。

5）支流

支流（tributary channels）用于区分子流域产流中河道水流的输入，运用支流输入路径来计算子流域内河道水流的汇流时间及径流汇入主河道的传输损失量。

支流输入路径定义了子流域水流的最长路径。有些子流域的主河道可能就是水流的最长路径，这样支流大小与主河道的相同，而通常情况下子流域的支流大小与主河道的差别很大。

6）池塘、湿地和水库

为了应用 USGS 土地利用图，在 GIS 中可将水体作为土地利用类型来创建 HRUs。两类水体（池塘/湿地，ponds/wetlands）在每个子流域内都会有定义，进入这些水体的水在子流域内生成，不接收来自其他子流域的水量。与此相反，水库（reservoirs）接收的水包括了上流所有子流域进入河网的水量。

7）点源

SWAT 直接模拟流域中陆面区域的水流、泥沙和营养物负荷量。汇入河网的某些负荷量可能来自与陆面无关的区域，将这些区域设置成点源，最常见的有污水处理厂。

考虑点源的负荷量时，可以在 SWAT 中添加汇入主河网的点源日负荷量或日均负荷量数据。这些负荷量与陆面区域产生的负荷量一起在整个河网中演算。

2. 专题地图

专题地图（栅格或矢量文件）可以在任一投影下生成（对于所有的地图必须相同），在创建一个新的项目时，用户要识别投影的类型和界面中的投影参数。

1）数字高程模型

界面允许 DEM 使用整数或者实数来表示高程值，定义地图分辨率和高程的单位不要求一致。例如，地图分辨率可以是米，而高程可以是英尺（ft，$1\text{ft} \approx 3.048 \times 10^{-1}\text{m}$）。SWAT 模型借助 GIS 在 DEM 数据基础上进行子流域的勾绘，将流域分割为若干有水力联系的子流域。勾绘过程要求栅格格式的 DEM 数据，用户也可以选择输入提前数字化的 shapefile 格式的河网。勾绘完成后，详细的地形报告被加入到当前的项目中，随后的子流域、河流、出水口和水库（可选）等结果主题图也会加入流域视图中。

2）土地利用/土地覆盖

土地利用/土地覆盖图定义的种类需要转化为 SWAT 模型的土地覆盖/植被类型分类，用户有三种选择进行分类：第一种是使用 USGS 分类代码或者使用 USGS 土地利用/土地覆盖地图；第二种是当土地覆盖/土地利用专题地区加载到界面中时，为每一种加入 4 个字符的土地覆盖/土地利用类型代码；第三种是生成一个查询表，为每一种土地覆盖/土地利用确定 4 个字符的代码。

土地利用查询表（dBase 或 ASCII 格式）用来定义 SWAT 土地覆盖/植被代码或者 SWAT 城市土地类型代码，以模拟土地利用图中的每一类。此类信息可以手动输入，运行界面时，此表并不是必需的。土地利用查询表的第一行包含字段名，剩余的各行含有所要求的数据，土地利用查询表的示例可以在数据集中找到，所有的表格都使用特定的字段名称，以便界面准确地获得信息。

3）土壤类型

土壤类型图定义的分类需要包含在土壤数据库（美国土壤数据）内或者同用户土壤数据库连接起来。用户土壤数据库是为存储流域特有的土壤类型数据，有 5 个选项来连接地图与土壤数据库。

若使用 STATSGO 土壤数据库，有 Stmuid、Stmuid + Seqn 和 Stmuid + Name 三个选项。当用户使用 Stmuid 选项时，优势土相数据被用来进行地图分类；当使用 Stmuid + Seqn 或 Stmuid + Name 选项时，用户则选择一个土相而不是使用优势土相；若用户选择特定的土壤系列来表示土壤分类，将土壤类型地图通过 Soils5ID 与数据库连接，则使用 S5ID 选项；当使用用户自定义的土壤数据库时，选择 Names 选项，用户需要在建立项目之前，输入 SWAT 土壤文件（.SOL），并在用户土壤数据库中为每一种土壤分类填入土壤属性数据。

土壤类型查询表（dBase 或 ASCII 格式）用来为每一土类确定模拟的土壤类型，表格格式依据选择的连接土壤数据和土壤地图的选项而变化，此信息可以手动输入，对运行界面并不是必需的。土壤类型查询表的第一行包含字段名称，剩余各行包含所需的数据，其示例可以在提供的数据集中获取。

土地利用和土壤的分类与叠加工具可以使用户加载土地利用和土壤主题，对勾绘流域和各个独立的子流域确定土地利用/土壤分类的组合和分布，并确定每个子流域内的土地-土壤分类面积及其参数。叠加完成后，一个详细的报告会添加于当前的项目中，该报告描述了模拟流域和子流域内土地利用和土壤分类的分布、面积等参数。

3. 气象数据相关表格文件

1）站点文件

站点文件是所用站点的列表文件，该文件要求能够提供各类测量站点的位置。站点文件包括降水站点、气温站点、风速站点、相对湿度站点、辐射站点文件等。模型通过站点文件的引导读入各个相关站点的数据，并通过各站的位置信息估算各个子流域的降水、最高/最低气温、风速、辐射、湿度等相关数据。用户提供使用的每一个测站记录的名称字段应该包含在用户站点数据库中的测站名称文件之中，当站点使用经纬度投影坐标系与专题图定义的地图不同时，必须定义界面中使用的地图投影，使界面将经纬度转化为正确的坐标值。

2）降水数据表

降水数据表（dBase 或 ASCII）用来存储单个降水测站的日降水数据。如果选择气象数据对话框中降水的降水测站选项，则需要此表。降水测站位置表中的每一个站点都应对应一个降水数据表。降水数据表的名称为"name.dbf"或者"name.txt"，这里的 name 为降水测站位置表中字段为 NAME 的字符串。

3）气温数据表

气温数据表（dBase 或 ASCII）用来存储单个气象站的日最高、最低气温。如果在气象数据对话框中温度选择气象站选项，则需要此表。气象站位置表格中列出的每一个气象站都应对应一个气象数据表。气象数据表格的名称为"name.dbf"或者"name.txt"，这里的 name 为气象站位置表中的字段为 NAME 的字符串。

4）天气发生器文件

降水量、平均气温和太阳辐射量等参数对水文过程、作物生长和养分降解、转化等都具有重要影响。连续的日降水量、日气温等气象资料对模型的模拟效果影响显著。然而由于观测站点数量少和观测数据缺失等，为了模拟气候变化对水文过程和水体水质的影响，有必要构建一种用于模拟给定气候条件下的随机天气模型，即天气发生器。SWAT 模型内置的 WXGEN 天气发生器作用主要有两个：一是用于生成气候数据；二是填补缺失的数据。对于美国用户而言，SWAT 模型内本土的天气发生器可供直接使用，而其他国家用户则需另行构建。

天气发生器输入文件（.wgn）包含了用于生成子流域典型日气候数据的统计数据，其主要输入数据有日降水量、日最高和最低气温、日太阳辐射量、日露点温度和日平均风速，以及经统计分析计算得出的多年、月平均气候特征值等。一般来说，需要至少 20 年的记录来计算该文件中的参数。表 6-3 是对该文件变量的简单说明。

表 6-3 SWAT 模型天气发生器输入文件

变量名	释义
TITLE	.wgn 文件的第一行用于存放用户注释，可以有 80 个空格的位置。模型不会对标题行进行任何处理，该行可以为空
WLATITUDE	用于创建统计参数的气象站的纬度，以度分秒表示的纬度要转化成以小数表示的格式
WLONGITUDE	气象站经度，以小数形式表示，模型不使用该变量，可以为空
WELEV	气象站高程，m
RAIN_YRS	用来定义 1～12 月最大 0.5h 降水量的年数。默认值为 10
TMPMX（MON）	所有计算年中 1～12 月最高日气温平均值，℃。该值通过对所有计算年月最高日气温进行加和再除以记录的天数得到
TMPMN（MON）	所有计算年中 1～12 月最低日气温平均值，℃。该值通过对所有计算年中该月最低日气温进行加和再除以记录的天数得到
TMPSTDMX（MON）	所有计算年 1～12 月最高日均温的标准偏差。该参数量化了所有计算年该月每日最高温对该月最高日均温的变异
TMPSTDMN（MON）	所有计算年 1～12 月最低日均温的标准偏差。该参数量化了所有计算年该月每日最低温对该月最低日均温的变异
PCPMM（MON）	所有计算年 1～12 月平均降雨，mm

续表

变量名	释义
PCPSTD（MON）	1～12 月每日降水量的标准偏差，mm/d
PCPSKW（MON）	1～12 月日降水的偏斜系数。该参数将降水分布的对称度进行定量化
PR_W（1，MON）	1～12 月中出现在干燥日之后湿润日的概率
PR_W（2，MON）	1～12 月中出现在湿润日之后湿润日的概率
PCPD（MON）	1～12 月降水天数的平均值
RAINHHMX（MON）	所有计算年内 1～12 月的最高的 0.5h 降水量
SOLARAV（MON）	1～12 月平均每日太阳辐射，MJ/(m²·d)
DEWPT（MON）	所有计算年 1～12 月每日露点温度平均值，℃
WNDAV（MON）	所有计算年 1～12 月的日均风速，m/s

4. 流域输入文件

流域输入文件（.bsn）中定义了流域的主要特征，这些特征控制着流域水平的物理过程变化。除流域面积外，该文件中的其他参数均可以设成缺省值或使用变量文件中的推荐值。如果流域内细菌和杀虫剂过程需要模拟，则需要对控制这些过程的变量进行初始化，SWAT 模型中流域输入文件变量见表 6-4。

表 6-4　SWAT 模型中流域输入文件变量

变量名	释义
	1. 水量平衡
TITLE	文件的第一行用于存放用户注释，可以有 80 个空格的位置。模型不会对标题行进行任何处理，该行可以为空
DA_KM	流域面积，km²
SFTMP	降雪温度，℃。降水转变为雪/冻雨的平均气温，取值范围–5～5℃，缺省值 1℃
SMTMP	融雪基础温度，℃。降雪只有在达到融雪基础温度时才融化，取值范围–5～5℃，缺省值 0.5℃
SMFMX	6 月 21 日的融雪因子，mm/℃。如果流域位于北半球，SMFMX 就是最大融雪因子；如果流域位于南半球，SMFMX 就是最小融雪因子。SMFMX 和 SMFMN 允许融雪速率在一年内变化，该变量根据雪堆的密度影响融雪。市区融雪的限值要比乡村高一点，因为城市中的雪由于交通工具和行人等的踩压而密度较大。缺省值为 4.5mm/℃
SMFMN	12 月 21 日的融雪因子，mm/℃。如果流域位于北半球，SMFMN 就是最小融雪因子；如果流域位于南半球，SMFMN 就是最大融雪因子。SMFMX 和 SMFMN 允许融雪速率在一年内变化，该变量根据雪堆的密度影响融雪。缺省值为 4.5mm/℃
TIMP	雪堆温度迟滞因子。前一天雪堆的温度对当天雪堆温度的影响由迟滞因子控制，l_{sno}。迟滞因子是雪堆密度、深度、暴露度和其他影响因子共同作用的结果。TIMP 变化范围是 0.01～1.0。当其为 1 时，当前的平均气温对雪堆温度的影响就会变大，且雪堆温度的影响就会变小。当 TIMP 趋近于 0 时，雪堆的温度受前一天温度的影响变小。缺省值为 1.0

续表

变量名	释义
IPET	潜在蒸散发方法。0-Priestley-Taylor 方法，1-Penman/Monteith 方法，2-Hargreaves 方法，3-读取潜在 ET 值。不同方法的比较见模型理论部分说明
PETFILE	潜在蒸散发输入文件（.pet）的名称
ESCO	土壤蒸发补偿因子。引入该系数后，用户可以修改土壤蒸发蓄水量的深度分布，通过毛管、裂隙等的作用以满足土壤蒸发的需要。取值范围是 0.01~1.0。该值越小，模型得到的最大蒸发量就越大。缺省值为 0.95，可以是流域尺度，也可以是 HRU 尺度上的值（.hru 中的 ESCO）
EPCO	作物消耗补偿因子。某一天中作物消耗的水量是作物蒸发蓄水总量 Et 和土壤可用水量 SW 的函数，如果上层土壤的含水量不能满足潜在水分消耗，用户可以允许下层土壤进行补偿。该参数取值范围是 0.01~1.00，当该参数为 1.00 时，模型允许底层土壤满足用水需求；当该参数为 0 时，允许取水深度变小。缺省值为 1，可以是流域尺度，也可以是 HRU 尺度上的值（.hru 中的 ESCO）
EVLAI	无水面蒸发生时的叶面积指数。用于持水区中有作物生长的 HRU（如水稻）。只有当叶面指数达到 EVLAI 确定的值后才会发生水面蒸发。取值范围是 0.0~10.0，缺省值是 3.0
FFCB	土壤初始储水量，为土壤储水能力的比例。流域内所有的土壤设置为统一的比例值，取值范围是 0.0~1.0，如果该变量没有赋值，模型根据年均降水量进行计算。当 FFCB = 0.0 时，模型开始计算 FFCB 的值

2. 地表径流

IEVENT	降雨/地表径流/演算方法：0-日降雨/径流曲线数 CN/逐日演算，1-日降雨/Green & Ampt 下渗/逐日演算，2-小时以下时间步长的降雨/Green & Ampt 下渗/逐日演算，3-小时以下时间步长的降雨/Green & Ampt 下渗/逐时演算。必选项，默认选项是 0
ICN	日径流曲线数计算方法：0-根据土壤湿度计算，1-根据植物蒸散发函数计算。必选项
CNCOEF	植物蒸散发径流曲线数。取值范围是 0.5~2，缺省值为 1
ICRK	裂隙流选项：0-不模拟，1-模拟。只有当土壤为变性土时才使用
SURLAG	地表径流滞后系数。在汇流时间大于 1d 的子流域中，当天产生的径流只有部分才能进入主河道，其余部分汇集后进入河道的时间超过 1d。SWAT 把地表径流储存特征和部分地表径流进入主河道的延滞结合在一起。该参数表示任意一天允许进入河流的水量占所有可用总水量的比例。对于给定的时间，如果 SURLAG 减小，存储的水减少，进入河道的水量增加。默认值为 4.0
ISED_DET	日最大半小时雨量的计算选项：0-通过三角分布函数生成，1-用月最大半小时雨量值。由于三角分布函数的随机性，对于面积较小的研究区，不建议用前者
ADJ_PKR	泥沙演算中最大流速调节因子。泥沙演算是洪峰流量和日平均径流的函数。SWAT 最初不能利用日以下的降雨数据直接计算日以下的水文曲线。该参数用在 MUSLE 中影响最小水文单元的泥沙侵蚀量。缺省值是 1.0

3. 营养循环

RCN	降水中氮的浓度，mg N/L，缺省值是 1.0
CDN	反硝化系数，控制反硝化速率。取值范围：0.0~3.0，缺省值是 1.4
SDNCO	发生反硝化作用的土壤含水量阈值。反硝化是细菌降解氮，将 NO_3^- 变为 N_2 或 N_2O。SWAT 不能描述土壤中的氧化还原状态，用该参数表示厌氧条件。如果土壤含水量高于该参数值，则假设属于厌氧条件，并模拟反硝化。缺省值为 1.10

续表

变量名	释义
N_UPDIS	植物吸收氮的分布参数。在地表根的分布最为密集，该部分土壤中植物对氮的吸收也大于低层土壤。该参数控制了氮吸收的深度分布，其重要性体现在控制了上层土壤中被移走的氮的最大值。该参数越大，上层土壤移走的氮越多。由于土壤剖面顶层 10mm 土壤受地表径流的影响，该参数影响地表径流带走的氮量。模型允许氮从根层下部向上部输送以充分补偿上层的氮亏缺，因此，β_N 值的变化不会对氮胁迫产生显著的影响。缺省值为 20.0
P_UPDIS	植物吸收磷的分布参数。该参数控制植物在不同土层吸收的磷，与氮吸收类似。土壤中移除的磷来自溶解态磷库，该参数控制了上层土壤中被移走的可溶态的最大值。土壤剖面顶层 10mm 土壤受地表径流的影响，该参数影响地表径流带走的磷的量。模型允许磷从根层下部向上部输送以充分补偿上层的氮亏缺，因此，β_P 值的变化不会对磷胁迫产生显著的影响。缺省值为 20.0
NPERCO	硝态氮渗流系数。该参数控制着地表径流中硝态氮浓度占渗流中硝态氮浓度的比例。取值范围：0.01~1.0，当该值趋于 0 时，径流中硝态氮的浓度接近 0。当该值趋于 1.0 时，径流中硝态氮的浓度和渗流中的浓度一样。缺省值为 0.20
PPERCO	磷淋失系数，$10m^3/mg$。该系数是土壤表层 10mm 中溶解态磷的浓度和渗流中磷浓度的比值。取值范围：10.0~17.5，缺省值为 10.0
PHOSKD	土壤磷分配系数，m^3/mg。该系数是土壤表层 10mm 溶解态磷的浓度和地表径流溶解态磷浓度的比例。土壤中磷的迁移机制主要是扩散，扩散作用是在浓度梯度下离子在土壤溶液中的小距离（1~2mm）运移。由于溶解态磷的移动性有限，地表径流只能和表层 10mm 的可溶态磷相互作用。默认值为 175.0
PSP	有效磷指数。很多研究表明，可溶态磷肥施用后，由于与土壤发生反应，浓度迅速降低。在最初的"快速"反应后，可溶态磷的浓度可在随后的数年内保持缓慢下降（Barrow and Shaw，1975；Munns and Fox，1976；Rajan and Fox，1972；Sharpley，1982）。为了计算溶解态磷浓度的快速降低，SWAT 假定溶解态磷库和"活性"无机磷库之间存在一个快速平衡，随后的慢反应由"活性"磷库和"稳定态"无机磷库之间存在的缓慢平衡进行模拟。运移算法控制着无机磷在这 3 个库中的运动（Jones et al.，1984）。溶解态和活性无机磷库之间的平衡由该参数控制，它指定了培育期或快速反应期之后溶解磷所占比例，默认值为 0.40
RSDCO	残茬分解系数。假定在最佳湿度、温度、碳氮比和氮磷比时，残茬每天的分解率。默认值为 0.05

	4. 农药循环
PERCOP	杀虫剂渗流系数。该参数控制着随地表径流和侧向渗流从表层土壤中迁移的杀虫剂量。取值范围：0.01~1.0，当该值趋于 0 时，地表径流和侧向渗流中杀虫剂的浓度接近 0；当该值接近 1 时，地表径流和侧向渗流中杀虫剂的浓度趋于渗流中杀虫剂的浓度。缺省值为 0.50

	5. 藻类/生化需氧量/溶解氧
ISUBWQ	子流域水质代码，用于计算子流域藻类、生化需氧量、溶解氧的方法：0-不计算藻类/生化需氧量，将溶解氧设置未饱和浓度，1-用理论文档中的方法计算藻类/生化需氧量/溶解氧。默认选项：0

	6. 细菌
WDPQ	20℃时土壤溶液中持久性细菌的死亡系数
WGPQ	20℃时土壤溶液中持久性细菌的生长系数
WDLPQ	20℃时土壤溶液中非持久性细菌的死亡系数

变量名	释义
WGLPQ	20℃土壤溶液中非持久性细菌的生长系数
WDPS	20℃时吸附在土壤颗粒上的持久性细菌死亡系数
WGPS	20℃时吸附在土壤颗粒上的持久性细菌生长系数
WDLPS	20℃时吸附在土壤颗粒上的非持久性细菌死亡系数
WGLPS	20℃时吸附在土壤颗粒上的非持久性细菌生长系数
WDPF	20℃时叶片上的持久性细菌死亡系数
WGPF	20℃时叶片上的持久性细菌生长系数
WDLPF	20℃时叶片上的非持久性细菌死亡系数
WGLPF	20℃时叶片上的非持久性细菌生长系数
BACT_SWF	具有活性菌落的土地的肥料施用比例。默认值为 0.15
WOF_P	持久性细菌的冲刷系数。植物上的持久性细菌被降水冲刷的量
WOF_LP	非持久性细菌冲刷系数。植物上的非持久性细菌被降水冲刷的量
BACTKDQ	细菌的土壤分配系数，m^3/mg，土表 10mm 的可溶细菌浓度与地表径流中可溶性细菌浓度的比值。微生物的移动性很弱，地表径流与细菌的相互作用只与地表 10mm 土壤中可溶性细菌浓度有关
BACTMIX	细菌淋失系数，$10m^3/mg$。土表 10mm 可溶性细菌浓度与渗流中细菌浓度的比值，取值范围：7.0～20.0，默认值为 10
THBACT	细菌死亡生长温度调控因子。默认值为 1.07
BACTMINLP	非持久性细菌日最小损失量，cfu/m^2。当细菌量小于该值时，不会再有细菌死亡。默认值为 0.0
BACTMINP	持久性细菌日最小损失量，cfu/m^2。当细菌量小于该值时，不会再有细菌死亡。默认值为 0.0
WDLPRCH	20℃时，河流中非持久性细菌死亡系数
WDPRCH	20℃时，河流中持久性细菌死亡系数
WDLPRES	20℃时，水体中非持久性细菌死亡系数
WDPRES	20℃时，水体中持久性细菌死亡系数
7. 河道	
IRTE	河道径流演算方法：0-变动储量法，1-马斯京根法（Muskingum，MSK）
MSK_CO1	校准系数 1。用于控制正常流速下（河道水位齐岸时）河流蓄水时间常数（K_m）对河道计算值 K_m 的影响。仅当.cod 文件中 IRTE＝1 时需要
MSK_CO2	校准系数 2。用于控制低水流流速下（河道齐岸水位的 10%时）河流蓄水时间常数（K_m）对河道计算值 K_m 的影响。仅当.cod 文件中 IRTE＝1 时需要
MSK_X	流量比重因子，确定河段槽蓄量时调节入流和出流的相对比例。取值范围：0.0～0.5。是楔蓄量的函数，水库类型的蓄水体没有楔蓄量，$X＝0$；完全楔蓄的水体，$X＝0.5$。对天然河流而言，X 取值范围为 0.0～0.3，平均值接近 0.2。仅当.cod 文件中 IRTE＝1 时需要，缺省值为 0.2

续表

变量名	释义
TRNSRCH	从主河道进入深层含水层的水量传输损失比例，传输损失进入河岸调蓄后的剩余量。取值范围：0.0～1.0，默认值是 0.0
EVRCH	河道蒸散发调控因子，用户可率定参数，取值范围：0.0～1.0。在干旱区域，原方程计算值会高估河道蒸散发。默认值为 1.0
IDEG	河道冲刷选项：0-河道尺寸不随河道冲刷更新（模拟期河道尺度保持不变），1-河道尺寸随河道冲刷而不断更新。该参数在测试阶段，推荐河道尺寸在模拟期保持不变
PRF	主河道泥沙演算洪峰流量调节因子。泥沙输移是洪峰流量和日平均流量的函数。最初，SWAT 不能直接计算日以下时间步长的水文过程线，引入该变量来调节洪峰流量对泥沙演算的影响，该参数影响河道冲刷。默认值为 1.0
SPCON	河道泥沙演算中计算新增的最大泥沙量的线性参数。取值范围：0.0001～0.01，缺省值为 0.0001
SPEXP	河道泥沙演算中计算新增的最大泥沙量的指数参数。取值范围：1.0～2.0，缺省值为 1.0
IWQ	河流水质选项代码：0-不模拟河流营养物和杀虫剂的运移，1-模拟河流营养物和杀虫剂的运移
WWQFILE	流域水质输入文件名（.wwq）
IRTPEST	在流域河网参与运移模拟的杀虫剂识别码，来自杀虫剂库，SWAT 一次只能监测一种杀虫剂在河网中的运移
DEPIMP_BSN	模拟滞水面时的不透水层深度，mm。指定该参数值后，同时也用于设置流域内各水文响应单元的 DEP_IMP（.hru），如果用户同时设置了 DEPIMP_BSN，也设置了一些水文响应单位的 DEP_IMP 值，流域层面的 DEPIMP_BSN 值不会覆盖 DEP_IMP 的值。如果该流域没有滞水层，该值应设为 0.0；如果部分区域有滞水层，该值应设为 0.0，同时通过 DEP_IMP（.hru）的值来设置滞水面区域的不透水层埋深
DDRAIN_BSN	地下排水沟埋深，mm
TDRAIN_BSN	土壤达到田间持水量所需的排水时间，h
GDRAIN_BSN	片层排水滞后时间，h
CNFROZ_BSN	冻土对下渗/径流的调节参数。默认值为 0.000862
DORM_HR	进入冬眠的时间阈值，h。最大日长小于该值时进入冬眠
SMXCO	最大曲线数 S 因子的调节系数。使用前期气候数据的系数曲线数法
FIXCO	固氮系数。取值范围：0.0～1.0
NFIXMX	日最大固氮量，$0.01kg/km^2$，取值范围：1.0～20.0
CH_ONCO_BSN	河道有机氮浓度，mg/L，取值范围：0.0～100.0
CH_OPCO_BSN	河道有机磷浓度，mg/L，取值范围：0.0～100.0
HLIFE_NGW_BSN	地下水中氮的半衰期，d，取值范围：0.0～500.0
RCN_SUB_BSN	降水中氮浓度，mg/L，取值范围：0.0～2.0
BC1_BSN	NH_3 的日生物氧化率，取值范围：0.1～1.0
BC2_BSN	从 NO_2 到 NO_3 的日生物氧化率，取值范围：0.2～2.0
BC3_BSN	从有机氮到氨基的水解速率常数，取值范围：0.02～0.4

续表

变量名	释义
BC4_BSN	从有机磷到可溶性磷的降解速率常数，取值范围：0.01～0.7
DECR_MIN	残留物最小日分解率，取值范围：0.0～0.05
ICFAC	ICFAC = 0 时，用 Cmin 计算 C 因子；ICFAC = 1 时，重新计算 C 因子，取值范围：0～1
RSD_COVCO	计算覆盖率时的残留物覆盖因子，取值范围：0.1～0.5
VCRIT	临界速率
RES_STLR_CO	水库泥沙沉降系数，取值范围：0.09～0.27

5. 子流域输入文件

子流域输入文件（.sub）包括了和子流域各不相同的特征的信息。该文件内的变量可以分成以下几类：子流域内的支流特征，子流域内地形地貌数量以及对气候的影响，气候变化相关变量，子流域内 HRUs 的数量及其输入文件的名字。SWAT 子流域输入文件见表 6-5。

表 6-5　SWAT 子流域输入文件

变量名	释义
SUB_KM	子流域面积，km^2
SUB_LAT	子流域纬度，分秒转化成小数
SUB_ELEV	子流域高程，m
IRGAGE/ITGAGE/ISGAGE/IHGAGE/IWGAGE	子流域用到的降水/气温/太阳辐射/相对湿度/风速实测记录条数
WGNFILE	子流域天气发生器的数据文件名（.wgn）
FCST_REG	分配给子流域的天气预报区域编号
ELEVB（band）	高程带中心高程，m。地形雨是地球上某些区域的重要现象，为了计算地形对降水和温度的影响，SWAT 允许在一个子流域内定义 10 个高程带。需要划分高度带进行单独模拟的过程包括汇流、积雪升华和融雪过程，高度带中积雪升华和融雪量确定后，与初始降水量和气温数据一起可计算出子流域的相应平均值，这些值用于模拟残差量，并在输出文件中说明
ELEVB_FR（band）	高程带面积占所在子流域面积的比例，取值范围：0.0～1.0。子流域模拟中使用高程带时，为必选项
SNOEB（band）	高程带内初始积雪含水量，mm。由于雪的密度差异很大，高程带内的雪量以水深而非雪层深来表示
PLAPS	降水递减率，mm/km。正值表示随高程的增加降水增加，负值则相反。下降率用来调整子流域高程带内的降水，测站或气象站的高程需要与特定高程带的高程比较。如果没有定义高程带，产生的降水数据或者从.pcp 文件读取的降水数据在子流域内将不作调整

续表

变量名	释义
TLAPS	温度下降率，℃/km，正值表示随高程增加温度增加，负值相反。下降率用来调整子流域高程带内的温度，测站或气象站的高程需要与特定高程带的高程比较。如果没有定义高程带，产生的温度或者从.tmp 文件读取的温度在子流域内将不作调整。缺省值为−6℃/km
SNO_SUB	初始积雪含水量，mm。高程带内的雪量以水深而非雪层深来表示，如果划分高程带，将不使用该变量
CH_L（1）	子流域内最长支流长度，km。沿河道从子流域出口点到子流域最远点的距离
CH_S（1）	支流平均坡降，m/m。从子流域出口到子流域最远点的高程差与 CH_L（1）之比
CH_W（1）	支流平均宽度，m
CH_K（1）	支流冲积层的有效水力传导度，mm/h。该参数控制着子流域内地表径流在汇入干流前的输移损失
CH_N（1）	支流曼宁（Manning）系数 n 的值
CO_2	二氧化碳浓度，mg/L。缺省值 330（可选，只在气候变化研究中应用）
RFINC（mon）	降水调整，%变幅。月内日降水量通过一个特定的比例来调节。如设置该参数为 10，则降水为原来的 110%（可选，只在气候变化研究中应用）
TMPINC（mon）	温度调整，℃。月内日最高、最低气温以特定的幅度来增减（可选，只在气候变化研究中应用）
RADINC（mon）	太阳辐射调整，MJ/$(m^2·d)$。月内日太阳辐射量以特定的幅度来增减（可选，只在气候变化研究中应用）
HUMINC（mon）	湿度调整。月内日相对湿度以特定的幅度来增减（可选，只在气候变化研究中应用）

6. 作物数据库

模拟作物生长所需的信息按作物种类储存在作物生长数据库文件（plant.dat）中。该数据库文件由模型提供，该文件提供了大多数常见作物的参数，见表 6-6。

表 6-6　SWAT 模型作物数据库输入文件

变量名	释义
ICNUM	土地覆被/作物代码。 列在 crop.dat 中的不同作物的 ICNUM 值必须连续。ICNUM 是数字，代表在管理文件中被识别并模拟的不同土地覆被类型
CPNM	表征土地覆被/作物名称的四字符编码。 作物生长和城镇数据库中的这些 4 字符编号用于 GIS 界面以连接土地利用/土地覆被图和 SWAT 作物类型。该代码包括在输出文件中。当增加一种新的作物和土地覆被类型时，该作物的代码必须是唯一的

变量名	释义
IDC	土地覆被/作物分类如下。 1：暖季型一年生豆科植物 2：冷季型一年生豆科植物 3：多年生豆科植物 4：暖季型一年生植物 5：冷季型一年生植物 6：多年生植物 7：树木 以上 7 类植被的模拟过程有以下不同。 1：暖季型一年生豆科植物 （1）固氮模拟； （2）生长季节由于根的生长，根系深度不断变化 2：冷季型一年生豆科植物 （1）固氮模拟； （2）生长季节由于根的生长，根系深度不断变化； （3）秋季种植的植被，当白昼时间小于临界值时进入休眠状态 3：多年生豆科植物 （1）固氮模拟； （2）根深通常等于作物种类和土壤允许的最大根深； （3）当白昼时间小于临界值时作物进入休眠状态 4：暖季型一年生植物 生长季节由于根的生长，根系深度不断变化 5：冷季型一年生植物 （1）生长季节由于根的生长，根系深度不断变化； （2）秋季种植的植物，当白昼时间小于临界值时进入休眠状态 6：多年生植物 （1）根深通常等于作物种类和土壤允许的最大根深； （2）当白昼时间小于临界值时作物进入休眠状态 7：树木 （1）根深通常等于作物种类和土壤允许的最大根深； （2）在叶/针叶（30%）和木质（70%）生长之间，可区分出新生部分，在每个生长季末期，部分生物量转化成残留物
DESCRIPTION	土地覆被/作物名全称。用来帮助用户识别不同作物种类
BIO_E	太阳辐射利用率或生物能比 [（kg/hm²）或（MJ/m²）]。太阳辐射利用率（radiation use efficiency, RUE）为太阳辐射在单位面积上产生的干物质量，假定和作物生长阶段无关 BIO_E 表示有效光合太阳作用单位面积上潜在的或无胁迫下的生物生长率（包括根系）。为了计算 RUE，获取的光合作用有效辐射量（photosynthetically active radiation, PAR）和地上部分生物量需要在作物的生长季节多次测定。测定次数没有定值，一般需要在各生长季节测定 4～7 次。测定叶面积时，应对无胁迫的作物进行测量。用曝光表测量截获的太阳辐射量，可以用全光谱和 PAR 传感器，RUE 的计算根据传感器的不同而采用不同的计算方法。推荐在 RUE 研究中应用 PAR 传感器。 RUE 由地上部分生物量和截获 PAR 的线性回归函数确定。直线的斜率就是 RUE。该参数能极大地改变作物生长速率、生长季的胁迫效应和最终产量，最后调整，可以根据研究结果进行调整。需要注意的是，必须在不受水分、养分和温度胁迫的情况下获取作物数据

续表

变量名	释义
HVSTI	最佳生长条件下的收获指数。 收获带走的地上部分生物量的比例，该部分生物量从系统中去除，不会转化为残留物进而分解。如果作物收获的是地上部分，收获比例一般小于 1，如果收获的是地下部分，收获指数可能大于 1。数据库提供了两种收获指数：最佳生长条件下的收获指数（HVSTI）和受生长胁迫的收获指数（WSYT）。为确定收获指数，收获的生物量需要在 65℃条件下至少干燥 2d 再测定重量，地上部分的总生物量也应该烘干并称重。收获指数即为收获部分生物量的干重占地上部分总生物量干重之比。为获得两种收获指数，分别在最佳气候条件和胁迫条件两种情况下种植作物
BLAI	最大潜在叶面积指数，用于量化生长季植物叶面积变化的 6 个参数之一。下图给出了 SWAT 中叶面积变化的数据库参数之间的关系 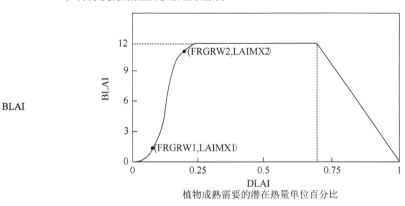 植物成熟需要的潜在热量单位百分比 作物生长数据库中的 BLAI 值基于雨养农业地区的作物平均密度，在种植密度小的干旱地区或种植密度大的灌溉区需要调整
FRGRW1	对应于最佳叶面积指数生长曲线上第一点的生长季分数（潜在热单位总量分数）
LAIMX1	对应于最佳叶面积指数生长曲线上第一点的最大叶片面积指数分数
FRGRW2	对应于最佳叶面积指数生长曲线上第二点的生长季分数（潜在热单位总量分数）
LAIMX2	对应于最佳叶面积指数生长曲线上第二点的最大叶片面积指数分数
DLAI	叶面积开始衰减时的植物生长时间占生长季的比例
CHTMX	最大冠层高度，m
RDMX	最大根深，m
T_OPT	作物生长最佳温度，℃，对同一种作物来讲，最佳温度和基础温度相当稳定。对暖季型的 4 类作物而言，一般的基础温度是 8℃，最佳温度是 25℃；对冷季型的作物而言，一般基础温度是 0℃，最佳温度是 13℃
T_BASE	作物生长最低（基础）温度，℃。SWAT 模型用基础温度计算每天的热力单位，作物生长最低/基础温度在作物生长期内变化明显，但模型在整个生长期只采用一个固定的基础温度

续表

变量名	释义
CNYLD	产量中氮的标准含量，kg N/kg。除收获带走的生物量外，SWAT 还需和产量一起带走的氮和磷的总量。收获部分的作物生物量可以送到实验室进行氮磷含量的测定，基于干重获得该参数值
CPYLD	产量中磷的标准含量，kg P/kg。除收获带走的生物量外，SWAT 还需和产量一起带走的氮和磷的总量。收获部分的作物生物量可以送到实验室进行氮磷含量的测定，基于干重获得该参数值
BN（1）	氮含量参数#1：生长初期植物生物量中氮的标准含量，kg N/kg。 为了计算作物生长周期内对营养物的需求，需给出植物不同生长阶段的生物量中营养物含量（干重）。作物数据库中有 6 个变量提供这些信息：BN（1），BN（2），BN（3），BP（1），BP（2），BP（3）
BN（2）	氮含量参数#2：50%成熟度时，作物生物量中氮的标准含量，kg N/kg
BN（3）	氮含量参数#3：完全成熟时，作物生物量中氮的标准含量，kg N/kg
BP（1）	磷含量参数#1：生长初期植物生物量中磷的标准含量，kg P/kg
BP（2）	磷含量参数#2：50%成熟度时，作物生物量中磷的标准含量，kg P/kg
BP（3）	磷含量参数#3：完全成熟时，作物生物量中磷的标准含量，kg P/kg
WSYF	收获指数下限，由水分胁迫导致的收获指数下限值处于 0～HVSTI
USLE_C	土地覆被/作物的通用土壤流失方程 USLE 中 C 因子的最小值
GSI	高太阳辐射低蒸汽压亏损下的最大气孔传导率，m/s。Penman-Monteith 方程利用气孔传导率来计算最大作物蒸发量。模型选择 Penman-Monteith 方程来计算蒸发时，作物数据库需提供 3 个气孔传导率的相关变量：最大气孔传导率（GSI）和定义饱和差时影响气孔导度的两个变量 FRGMAX 和 VPDFR
VPDFR	对应于气孔传导度曲线上第二个点的饱和差（气孔传导率曲线的第一个点指 1kPa 饱和差下最大气孔传导度分数等于 1.0）。 同辐射利用率一样，气孔传导率对饱和差很敏感。由于数据缺乏，数据库中将所有植物的气孔传导度-饱和差曲线上的第二点采用默认值 0.75，相应的饱和差为 4.00kPa。若用户有实测数据，则使用实测值
FRGMXA	对应于气孔传导度曲线上第二个点的最大气孔传导度分数（气孔传导率曲线的第一个点指 1kPa 饱和差下最大气孔传导度分数等于 1.0）
WAVP	单位饱和差增量下的辐射利用效率下降速率。如果用户不模拟 RUE 随饱和差的变化，则可将 WAVP 设为 0.0。不同作物种类的 WAVP 存在差异，但对绝大多数作物而言，其值一般在 6～8
CO_2HI	对应于太阳辐射利用效率曲线上第二个点的一定高度处的大气 CO_2 浓度（μL/L）（太阳辐射利用效率曲线上第一个点由周围 CO_2 浓度、330μL/L 和 BIO_E 中的生物能量/能量比组成）。 为评估气候改变对农业产量的影响，SWAT 集成了一定高度处大气 CO_2 浓度下的 RUE 调整公式。无论用户是否对气候变化进行模拟，都必须在数据库中输入 CO_2HI 和 BIOEHI 的值。不模拟一定高度下大气 CO_2 浓度时，CO_2HI 值需大于 330mg/L，BIOEHI 值应大于 BIO_E

续表

变量名	释义
BIOEHI	对应于太阳辐射利用效率曲线上第二个点的生物量/能量比
RSDCO_PL	作物残留量分解系数，指在最佳湿度、温度、碳氮比和碳磷比下，作物残留量分解比例。该变量最初位于流域输入文件（.bsn），随后被添加到作物数据库中，用户可以修改不同植物种类的该参数值。缺省值为 0.05

7. 耕作数据库

耕作措施重新分配了养分、杀虫剂和残留物在土壤剖面中的分布，耕作数据库（till.dat）输入文件如表 6-7 所示。

表 6-7　SWAT 模型耕作数据库输入文件

变量名	释义
ITNUM	耕作编号。在管理文件中用于识别耕作措施的类型，till.dat 中不同耕作措施的 ITNUM 值必须连续
TILLNM	8 个字符代表的耕作措施名称
EFTMIX	耕作措施混合效率。混合效率确定了物质(残茬、养分和杀虫剂)在土壤表面的比例，在 DEPTIL 指定的土壤深度中并非均匀混合。残留物和养分的剩余部分被留在原来的地方（土壤表层或土层中）
DEPTIL	耕作措施引起的混合深度，mm

8. 土地管理数据库

管理数据库文件（.mgt）分为两个部分，第一部分总结了在模拟过程中不变的初始条件和管理措施，第二部分列出了特定时间管理措施的日程。土地管理数据库输入文件详见表 6-8。

表 6-8　SWAT 模型土地管理数据库输入文件

变量名	释义
	1. 植物生长初始参数
IGRO	模拟开始时土地覆盖状态编码：0-无植被生长；1-有植被生长
PLANT_ID	作物标识码
LAI_INIT	初始叶面积指数
BIO_INIT	植物初始干物质量，kg/hm^2
PHU_PLT	植物成熟需要的热量或生长天数

变量名	释义
2. 一般管理参数	
BIOMIX	生物混合效率。生物混合是土壤中生物活动（如蚯蚓等）引起的土壤要素的重新分配。研究表明，只有在极少受扰动的土壤系统中才会有明显的生物混合效应。一般来说，当一块长期耕作或轮作的土壤转为长期休耕时会增加生物混合效应。SWAT 中生物混合的最大深度为300mm（如果土壤剖面深度小于 300mm，则为土壤剖面厚度）。生物混合效应由用户定义，一般认为概念上和耕作实施的混合效应相同，由生物混合引起的营养物再分配的计算方法和耕作措施的相同。生物混合在日历年末完成。缺省值为 0.20
CN2	湿度条件 Ⅱ 下的初始 SCS 径流曲线值。SCS 曲线值是土壤渗透性、土地利用和前期土壤含水量的函数。若从未定义过相关操作的 CNOP 值，则整个模拟过程中一直使用设定的 CN2 值；若定义了某个操作的 CNOP 值，则该操作之前使用前期设定的 CN2 值，之后使用 CNOP 定义的新 CN2 值。模型仅使用 CNOP 值来定义湿度条件 Ⅱ 的曲线值，CN2 值和 CNOP 值必须作为先决条件输入。在有城镇土地利用的 HRU 中，调整 CN 值来反映不透水区的影响
USLE_P	通用土壤侵蚀方程中的水土保持措施因子
BIO_MIN	可放牧的最小植物生物量。只有植被生物量大于或等于 BIO_MIN 值之后，放牧措施才会模拟
FILTERW	田边过滤带宽带，m。当径流流经过滤带时，径流中携带的泥沙、杀虫剂、营养物和细菌将会减少
3. 城镇管理参数	
IURBAN	城镇模拟选项代码：0-水文响应单元中土地利用类型无城镇；1-水文响应单元中土地利用类型有城镇，使用 USGS 回归方程模拟；2-水文响应单元中土地利用类型有城镇，使用累积/冲毁算法模拟。 大多数大型流域和河流流域中包含城镇土地利用类型，在综合管理分析中，需要估算城镇区域的水质水量。SWAT 采用 SCS 曲线或 Green Ampt 方程计算城镇区域径流，泥沙和营养负荷的确定采用两种选项中的一种来模拟，第一个选项用由 USGS（Driver and Tasker，1988）提出的一组线性回归方程估算暴雨径流量和各组分的负荷量；第二个选项是模拟累积/冲毁机制，类似 SWMM-Storm 水管理模型
URBLU	城镇数据库中的城镇土地类型标识码
4. 灌溉管理参数	
IRRSC	灌溉代码：0-无灌溉措施，1-河道中取水，2-水库中取水，3-浅水层中取水，4-深层地下水层中取水，5-流域外不限制水源取水
IRRNO	灌溉水源位置
FLOWMIN	灌溉取水时河道内的最小流量，m^3/s
DIVMAX	从河道内取水的日最大灌溉取水量（如果输入值为正，单位是 mm；若输入值为负，则单位为万 m^3）
FLOWFR	可用于水文响应单位的河道可用流量比例，取值范围：0.01～1.00。河道可用流量指河道总流量减去 FLOEMIN，若 FLOWMIN 设置为 0，则认为河道内的所有水量均可用作灌溉水源
5. 排水管道管理参数	
DDRAIN	排水管道埋深，mm。一般取 90mm
TDRAIN	排水至土壤田间持水量所需的时间，h
GDRAIN	管道排水的延迟时间，h。指水流从土壤到排水管道，管道水流入河道的时间间隔

续表

变量名	释义
NROT	作物轮作年数。标识了.mgt 文件中的管理措施年数，如果年与年之间的管理措施不变，只需一年的管理措施即可。两种土地覆被/作物不能同时生长，但可以在年内的不同时段种植。年内种植两种或以上的作物时，对于列出的一年的管理措施列表，NROT = 1，且与种植的作物种类无关

9. 输入文件汇总

SWAT 输入数据可在流域、子流域和 HRU 多个尺度上来定义。流域尺度的输入数据用于模拟整个流域的各过程，如潜在蒸散发的方法适用于流域内的所有水文响应单元。对于子流域尺度的输入项，适用于子流域内的所有水文响应单元、主河道、水库坑塘或湿地。水文响应单元尺度上的输入项仅适用于该水文响应单元，如 HRU 中模拟的管理情景。

根据输入项类型对输入信息进行归类，如表 6-9 所示。

表 6-9　SWAT 输入文件汇总

文件类型	文件名	描述
流域尺度	.fig	流域结构文件
	File.cio	控制输入/输出文件。该文件包括了所有流域和子流域尺度的变量输入文件的名称
	.cod	输入控制代码文件。该文件指定了模拟长度、输出频率和不同过程的选项
	.bsn	流域输入文件
	.pcp	降水输入文件。该文件包括了每个雨量站的实测日降雨。模拟中最多可以用 18 个降水文件，每个文件最多可以包含 300 个雨量站。每个特定雨量站的数据被分配到子流域文件.cio 中
	.tmp	温度输入文件。该文件包含了每个气温站的日实测最高、最低气温。模拟中最多可以用 18 个温度文件，每个文件最多可以包含 150 个气象站。每个特定气温站的数据被分配到子流域文件.cio 中
	.slr	太阳辐射输入文件。该文件包含了每个太阳辐射站的实测日太阳辐射量。该文件最多可以保存 300 个太阳辐射站的数据，每个特定太阳辐射站的数据被分配到子流域文件.cio 中
	.wnd	风速输入文件。该文件包含了每个风速站的实测日平均风速。该文件最多可以保存 300 个站的数据，每个特定站的数据被分配到子流域文件.cio 中
	.hmd	相对湿度输入文件。该文件包含了每个湿度监测站的实测日相对湿度值，最多可以保存 300 个站的数据。每个特定站的数据被分配到子流域文件.cio 中
	.pet	潜在蒸散发输入文件。该文件包含了流域的日 PET 值
	crop.dat	土地覆盖/作物生长数据库文件。该文件包含了流域内所有被模拟的作物的生长参数
	till.dat	耕作数据库文件。该文件包含了流域内由耕作措施所引起的混合数量和深度

续表

文件类型	文件名	描述
流域尺度	pest.dat	杀虫剂数据库文件。该文件包含了流域内所有用于模拟杀虫剂迁移和降解的信息
	fert.dat	肥料数据库文件。该文件包含了流域内所有用于模拟化肥和有机肥的养分含量信息
	urban.dat	城市数据库文件。该文件包含了流域内用于模拟的城镇内的累积/冲刷信息
子流域尺度	.sub	子流域输入文件。为了流域尺度参数的必要文件
	.wgn	天气发生器输入文件。该文件包含了生成子流域典型日天气数据所需的统计数据
	.pnd	坑塘/湿地输入文件。该文件包含了子流域内滞留水的信息
	.wus	水资源利用输入文件。该文件包含了子流域内水量消耗的信息
	.rte	主河道输入文件。该文件包含了水和泥沙在子流域主河道内运移的参数
	.wwq	流域水质输入文件。该文件包含了用 QUAL2E 方法模拟主河道水质的相关参数
	.swq	河流水质输入文件。该文件包含了用 QUAL2E 方法模拟子流域内主河道杀虫剂和营养物迁移的参数
水文响应单元尺度	.hru	HRU 输入文件。HRU 尺度参数的必需文件
	.mgt	管理输入文件。该文件包含了用于模拟 HRU 内管理情景和特定植被的信息
	.sol	土壤输入文件。该文件包含了 HRU 内土壤物理特性信息
	.chm	土壤化学输入文件。该文件包含了 HRU 内土壤中初始营养物质和杀虫剂水平的信息
	.gw	地下水输入文件。该文件包含了子流域内浅层和深层蓄水层的信息
水库文件	.res	水库输入文件。该文件包含了用于模拟水和泥沙在水库中迁移的参数
	.lwq	湖泊水质输入文件。该文件包含了用于模拟水和泥沙在水库中迁移的参数
点源文件	recday.dat recmon.dat recyear.dat reccnst.dat	点源输入文件。该类文件包含了输入河网的点源负荷的信息。用来存储数据的文件形式取决于数据的时间尺度（年、月、日或多年平均）

6.5.2 模型输出文件

1. 输出文件概述

模拟结束后，SWAT 将生成大量输出文件，包括汇总输入文件（input.std）、汇总输出文件（output.std）、HRU 输出文件（output.hru）、子流域输出文件（output.sub）、HRU 蓄水量输出文件（output.wtr）和水库输出文件（output.rsv）等。用户可以将 SWAT 输出的 ASCII 文件生成标准的 dBase 表格（只有电子表格形式的 ASCII 文件可以加载生成 dBase 表格），也可以通过 Reports 菜单中的命令来查看，或直接到模拟结果文件中查找相应的文件读取数据，如河段、子流域和水文响应单元输出文件：output.rch、output.sub 和 output.hru。

SWAT 模型产生的输出文件的具体数据由输入控制码文件（.cod）中的打印码控制。一般日均数据在水文响应单元、子流域和河流文件中，但是各自的汇总时间段不同。根据选择的打印代码，输出文件会包含日数据、月尺度日均值、年尺度日均值或整个模拟期间的日均值。

1）汇总输入文件

汇总输入文件有主要输入值的概要表。该文件向用户提供了"发现-修改"输入值的功能。

2）汇总输出文件

汇总输出文件提供了流域内从水文响应单元到河道范围内的一些平均参数。表中也包含了水文响应单元和子流域尺度的参数的年平均值。

output.std 包含的第一类数据是整个流域的每一年 1～12 月的月平均数据；后面是该年的年平均数据，其中，年平均数据包括以下参数：降水量、地表水深、土壤侧流、地下水深、降雪量、蒸发量、潜在蒸发量；最后是所有年份的平均值。

output.std 包含的第二类跟水有关的数据是，以单个水文响应单元为单位的年平均数据（指所有模拟年份的平均值），包括水文响应单元编号、植被类型、土壤类型、CN 值、土壤可利用水量、降水量、地表水量、地下水量、蒸发量。

output.std 包含的第三类数据是全流域尺度的多年平均数据，提供了 HUR 中参数的年均值，包括降雪、降雨、融雪、升华、地表径流、土壤侧流、地下水、深层地下水补给量、地下水总补给量、总产水量、土壤渗透量、蒸发量、潜在蒸发量、传输损耗等，以上各项单位均为 mm。

2. 河道输出文件

河道输出文件（output.rch）包括流域范围内的每一条河道的数据。以下是对文件中输出变量的简单描述。

RCH：河道编号（也可认为是子流域编号）。

MON：月份。

AREA：子流域面积，km^2。

FLOW_IN：流入该段河道（或认为子流域）的平均流量，m^3/s。

FLOW_OUT：流出该段河道（子流域）的平均流量，m^3/s。

EVAP：通过蒸发从该段河道内损失水的速率，m^3/s。

TLOSS：通过河床传输而损失水的速率，m^3/s。

3. 子流域输出文件

子流域输出文件（output.sub）包含了流域内每个子流域的主要信息，输出结果中不同变量的值是子流域内所有 HRU 的总量或权重平均值。子流域输出文件中的输出变量见表 6-10。

表 6-10 子流域输出文件中的输出变量

变量名	释义
SUB	子流域编号
GIS	来自流域结构文件（.fig）中的 GIS 代码
MON	日时间步长：儒略历日； 每月时间步长：月份（1~12 月）； 时间步长：四个阿拉伯数字表示的年份； 变量年际平均概述
AREA	子流域面积，km²
PRECIP	时间步长内子流域上的降水总量，mm
SNOMELT	时间步长内融化的雪或冰当量，mm
PET	时间步长内子流域的潜在蒸散发量，mm
ET	时间步长内子流域的实际蒸散发量，mm
SW	时段末的土壤含水量，mm
PERC	时间步长内渗入根系层的水量，mm。水离开根系层底部到进入蓄水层有时间滞后现象。从长期来看，该变量应该等于地下水的渗透量
SURQ	时间步长内地表径流对河流流量的贡献，mm
GW_Q	时间步长内地下水对河流流量的贡献，mm，时间步长内从浅层蓄水层进入河流的水量
TLOSS	输移损失，mm。HRU 内支流在河床上的水量损失。在时间步长内这些水重新进入浅层蓄水层。进入干流的净地表径流量为 SURQ 减去 TLOSS
WYLD	产水量，mm。时间步长内离开子流域进入河流的净水量 （WYLD = SURQ + LATQ + GW_Q–TLOSS–坑塘截留）
SYLD	产沙量，100t/km²。时间步长内从子流域进入河流的泥沙量
ORGN	有机态氮产量，100kg N/km²。时间步长内从子流域进入河流的有机态氮负荷量
ORGP	有机态磷产量，100kg P/km²。时间步长内从子流域进入河流的有机态磷负荷量
NSURQ	地表径流中的硝态氮，100kg N/km²。时间步长内随地表径流从子流域进入河流的硝态氮负荷量
SOLP	溶解态磷产量，100kg P/km²。时间步长内随地表径流从子流域进入河流的磷负荷量
SEDP	矿物态磷产量，100kg P/km²。时间步长内吸附在泥沙中随地表径流从子流域进入河流的矿物态磷负荷量

4. 水文响应单位输出文件

HRU 输出文件包含了流域内每个水文响应单元（output.hru）的概要信息，表 6-11 是关于水文响应单元输出文件中的输出变量的简单说明。

表 6-11   水文响应单元输出文件中的输出变量

变量名	释义
LULC	HRU 地表覆盖/植被的四个字母的特征编码（编码来自 crop.dat 文件）
HRU	水文响应单元编码
GIS	来自流域结构文件（.fig）的 GIS 编码
SUB	HRU 所属的子流域
MGT	管理编号，来自管理文件（.mgt）。用于 SWAT/GRASS 界面来完善土地利用/管理类型的输出
MON	每日时间步长：儒略历日； 每月时间步长：月份（1～12 月）； 每年时间步长：四个数字的年份； 各变量年均值概述：所有年数的平均
AREA	HRU 的集水面积，km^2
PRECIP	时间步长内 HRU 上的降雨总量，mm
SNOFALL	时间步长内 HRU 上的降雪、雨夹雪或冰雨的总量，降水当量/mm
SNOMELT	时间步长内融化的雪或冰的量，降水当量/mm
IRR	灌溉水量，mm。时间步长内 HRU 上的灌溉水量
PET	潜在蒸散发，mm。时间步长内 HRU 上的潜在蒸散发量
ET	时间步长内 HRU 上的实际蒸发量（土壤蒸发和作物蒸腾），mm
SW	时段末土壤剖面的含水量，mm
PERC	时间步长内作物根系层内渗透的水量，mm。通常，水离开根系区域底部到浅层含水层有滞后现象。长期来说，该变量和地下水的再补给量是一致的（即当时间趋于无穷大时 PERC = GW_RCHG）
GW_RCHG	时间步长内再补给到蓄水层中的水量（时间步长内进入浅层和深层蓄水层的所有水量），mm
DA_RCHG	深层含水层补给水量，mm。时间步长内从根区进入深层蓄水层的水量（浅层蓄水层的补给量 = GW_RCHG–DA_RCHG）
REVAP	时间步长内由浅层蓄水层进入根区以补充水分不足的水量，mm。该变量也包括由树木和灌木丛直接从浅层蓄水层吸收的水分
SA_IRR	来自浅层含水层的灌溉，mm。时间步长内从浅层蓄水层抽取的用于灌溉的水量
DA_IRR	来自深层含水层的灌溉，mm。时间步长内从深层蓄水层抽取的用于灌溉的水量
SA_ST	时段末浅层蓄水层中的储水量，mm
DA_ST	时段末深层蓄水层中的储水量，mm
SURQ	时间步长内进入干流的地表径流流量，mm
LATQ	进入河流的侧渗流流量，mm。时间步长内在土壤剖面中通过侧渗进入干流的水量
GA_Q	进入河流的地下水水量，mm。时间步长内在土壤剖面中通过地下含水层进入干流的水量。地下水流也被归为基流
WYLD	产水量，mm。时间步长内离开 HRU 进入主河道的水量 （WYLD = SURQ + LATQ–TLOSS–坑塘截留）
SYLD	泥沙产量，$100t/km^2$。时间步长内离开 HRU 进入主河道的泥沙量

续表

变量名	释义
USLE	USLE 计算的土壤流失，100t/km²
N_APP	氮肥的施用量，100kg N/km²。时间步长内施用氮肥（包括有机和无机氮）的总量
P_APP	磷肥的施用量，100kg P/km²。时间步长内施用磷肥（包括有机和无机磷）的总量
NAUTO	自动施用的氮肥，100kg N/km²。时间步长内自动施用氮肥（包括有机和无机氮）的总量
PAUTO	自动施用的磷肥，100kg P/km²。时间步长内自动施用磷肥（包括有机和无机磷）的总量
NGRZ	在放牧过程中增加的氮肥，100kg N/km²。时间步长内由于放牧而进入土壤的氮肥（包括有机和无机氮）总量
PGRZ	在放牧过程中增加的磷肥，100kg P/km²。时间步长内由于放牧而进入土壤的磷肥（包括有机和无机磷）总量
NCFRT	连续施肥中增加的氮负荷量，100kg N/km²
PCFRT	连续施肥中增加的磷负荷量，100kg P/km²
NRAIN	土壤中由于降水增加的氮负荷量，100kg N/km²
NFIX	固定的氮，100kg N/km²。时间步长内豆类固定的氮
F-MN	有机氮转化成无机氮的量，100kg N/km²。时间步长内从新鲜残留物中通过氮矿化进入硝态氮池（80%）和活性有机氮池（20%）的量。从新鲜残留物中进入硝态氮池和活性有机氮池的氮贡献量是正值，而从硝态氮池和活性有机氮池进入新鲜残留物中的氮贡献量是负值
A-MN	活性有机氮转化成矿物态氮的量，100kg N/km²。时间步长内从活性有机氮池进入硝态氮池的氮负荷量
A-SN	活性有机氮转化成稳态有机氮的量，100kg N/km²。时间步长内从活性有机氮池进入稳态有机氮池的氮负荷量
F-MP	有机磷转化成无机磷的负荷量，100kg P/km²。时间步长内从新鲜残留物中通过磷矿化进入活性矿化磷池（80%）和活性有机磷池（20%）的负荷量。从新鲜残留物中进入活性矿化磷池和活性有机磷池的磷贡献量是正值，而从活性矿化磷池和活性有机磷池进入新鲜残留物中的磷贡献量是负值
AO-LP	由有机态转化成不稳定矿化态的磷负荷量，100kg P/km²。时间步长内有机池和非稳态矿化池间磷的运动。从有机态池进入非稳态矿化磷池的磷贡献量是正值，而从非稳态矿化磷池进入有机态磷池的磷贡献量是负值
L-AP	由非稳态转化成活性矿化态的磷负荷量，100kg P/km²。时间步长内非稳态矿化池和活性矿化池（磷被吸附土壤颗粒表面）间磷的运动。从非稳态矿化磷池进入活性矿化态磷池的磷贡献量是正值，而从活性矿化态磷池进入非稳态矿化磷池的磷贡献量是负值
A-SP	由活性态转化成稳态的磷负荷量，100kg P/km²。时间步长内活性矿化磷（被吸附在土壤颗粒表面的磷）池和稳态矿化磷（固定在土壤中的磷）池间的运动。从活性矿化磷池进入稳态磷池的磷贡献量是正值，而从稳态磷池进入活性矿化态磷池的磷贡献量是负值
DNIT	反硝化量，100kg N/km²。时间步长内由硝态氮转为气态化合物的量
NUP	作物带走的氮总量，100kg N/km²。时间步长内作物从土壤中带走的氮总量
PUP	作物带走的磷总量，100kg P/km²。时间步长内作物从土壤中带走的磷总量
ORGN	有机氮产量，100kg N/km²。时间步长内从 HRU 内迁移进入河道的有机氮总量
ORGP	有机磷产量，100kg P/km²。时间步长内和泥沙一起进入河道的磷总量

续表

变量名	释义
SEDP	泥沙中磷产量，100kg P/km²。时间步长内吸附在泥沙上而迁移进入河道的矿物态磷总量
NSURQ	地表径流中的 NO_3 负荷量，100kg N/km²。时间步长内通过地表径流进入河道的硝态氮总量
NLATQ	侧渗流中的 NO_3 负荷量，100kg N/km²。时间步长内通过侧渗流进入河道的硝态氮总量
NO_3L	土壤剖面淋失的 NO_3 负荷量，100kg N/km²。时间步长内经过土壤剖面底部向下的硝态氮总量。该硝态氮不通过浅层蓄水层
NO_3GW	HRU 中由地下水迁移进入河道的硝态氮总量，100kg N/km²
SOLP	可溶性磷产量，100kg P/km²。时间步长内经过地表径流进入河道的可溶矿物态磷总量
P_GW	时间步长内由地下水进入河道的可溶性磷总量，100kg P/km²
W_STRS	时间步长内受水分胁迫（water stress）的天数，d
TMP_STRS	时间步长内受气温胁迫（temperature stress）的天数，d
N_STRS	时间步长内受氮胁迫（nitrogen stress）的天数，d
P_STRS	时间步长内受磷胁迫（phosphorus stress）的天数，d
BIOM	总生物量，100t/km²，时段末地上部和根部的干重
LAI	时段末的叶面积指数
YLD	收获量，100t/km²。模型基于每日数据得出的收获产量
BACTP	由地表径流进入河道的持久性细菌数量，cfu/100mL
BACTLP	由地表径流进入河道的非持续性细菌数量，cfu/100mL

6.6　流域基础资料与处理技术

借助于分布式水文模型 SWAT，模拟预测变化情况下达茂旗境内的径流变化过程。用到的资料包括 DEM、气象、土壤、植被/覆盖、水系、水文地质、水利工程、水资源利用等方面的数据，其中气象数据包括水文站和气象站的日降水，日最高、最低气温，径流，风速，相对湿度，太阳辐射量；水文地质数据包含流域内的岩层厚度、渗透率等基本的水文地质参数，数据类型涉及栅格数据、矢量数据、文本数据和数据库。

6.6.1　DEM 模型建立与数据提取

DEM 以离散分布的平面点上的高程数据来模拟连续分布的地形表面。通常情况下，DEM 只含有地形表面的高程信息。

1. 数字高程模型的建立

研究区达茂旗的 DEM 来源于美国国家图像与测绘局（The National Imagery and Mapping Agency，NIMA）和美国国家航空航天局（National Aeronautics and Space Administration，NASA）的（30m×30m）地面高程数据，见图 6-9。

图 6-9　达茂旗 DEM

2. 基于 DEM 的地形信息提取

草地的地域性分布是草地资源基本特征中最明显的一个，全球范围内形成了多种多样的草地生态环境，即使在一个很小的范围内，海拔、地形、坡度、坡向不同，引起水、热条件的再分配，使生态环境发生相应的变化，也可以形成不同的草地资源类型及特点。本章主要从达茂旗海拔、地形、坡度坡向三个方面进行地形特征信息提取和分析。

1）海拔特征提取与分析

地面点与大地水准面的高差称为海拔，其不仅反映了地面点重力势能的大小，同时一定程度上决定了日照、降水、温度等资源生态环境和特点。海拔是 DEM 包含的基础地形信息，本章以 100m 为组距，对海拔进行等差分级，共分 8 个等级，结果如图 6-10 所示。

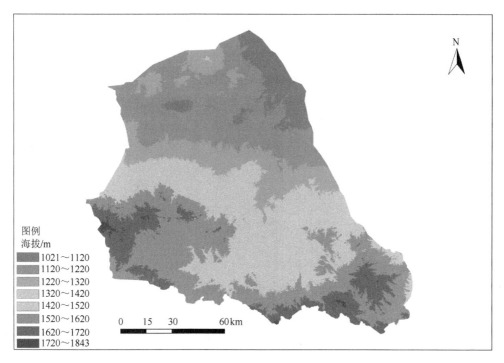

图6-10 达茂旗高程分级图

从海拔分级结果可知，研究区最大高程1843m，最小高程1021m，平均高程1387m，属于低山丘陵。研究区1021~1120m分布范围占总面积的6.3%，主要集中在满都拉镇东北部和达尔汗苏木的北部；1120~1220m分布范围占21.0%，主要集中在巴音花镇、满都拉镇的大部以及达尔汗苏木的北部；1220~1320m分布范围占12.1%；1320~1420m分布范围占11.4%，分布在达茂旗中部百灵庙镇；1220~1420m这个高度范围属于过渡地带；1420~1520m分布范围占18.3%；1520~1620m分布范围占21.7%，集中分布在达茂旗的西南（明安镇）和东南部（乌克忽洞镇、石宝镇、希拉穆仁镇）；1620~1720m分布范围占8.8%；1720~1843m分布范围占0.4%，零星分布于达茂旗的南部明安镇、乌克忽洞镇、石宝镇、希拉穆仁镇。

整体而言，高程由北向南呈阶梯式缓和递增。

2）地形变异特性提取与分析

地表粗糙度是刻画地形水平方向上变异特性的重要量化指标，也是反映地表起伏变化、侵蚀程度的重要地形因子，在水土保持、环境监测、生态建设中都具有重要意义。

地表粗糙度 K 用地表的实际面积 $S_{surface}$ 与其投影面积 $S_{projection}$ 的比值来表

示，而根据坡度的定义可以推导出地表粗糙度，也可以用坡度余弦的倒数来计算，即

$$K = S_{surface}/S_{projection} = 1/\cos(Slope/180 \times \pi) \qquad (6\text{-}40)$$

式中，K 为栅格单元内的地表粗糙度；$S_{surface}$ 为栅格单元内地表的实际面积；$S_{projection}$ 为栅格单元内地表的投影面积；Slope 为栅格单元的坡度值。

按照上式计算，得到研究区的地表粗糙度，本章按照整数数值对地表粗糙度进行划分和分析，结果如图 6-11 所示。

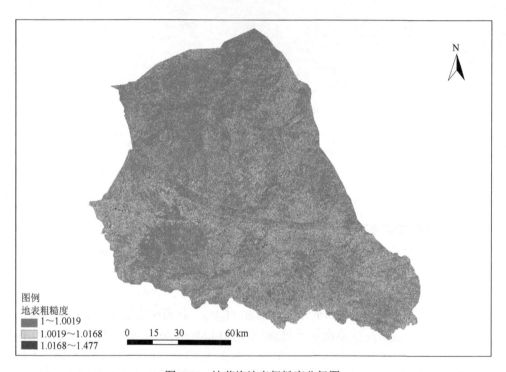

图 6-11　达茂旗地表粗糙度分级图

地形的变异性在水平方向上用地表粗糙度表示，垂直方向上则用地形起伏度描述。地形起伏度是指在一个指定的区域栅格内，最大高程和最小高程的差值，地形起伏度越大，说明垂直方向上地表的变异程度越大。从其定义可以看出，地形起伏度反映区域内地面的起伏特征，对草地水土保持、草地生态建设具有重要意义。地表粗糙度是衡量地表侵蚀程度的重要量化指标，其在实际应用中用地形起伏度代表。

本章利用 ArcGIS 软件对地形起伏度进行信息提取，首先依据前人的研究成

果及研究区的地形特点，从 3×3 分析窗口开始提取 H_{max} 和 H_{min}，尝试增大分析半径，直到 6×6 分析窗口以后，地形起伏度趋于稳定，$H = H_{max}-H_{min}$，数据单元格大小 30m×30m，面积达到约 32400m^2，所以本章以 6×6 分析窗口为最佳统计单元计算地表起伏度，如图 6-12 所示。

图例
起伏度/m
- 0~5
- 5~10
- 10~20
- 20~30
- 30~119

0　15　30　60km

图 6-12　达茂旗地形起伏度分级图

从图 6-12 中可以看出，达茂旗的地形起伏度大部分小于 20m，地形起伏度较为缓和。小于 5m 的起伏度占 22.34%；起伏度在 5~10m 的占 45.91%，研究区大部分分布在这一起伏度范围；10~20m 的占 28.32%，仅次于起伏度在 5~10m 的面积；20~30m 的占 2.96%，零星分布在明安镇、百灵庙镇、达尔汗苏木；大于 30m 的仅占 0.47%。可见，研究区地势较为平缓。

经统计分析可知，研究区地表粗糙度分布在 1~1.5 范围内，其余仅占 1%。由此可见，达茂旗地表粗糙度变化不大，说明其地形水平方向变异性较小，反映出研究区受侵蚀和破碎的程度较小。地形起伏度的统计结果显示，达茂旗地势起伏平坦（<5m）、平坦起伏（5~10m）、微起伏（10~20m）、小起伏（>20m）所占比例分别为 22.34%、45.91%、28.32%、3.43%，可见研究区内地形平坦地势占到 2/3 以上，起伏以平坦起伏为主，小起伏仅在山顶点附近有零星分布。从空间分布上分析，地表粗糙度和地形起伏度的等级划分并没有明显的界线，分布比较均匀，说明地形水平、垂直两个方向复杂和变异程度不大。

3）坡度、坡向特征提取与分析

坡度定义为水平面与地形面之间的夹角，是决定地表物质及能量流动规模和大小的重要地形因子，因此在分析草原植被保护、草地水土保持、草原承载力估算、土地利用规划等问题时，坡度往往作为一个重要参数予以考虑。本章对研究区地形坡度进行提取，并参考水土保持分级标准，将坡度划分为 A（0°～3°）、B（3°～8°）、C（8°～15°）、D（15°～25°）、E（＞25°）5 个等级，如图 6-13 所示。

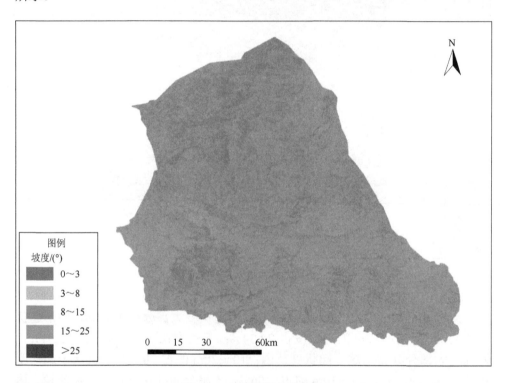

图 6-13　达茂旗坡度分级图

坡向也称坡面倾角或方向角，单位为°，一般以正北方向为 0°，按顺时针方向度量。坡向不同，坡面所接受的太阳辐射不同，会影响湿度、温度条件、坡面植被生长状况、地面组成物质的风化速率、风化类型等，进而影响草原植被的种类和分布状况，因此坡向分析在水文模型建立、土壤侵蚀分析、水土流失监测、地貌形态模拟、生态环境研究等地学分析领域有着广泛的应用。本章将坡向分成 9 个方向，即平地（–1），北方（0°～22.5°、337.5°～360°），东北方（22.5°～67.5°），东方（67.5°～112.5°），东南方（112.5°～157.5°），南方（157.5°～202.5°），西南方（202.5°～247.5°），西方（247.5°～292.5°），西北方（292.5°～337.5°），坡向划分如图 6-14 所示。

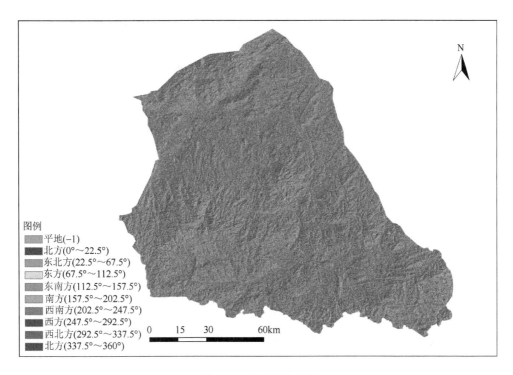

图 6-14　达茂旗坡向图

坡度与坡向是相互联系的地形因子，坡度反映斜坡的倾斜程度，坡向反映斜坡所面对的方向。经统计，A 级坡为小于 3°侵蚀较弱的塬心地，所占比例为 53.58%；B 级坡为 3°～8°，占 43.1%，8°以下坡度均为平坡，仅会产生细沟、浅沟等侵蚀现象；C 级坡为 8°～15°，占 3.17%，15°以下土壤侵蚀较弱；D 级坡为 15°～25°，占 0.144%；25°是退耕还草还林界线，作为土壤侵蚀方式转变的临界值，25°以上土壤侵蚀以重力侵蚀为主，E 级坡属于这一范围，其所占比例小于 0.005%。研究区 A 级、B 级坡所占比例为 96.68%。可见希拉穆仁草原大部分地区坡度、坡向并不是产生土壤侵蚀的主要因素，并且极少出现重力侵蚀。

分析达茂旗坡向因子可知，研究区内平坦地形占 1.0%；东北、北、西北坡向合称为北坡，占 40.8%；东南、南、西南坡向合称为南坡，占 34.7%，南、北坡比例基本相当。平坦地形主要分布于水域、城镇等区域，而南、北坡也具有截然不同的水热条件，南坡由于日照较充足，其光热条件明显好于北坡，而北坡的蒸发量要明显小于南坡，因此南坡适宜于喜光热的草种类型生长，北坡则更适宜于对水分敏感的草种类型。

3. 基于 DEM 的研究区自然水系提取

水系及相关水文特征是决定区域或流域范围内水流运动的重要因素，不仅是基础地理信息系统较重要的要素之一，也是所在地区地质、地形、地貌及气候等众多因素作用的综合反映。在数字水文模型构建、水文分析、环境分析、水资源保护、水土保持等研究工作中，水系及水文特征常被用作基础数据。近年来，随着地理信息系统的广泛应用，DEM 提取水系及水文特征成为当前研究流域信息的一种重要手段。本章基于地表径流漫流模型来判别水流路径生成水系，根据 DEM 栅格单元及其八个相邻单元格之间的最大坡度来确定水流方向，计算每个单元格的上游汇水面积，通过一个汇水面积阈值标记水系，提取研究区水系特征。

1）基于 DEM 自然水系特征提取原理与方法

（1）洼地填平及平地起伏。

洼地是指 DEM 上四周高中间低的一个或一组高程点，在自然条件下，水流从高处向低处流动，遇到洼地首先将其填满，再从该洼地的某一最低出口流出。由于洼地是局部的最低点，所以无法确定该点的水流方向。因此，在 DEM 水系特征提取之前要先进行填洼处理。填洼处理是对每一个单元格进行搜索，找出凹陷点并使其高程值等于周围点的最小高程值，在对洼地进行提升后，可能会在更大区域产生新的洼地需要处理，一般需要经过 3~4 次迭代后，才能去除绝大多数的洼地。

DEM 中原始已有的平地和洼地填平生成的平地，对水流方向的确定有着重要的影响，需要对平地区域进行再处理。平地处理的常用方法为"高程增量叠加法"，通过抬升平地高程增量，来设定平坦单元格内的水流方向。该算法的基本思想是，确定连续的平地范围，对平地范围内各单元格增加一微小增量。每个单元格的增量大小是不一样的，但其最大增量值不能超过 DEM 的分辨率。这样每个单元格就有了明确的水流方向，从而能够产生合理的汇流水系。

（2）水流方向确定。

水流方向确定建立在 3×3 的 DEM 栅格网基础上，其方法有单流向法和多流向法之分，其中单流向法因简单方便而应用广泛。在众多单流向法之中，D8 法应用最为广泛，该方法原理为假设单个栅格中的水流只有 8 种可能的流向，通过计算中心栅格与其相邻的 8 个栅格间的距离权落差，取相邻栅格中距离权落差最大的为水流出的栅格，该方向为中心格网的流向。该方法分别用 1、2、4、8、16、32、64、128 代表东、东南、南、西南、西、西北、北、东北 8 个流向，用上述数字取代原始 DEM 的单元高程，形成一张新的栅格模型，称之为流向栅格。

（3）汇流累积量计算。

汇流累积量是区域内每个栅格单元的流水累积量。区域内栅格的汇流累积量反映了其汇水能力的强弱程度，一个栅格的汇流累积量越大，其汇流能力也就越强，该栅格所代表的地形特征有可能是河谷；反之，汇流能力为零的区域可能是分水岭。计算的思路是以规则格网表示的 DEM 每个栅格单元有一个单位的水量，按照水流从高处流往低处的自然规律，根据区域地形的水流方向数据，计算每个栅格单元处所流过的水量数值，便可以得到该区域水流累积数字矩阵。

（4）水系生成。

DEM 中某个栅格单元若属于一个水系范围，则必须存在一定的上游集水区域。根据已经得到的汇流累积量数据，并根据研究区域的气候、地形等因素确定一个阈值，当某个栅格单元的累积流量超过了这个阈值，则可以认定该栅格点属于某个水系的范围。不低于给定阈值的单元格标记为 1，否则标记为 0，得出二值栅格阵列，就是水系栅格网络图。对于给定的流域，集水面积阈值越小，河网越稠密，反之越稀疏。调整阈值使生成的流域水系尽可能与实际相吻合，否则会影响水系提取的精度。水系栅格数据的生成可以利用 ArcGIS 软件中单输出地图代数工具的 Con 命令计算，再通过 Stream to Feature 工具处理即可得到水系矢量图。

（5）流域分割。

水系生成后，就可按实际工作的需要确定流域的界限，以便提取与分析研究范围内相关水文特征参数。在划分流域时，首先确定流域的出口位置，从流域出口沿河道向上游搜索每一条河道的集水区范围，搜索到的所有栅格所占区域的边界即为流域的界限。在 ArcGIS 中通过 Hydrology 中的 Stream Link 得到流域出口的栅格数据，再以该栅格数据和流向栅格数据为基础，通过 Watershed 模块得到研究区的子流域。

2）研究区自然水系特征提取成果与分析

利用上述提取水系的原理方法和 GIS 软件，提取研究区的水系。首先，对融合好的 DEM 进行填洼处理。其次，建立水流方向矩阵和水流累积量矩阵。然后，通过给定水道上游集水面积的阈值，得到研究区水系栅格数据。最后，通过矢量化处理得到水系的矢量数据。采用试错法确定阈值，并根据研究区的实际地形地貌和实地定点调查，选定阈值为 2000，生成研究区水系，如图 6-15 所示。

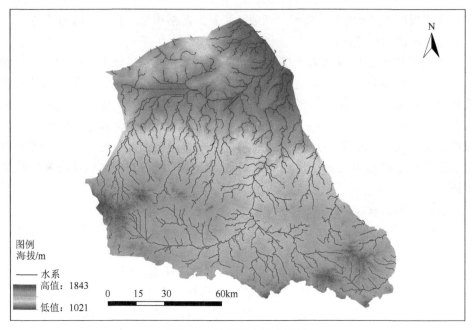

图 6-15　达茂旗自然水系图

6.6.2　土壤数据库

本章采用的达茂旗 1：100 万土壤类型图来源于中国科学院南京土壤研究所的研究成果。土壤数据库采用了传统的"土壤发生分类"系统，基本制图单元为亚类。研究区土壤主要有淋溶性钙质土、淡栗钙土、钙积栗钙土（1 和 2 两种）、石灰性冲积土、盐化冲积土、钙积潜育土、过渡性红砂土、石灰性砂性土、黑色石灰薄层土、潜育黑土、石灰性黑土等 12 个类型。

1. 土壤类型

由土壤类型可以看出，本区域土壤比重较大的是淋溶性钙质土，占区域土壤总面积的 41.68%；其次为钙积栗钙土 1 和淡栗钙土，分别占区域土壤总面积的 21.93% 和 21.61%；水域（WATER）面积仅占总面积的 0.29%，最小的为石灰性冲积土，占0.14%（表 6-12）。

表 6-12　各土壤类型面积

土壤名称	面积/km²	百分比/%	土壤名称	面积/km²	百分比/%
过渡性红砂土	45.95	0.26	钙积栗钙土 1	3805.53	21.93
石灰性砂性土	851.80	4.91	钙积栗钙土 2	81.83	0.47

续表

土壤名称	面积/km²	百分比/%	土壤名称	面积/km²	百分比/%
淋溶性钙质土	7232.06	41.68	黑色石灰薄层土	368.18	2.12
石灰性冲积土	24.06	0.14	石灰性黑土	142.28	0.82
盐化冲积土	107.54	0.62	潜育黑土	300.00	1.73
钙积潜育土	643.71	3.71	水域	49.47	0.29
淡栗钙土	3749.28	21.61			

各亚类土壤在研究区的分布见图 6-16。

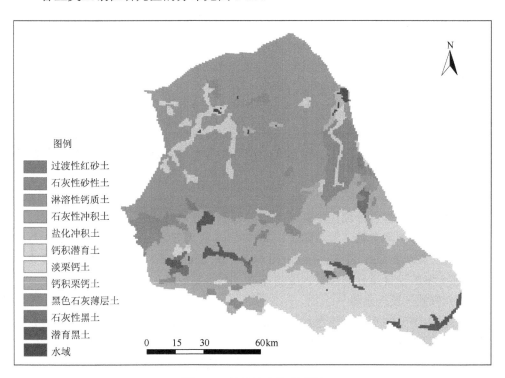

图 6-16 达茂旗土壤类型图

2. 土壤数据库参数

土壤数据库和矢量图之间由土壤数据查询表 solic.txt 文件连接，土壤数据库需要输入各类土壤的物理化学参数，主要包括土壤名称、分层数、水文分组、土壤厚度、孔隙率及各层土壤的物化参数，见表 6-13。

表 6-13　土壤数据库主要参数

一般土壤参数		分层土壤参数	
中文名	英文缩写	中文名	英文缩写
土壤名称	SNAM	饱和水力传导度	SOL_K1
分层数	NLAYERS	有机碳含量	SOL_CBN1
水文分组	HYDGRP	黏土体积百分含量	CLAY1
土壤厚度	SOL_ZMX	粉砂体积含量	SILT1
阴离子排出孔隙率	ANION_EXCL	砂土体积含量	SAND1
总孔隙度	SOL_CRK	砾石体积含量	ROCK1
土壤厚度	SOL_Z1	土壤反照率	SOL_ALB1
容重	SOL_BD1	USLE 土壤侵蚀系数	USLE_K1
土壤体积含水量	SOL_AWC1		

注：分层土壤参数中，1 表示第一层，后面还有第二层、第三层等，此处略。

各类土壤参数一般应由实测获取，也可参考土壤普查数据，重要的几个参数获取途径如下。

1）土壤颗粒组成

土壤粒径含量百分比需为美制方式，若不一致需要转换，两种土壤分类标准和转换程序可参考文献（梁犁丽等，2017）。本章土壤数据库裁切于 1∶100 万世界土壤数据库 version 1.1（harmonized world soil database，HWSD）中国土壤数据集，其土壤粒径含量分类标准为美制方式，不需要转换。

2）有效土壤含水量

模型中定义的有效土壤含水量 SOL_AWC 由土壤田间饱和含水量减去凋萎系数得到，调查数据有效含水量数据缺失较多，而各层土壤颗粒组成数据较全，因此选择美国华盛顿州立大学开发的土壤水特性软件 SPAW（Soil-Plant-Air-Water），根据粒径含量和有机质含量计算此值，然后输入土壤数据库中。SPAW 软件中的土壤水特性（soil-water-charateristics，SWCT）模块可以根据黏土（clay）、砂（sand）、有机物（organic matter）、盐度（salinity）、砂砾含量（gravel）等参数计算出一系列土壤物理特性参数，如凋萎系数（wilting point）、田间持水量（field capacity）、有效含水量（available water）、饱和度（saturation）、土壤容重（bulk density）和饱和水力传导度（sat hydraulic cond）5 个土壤参数。

3）土壤侵蚀度参数 USLE_K

由下面公式计算：

$$USLE\_K = f_{csand} \times f_{cl-si} \times f_{orgC} \times f_{hisand} \qquad (6\text{-}41)$$

其中,

$$f_{csand} = 0.2 + 0.3 e^{-0.0256 \times m_s \times \left(1 - \frac{m_{silt}}{100}\right)}, f_{ci-si} = \left(\frac{m_{silt}}{m_c + m_{silt}}\right)^{0.3},$$

$$f_{orgC} = 1 - \frac{0.0256 \times orgC}{orgC + e^{(3.72 - 2.95 \times orgC)}}, f_{hisand} = 1 - \frac{0.7 \times \left(1 - \frac{m_s}{100}\right)}{\left(1 - \frac{m_s}{100}\right) + e^{-5.51 + 22.9 \times \left(1 - \frac{m_s}{100}\right)}} \qquad (6\text{-}42)$$

式中, m_s 为砂土含量(粒径 0.05～2.00mm); m_{silt} 为粉砂含量(粒径 0.002～0.05mm); m_c 为黏土含量(粒径<0.002mm); orgC 为土层中有机碳含量,%。

4)土壤反照率

土壤反照率考虑因素主要有土壤含水量、土壤有机质含量和土壤颜色,首先参照确定土壤含水量、土壤有机质和土壤颜色范围(表 6-14)。

表 6-14　不同性质地面的反照率　　　　　　　　(单位:%)

地面	反照率	地面	反照率	地面	反照率
砂土	29～35	黑钙土(干)	14	干草地	29
黏土	20	黑钙土(湿)	8	小麦地	10～25
深色土	10～15	耕地	14	新雪	84～95
浅色土	22～32	绿草地	26	陈雪	46～60

土壤反照率与含水量、有机质含量、土壤颜色等因素有关,土壤含水量为 0～50%时土壤反照率为 35%～5%。土壤有机质含量为 0～23%时土壤反照率为 35%～5%。土壤颜色为黑色时土壤反照率为 5%～15%;灰色时土壤反照率为 15%～22%;浅色时土壤反照率为 22%～35%。该参数无实测数据,本章采用线性插值方法确定,即根据专家打分确定土壤含水量(0～50%)、土壤有机质含量(0～23%)和土壤颜色的权重,分别为 0.5、0.3 和 0.2,得到计算公式为

$$SOL\_ALB = 0.5 \times X + 0.3 \times Y + 0.2 \times Z \qquad (6\text{-}43)$$

式中, X、Y 和 Z 分别为土壤含水量、土壤有机质含量和土壤颜色标准化后的值。

6.6.3　植被数据库

本章采用的达茂旗 1:100 万植被图来源于中国农业科学院草原研究所的相

关成果。草原植被覆盖度详见 5.4 节 "研究区草地植被动态变化"。全国土地利用现状分类系统具有地理学和生态学方面的综合特征，本章采用该分类系统对研究区植被进行划分，并建立植被数据库。研究区植被图详细反映了植被类型组、植被型群系和亚群系植被单位的分布状况、水平地带性和垂直地带性分布规律。

研究区植被图和植被数据库属性数据由土地利用数据的查找表 luc.txt 连接。各种植被类型的生理参数大多需要实测来确定，考虑实际情况，将植被类型与模型原数据库中自带的植被类型进行比较和匹配，将研究区内的植被类型转换为模型自带的类型，各生理参数根据实际情况进行修正。

流域各植被型的面积见表 6-15，由表 6-15 可知，区域内温性荒漠化草原类中的灌木、半灌木、针茅型植被占到区域植被总面积的 43%以上；其次是冷蒿、丛生禾草、红砂、小禾草等温性草原类和温性荒漠化草原类植被，占 20%以上；再次是羊草、针茅等温性草原类植被，占 15%以上。面积最小的是藏锦鸡儿、冷蒿等温性草原化荒漠类植被，仅占总面积的 2.01%，其次是低地盐化草甸类植被，面积占 4.26%。

表 6-15　各植被型面积

代码	植被类型	面积/km²	百分比/%	代码	植被类型	面积/km²	百分比/%
27	温性草原化荒漠类植被	353.39	2.01	31	温性草原类和温性荒漠化草原类植被	3586.00	20.42
32	温性草原类植被	2699.83	15.37	33	灌木、半灌木、针茅型植被	7690.60	43.79
37	温性荒漠草原类植被	2486.45	14.15	39	低地盐化草甸类植被	747.74	4.26

6.6.4　气象数据

本章采用的气象数据为达茂旗百灵庙气象站、四子王旗气象站、满都拉气象站 1975～2015 年的日降水、日最高/最低气温数据、相对湿度、风速和太阳辐射资料，数据来自中国气象数据网。各站点资料见表 6-16。

表 6-16　水文气象站点资料

气象水文站点	降水资料	气温资料	径流资料	其他气象水文资料
百灵庙	日降水，时段：1975～2015 年	日最高、最低、平均气温，时段同降水	百灵庙水文站1975～2015 年	日平均风速、日照时数和相对湿度，时段同降水
满都拉	日降水，时段：1975～2015 年	日最高、最低、平均气温，时段同降水	无	日平均风速、日照时数和相对湿度，时段同降水
四子王旗	日降水，时段：1975～2015 年	日最高、最低、平均气温，时段同降水	无	日平均风速、日照时数和相对湿度，时段同降水

将 3 个站的日降水和日最高、最低气温资料转换成模型输入的日数据格式，并以.txt 格式进行存储。模拟过程中，利用彭曼公式计算植被蒸散发还需用到相对湿度、风速和太阳辐射等日数据。根据日照时数、站点经纬度坐标和日时序数计算日最大可能辐射量（天文辐射量的 20%），然后除以日长得到时均辐射量，露点温度根据相对湿度和日均气温计算得到。各气象数据均需按照模型输入格式的要求整理日数据，并转成.txt 格式。当时间序列的实测数据出现缺测值时，可以用 −99.0 补齐测量值，这样天气发生器会生成一个模拟值来替代运算时间内的缺测数据。测量气象记录的起始日是所有记录中的最早日期，终止日是所有记录中的最晚日期，同一类气象数据应具有相同的起止时间。

输入模型的气象数据还包括 3 个站 12 个月的月平均日最高气温、月平均日最低气温、月最高气温日偏差、月最低气温日偏差、平均月降水量、月降水偏差、月日降水偏态系数、2 个降水概率（无雨日之后是降水日的概率，降水日之后仍是降水日的概率）、每月平均降水日数、最大半小时降水量、月均净太阳辐射量、月平均露点温度、月均风速。每个气象水文站点 12 个月的各项参数均根据日数据编程计算求得，按模型输入格式写入气象数据库中。此外，还需制作 3 个站的位置信息表 wgnstations.dbf，其中包含各站的位置和高程信息。

6.6.5　水资源开发利用数据

SWAT 模型主要模拟复杂大流域、长时段、不同下垫面条件对径流的影响，适应于人类活动影响比较小的区域。平原区人类活动剧烈，特别是各种水利工程的修建和运行，使流域水循环模式发生改变，如引水灌溉改变了流域内子流域间水量的分配，年调节水库或多年调节水库直接改变了河道径流在时间上的分配。本次模拟过程中，水资源利用主要考虑水库、耕作及社会经济取水方面。研究区水资源开发利用详见 4.5 节。

研究区内已经运行的水库有 7 座，其中中型水库 1 座，小型水库 6 座。模型能够识别水库，但对于具有多年调节功能的水库还需要更为详细的下泄流量资料，对于引水口，处理为手动添加的出口，参与子流域划分来进行模拟运算。

在耕作措施中加入了种植、灌溉和收割措施，根据日期分别设置各措施的参数。由于资料限制，仅添加了麦类的耕作管理措施，未考虑其他植被和作物。根据生产生活取用水过程，将水量分别按照每个子流域 0.15 万～0.56 万 m³/d 的耗水量从河道取水，0.1 万 m³/d 的耗水量从浅层地下水取水，使这些水量从各子流域水循环中扣除，农业用水按照灌溉定额换算成灌溉水深从河道中取走，投入所涉及的子流域中。

6.7　模　拟　过　程

利用制备好的数据库及各种矢量数据、栅格数据、文本数据，输入模型进行河网提取和子流域划分，利用土地利用/土壤/坡度图叠加生成水文响应单元，然后进行气象水义数据输入、写入模型需要的数据库、运行/调试、校核和验证等模拟步骤。

6.7.1　子流域划分

达茂旗子流域划分用到的数据有：研究区实测河网矢量图和 DEM。实测河网数据来源于国家测绘局于 1995 年在国家基础地理信息中心建立的全国 1∶25 万地形数据库。借助于分布式水文模型 ArcSWAT 平台进行子流域的划分，汇流累积量阈值设为 100km²，共划分为 24 个子流域，结果见图 6-17。

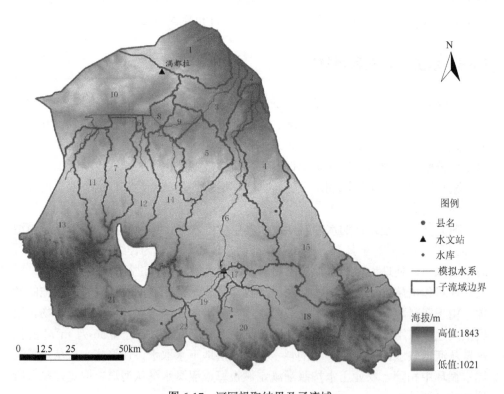

图 6-17　河网提取结果及子流域

6.7.2　水文响应单元划分

水文响应单元由植被类型数据、土壤类型数据和坡度类型三个图层叠加而成。其中，植被类型根据植被图、植被分类链接表进行划分，土壤类型根据土壤图和土壤链接表进行分类，由于研究区坡度比降不大，故将研究区坡度分为 0°～15°、15°～25° 及 25° 以上三类。本次 HRU 根据各层数据面积百分比进行划分，设置子流域某一区域的植被类型面积超过 15%，同时土壤类型超过 15%、坡度类型面积比例超过 15% 时，划分为一个 HRU，每个子流域可划分出多个 HRU，流域共划分为 212 个 HRUs。

6.7.3　模型运行调试

HRU 定义以后，输入模拟中使用的气象数据。气象数据输入对话框分为 6 个部分：天气发生器数据、降水数据、气温数据、太阳辐射数据、风速数据和相对湿度数据。天气发生器所需数据必须输入，其他五个选项用户可以选择采用模拟或者使用实测数据。利用"Write Input Tables"菜单将气象水文站点数据输入模型，生成模型需要的各文件及参数，并在"Edit SWAT Input"菜单下修改生成的文件及数据库。

模型中的"水库"表示流域中的天然和人工蓄水区域，区域中无天然水库，仅需考虑人工水库的径流调节。研究区内水库有 7 座，其中黄花滩水库为中型水库，其总库容占全部水库总库容的 45.3%；杨油房水库为小型水库，其总库容占全部水库总库容的 25.7%，两个水库总库容合计占本区域水库总库容的 71%。为计算方便，仅在数据库中输入黄花滩水库和杨油房水库的运行参数，设置正常水位及其对应的库容、泄洪水位及其对应的库容、库底水力渗透系数等参数，以及水库开始运行年份，蓄、泄水方式等，两个水库特征水位和库容统计见表 6-17。由于研究区内仅百灵庙水文站一个监测断面，故在百灵庙水文站处设置控制节点，将其作为径流控制和校核断面，水文站位置见图 6-18。

表 6-17　两个水库特征水位和库容统计

序号	水库名称	所在地	总库容/万 m³	正常蓄水位/m	正常蓄水位相应库容/万 m³	经度（E）	纬度（N）
1	黄花滩	百灵庙镇	1481	1405.9	500	110°32′17.4″	41°37′36.6″
2	杨油房	西河乡	840	1497	306	110°03′26.3″	41°29′40.1″

选择"日降水数据/径流曲线方法/以日为单位"进行径流演算，潜在蒸散发计算方法经比较选用 Priestley-Taylor 法，河道汇流演算选用变动存储系数模

型法。考虑 20 世纪 80～90 年代水土资源的开发，植被、土壤等下垫面条件与 50～60 年代相比变化较大，并且考虑率定期内包含一个水文周期，因此选择 1975 年为模型预热期，1976～2002 年为模型参数率定期，2003～2015 年为模型验证期。

6.8　敏感性参数分析与校核

6.8.1　模型径流敏感性参数分析

为提高调参效率，首先进行参数的敏感性分析。本次敏感性分析运用的是 LH-OAT 方法，既能保证所有的参数在其限值范围内变化，又能明确输出结果对某个输入数据变化的响应。敏感性最后结果根据敏感程度的大小排列，若径流作为敏感性分析指标，涉及 26 个参数，结果为 1 的参数为最敏感，即对输出结果影响最大，结果为 2～6 的参数为比较敏感，结果为 7～25 的参数为一般敏感，结果为 26 的参数为最不敏感。本章敏感性分析主要为径流模拟涉及的 26 个参数，各参数含义见表 6-18。

表 6-18　用于径流敏感性分析的参数

序号	参数	名称	物理过程	下限值	上限值	输入文件
1	ALPHA_BF	基流消退系数	地下水	0	1	*.GW
2	BIOMIX	生物混合效率系数	土壤	0	1	*.MGT
3	BLAI	最大潜在叶面积指数	植被	0.5	10	CROP.DAT
4	CANMX	最大植被截留量	径流	0	10	*.HRU
5	CH_K2	河道有效水力传导度	渠道	−0.01	500	*.RTE
6	CH_N	河道曼宁系数	渠道	−0.01	0.3	*.RTE
7	CN2	径流曲线数	地表径流	30	98	*.MGT
8	EPCO	植物吸收补偿系数	蒸发	−0.01	1	*.BSN
9	ESCO	土壤蒸发补偿系数	蒸发	−0.01	1	*.BSN
10	GW_DELAY	地下水延迟天数	地下水	0	500	*.GW
11	GW_REVAP	浅层地下水再蒸发系数	地下水	0.02	2	*.GW
12	GWQMN	浅层含水层的水深阈值	土壤	0	5000	*.GW
13	REVAPMN	浅层地下水再蒸发水深阈值	地下水	0	500	*.GW
14	SMTMP	降雪温度	降雪	−5	5	*.BSN
15	SLOPE	平均坡度	地形	0	0.6	*.HRU
16	SLSUBBSN	平均坡长	地形	0	150	*.HRU
17	SMFMN	最小融雪系数	融雪	0	10	*.BSN
18	SMFMX	最大融雪系数	融雪	0	10	*.BSN
19	SMTMP	融雪基温	融雪	−5	5	*.BSN

序号	参数	名称	物理过程	下限值	上限值	输入文件
20	SOL_ALB	湿润土壤地表反射率	蒸发	0.01	1	*.SOL
21	SOL_AWC	土壤可利用水量	土壤	0.01	0.4	*.SOL
22	SOL_K	土壤饱和水力传导度	土壤	0	2000	*.SOL
23	SOL_Z	土壤深度	土壤	0	3500	*.SOL
24	SURLAG	地表径流延迟时间	径流	1	12	*.BSN
25	TIMP	雪盖温度影响系数	降雪	0	1	*.BSN
26	TLAPS	温度变化率	地形	0	50	*.SUB

根据整理好的 1975~2002 年月径流实测资料,选择百灵庙水文站控制断面以上所有子流域,对 26 个径流参数进行敏感性分析。模型参数在允许的范围内进行优化和分析,且参数值保持相对的物理意义。每个参数在范围内改变 10 次,模型共运行 $10 \times (26+1) = 270$ 次,得到月径流敏感性分析结果,见表 6-19。敏感值大于 1 的参数为极敏感参数,0.2~1 的为高敏感参数,0.05~0.2 的为中敏感参数,低于 0.05 的为较不敏感参数。

表 6-19　月径流敏感性分析结果

参数	SOL_AWC	GWQMN	CN2	REVAPMN	SOL_Z	ESCO
敏感度排序	1	2	3	4	5	6
敏感值	6.97	4.07	2.02	1.64	1.26	1.07
参数	CANMX	SLOPE	SOL_K	TIMP	GW_REVAP	BLAI
敏感度排序	7	8	9	10	11	12
敏感值	0.599	0.547	0.527	0.255	0.169	0.127
参数	CH_K2	GW_DELAY	ALPHA_BF	SMTMP	EPCO	BIOMIX
敏感度排序	13	14	15	16	17	18
敏感值	0.0647	0.0521	0.0347	0.0217	0.0149	0.00745
参数	SURLAG	SOL_ALB	CH_N	SFTMP	SLSUBBSN	SMFMN
敏感度排序	19	20	21	22	22	22
敏感值	0.00561	0.00302	0.00201	0	0	0
参数	SMFMX	TLAPS				
敏感度排序	22	22				
敏感值	0	0				

由表 6-19 可知,用于敏感性参数分析的 26 个参数中,SOL_AWC、GWQMN、CN2、REVAPMN、SOL_Z 和 ESCO 对研究区月径流的模拟影响较为显著,分别

排在前六位，SOL_AWC 是土壤可利用水量，通过对土壤水的调节，影响地表径流和地下径流的分配。CANMX、SLOPE、SOL_K、TIMP 可以认为是高敏感参数，分别排在第七～第十位；GW_REVAP、BLAI、CH_K2、GW_DELAY 可认为是中敏感参数，分别排在第十一～第十四位；其余可认为是较不敏感参数，分别排在第十五～第二十二位（后五个参数并列第二十二位）。

6.8.2　模型校核与验证

1. 方法

模型校核与验证用来判断该模型在研究区域的适用性，校核采用手动试错法和自动参数优化 SCE-UA 法相结合的方法。校核和验证均以月尺度为时间步长，评估模拟的月径流值与实测径流值之间的拟合程度选用相关系数（r）和 Nash-Suttclife 效率系数 NSE。

（1）确定性效率系数 NSE：Nash 与 Sutcliffe 在 1970 年提出的模型效率系数（Nash 系数），通过模拟值与实测值的比较来评价模型模拟的精度，直观地体现了实测与模拟流量过程拟合程度的优劣，表达式为

$$NSE = 1 - \frac{\sum\limits_{i=1}^{n}\left(q_{obs} - q_{sim}\right)^2}{\sum\limits_{i=1}^{n}\left(q_{obs} - \overline{q}_{obs}\right)^2} \tag{6-44}$$

式中，q_{obs} 为径流观测值；q_{sim} 为径流模拟值；$\overline{q}_{obs}$ 为径流观测值的平均值；n 为观测的次数。NSE 值的变化范围是 $-\infty \sim 1$，越接近于 1，说明模型模拟效果越好。当 $q_{obs} = q_{sim}$ 时，NSE = 1；如果 NSE 为负值，说明模型模拟值比直接使用测量值的算术平均值更不具有代表性。确定性系数的评定标准见表 6-20。

表 6-20　确定性系数的评定标准

	等级		
	甲等	乙等	丙等
标准	>0.9	0.7～0.9	0.50～0.69

一般认为确定性系数达到 0.5 以上模型可以用作水文模拟等；达到 0.7 以上为较理想，即模型在该流域具有很好的应用。

（2）相对误差 R_E：模拟径流量和实测径流量的月径流误差，评价模拟值与实测值的差异程度。表达式为

$$R_E = \frac{\sum\limits_{i=1}^{n}(Q_{obs,i} - Q_{sim,i})}{\sum\limits_{i=1}^{n} Q_{obs,i}} \qquad (6\text{-}45)$$

式中，R_E 为模型模拟相对误差；$Q_{obs,i}$ 为径流观测值；$Q_{sim,i}$ 为径流模拟值；n 为观测的次数。R_E 越接近于 0，说明模拟效果与实测值吻合得越好。

（3）相关系数 r：测定变量之间线性相关程度和相关方向的代表性指标。表达式为

$$r = \frac{\sum(q_{obs} - \overline{q}_{obs})(q_{sim} - \overline{q}_{sim})}{\sqrt{\sum(q_{obs} - \overline{q}_{obs})^2 (q_{sim} - \overline{q}_{sim})^2}} \qquad (6\text{-}46)$$

式中，q_{obs} 为径流观测值；q_{sim} 为径流模拟值；$\overline{q}_{obs}$ 为径流观测值的平均值；$\overline{q}_{sim}$ 为径流模拟值的平均值。相关系数 r 越大越好，即模型模拟结果与实测值相关性越好。

一般要求模拟值与实测值的相对误差 R_E 小于 20%，效率系数 NSE 和 r 大于 0.5。

2. 调参过程

参数敏感性分析结束后，即可根据参数敏感性排序进行参数率定。由于研究区内仅一个百灵庙水文站，只能根据该水文站实测径流，按照先年尺度再月尺度的顺序进行水文站控制断面以上各子流域参数率定，其以下各子流域参数统一根据率定结果确定，并依据产水量进行适当调整，使其符合实际，其中年径流序列由月径流序列根据时间长短加权计算获得。参数调整的方式分为三种：增加某一数值、乘以某一倍数和替换，参数率定以 NSE 为主要判定指标，同时参考相关系数 r 的值。由于未涉及泥沙及氮磷等营养物质的模拟，故仅对径流相关参数进行率定。

首先在全流域选取 1975～2002 年进行模拟，将结果写入数据库文件并保存为未调参前的原始值，然后利用模型提供的自动参数率定程序进行自动调参，月尺度径流参数率定限定运行次数不超过 1 万次。之后查看百灵庙水文站所在子流域出口监测断面月尺度的模拟流量，对比模拟值与实测值。若判定指标结果不太理想，可以根据流域实际情况，对敏感度高的参数进行手动修改，手动调参过程参见 6.4.4 节模型率定过程。

需要说明的是，研究区未包含百灵庙以上艾不盖河全部流域，将模拟的流量转化为径流深与百灵庙以上艾不盖河流域实测径流深进行比较来率定模型参数和验证模型。通过不断调整，并将模拟值与实测数据反复进行对照，最后得到 ALPHA_BF、CN2、CH_K2、SOL_Z、CANMX、SOL_AWC、ESCO 和 SOL_K 等参数的率定结果（表 6-21），流域模拟径流与实测值拟合程度有了较大的提高。

表 6-21　月尺度径流参数参考取值

参数	SOL_AWC	GWQMN	CN2	REVAPMN	SOL_Z	ESCO	CANMX	SLOPE	SOL_K
参考值	×0.75	618+	×12.3	−79	×0.75	0.206	9.83	×0.85	×1.24
下限	0	0	0	0	0	0	0	0	0
上限	1	1000	100	500	/	1	100	0.6	/

参数	TIMP	GW_REVAP	DLAI	CH_K2	GW_DELAY	ALPHA_BF	SMTMP	EPCO
参考值	0.99	0.03+	0.97	50	−9.55	0.237	×0.79	
下限	0	0.02	0.5	0	0	0	−5	0
上限	1	0.2	10	500	500	1	5	1

注：表中数字前面带×表示原值乘以该数，数字后面带"＋"或前面带"−"表示原值增加该数，其余为参数取值。

保持调整后参数不变，模拟验证期径流；最后计算校核期与验证期的模拟精度。

3. 模拟精度

利用 Nash 系数、相关系数和相对误差指标进行百灵庙水文站模拟期和验证期径流模拟精度的分析，选取 1975 年为预热期，1976～2002 年为模型参数率定期，2003～2015 年为模型验证期。

年尺度参数率定期 Nash 系数为 0.58，相关系数为 0.60，多年平均相对误差为3.4%；年尺度验证期 Nash 系数为 0.53，相关系数为 0.63，多年平均相对误差为−25%。百灵庙水文站年尺度校核期和验证期精度见图 6-18 和图 6-19。

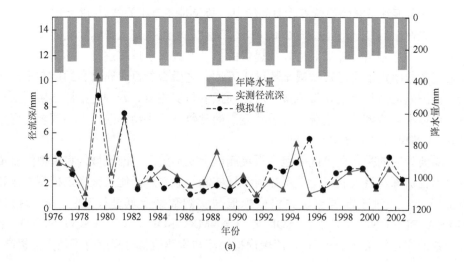

(a)

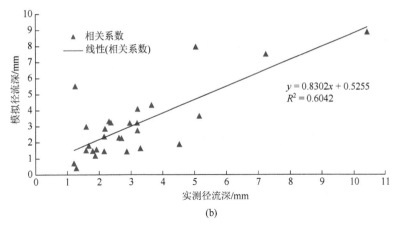

(b)

图 6-18　百灵庙水文站年尺度校核期精度

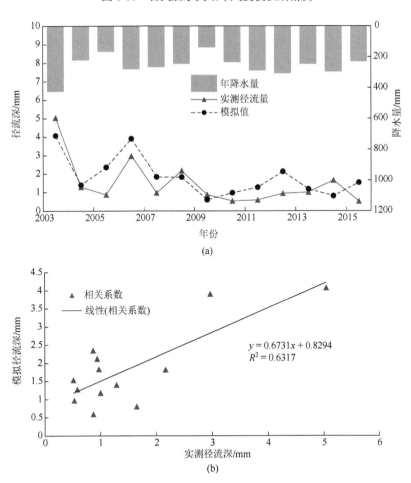

(a)

(b)

图 6-19　百灵庙水文站年尺度验证期精度

　　百灵庙水文站月尺度率定期 Nash 系数为 0.70，相关系数为 0.70，多年平均相对误差 7%；月尺度验证期 Nash 系数为 0.47，相关系数为 0.57，多年平均相对误差 26%。月尺度率定期精度和实测径流与模拟径流的相关性见图 6-20 和图 6-21，验证期精度和实测径流与模拟径流的相关性见图 6-22 和图 6-23。

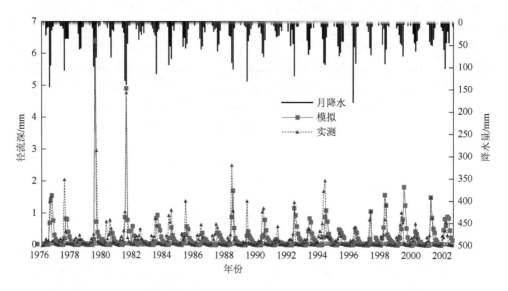

图 6-20　百灵庙水文站月尺度率定期精度

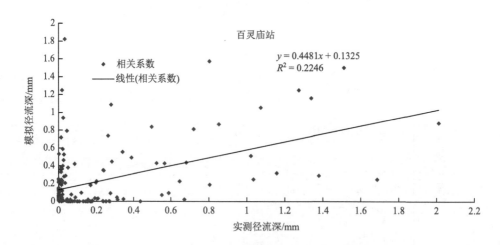

图 6-21　百灵庙水文站月尺度率定期实测径流与模拟径流的相关性

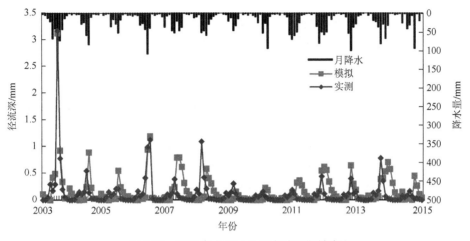

图 6-22　百灵庙水文站月尺度验证期精度

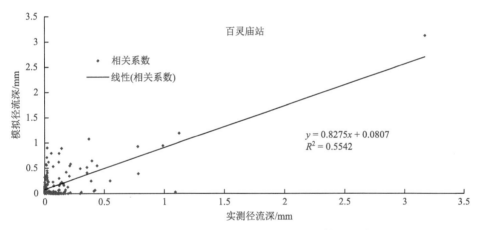

图 6-23　百灵庙水文站月尺度验证期实测径流与模拟径流的相关性

6.8.3　模拟结果分析

1）流域输出结果

模拟区域总面积为 17511.3km²，比实测区域面积 18177km²约少 3.66%，在误差允许范围内。区域共划分为 24 个子流域、212 个水文响应单元，百灵庙水文站模拟及实测控制面积见表 6-22。

表 6-22　控制站流域面积

站名	模拟区域面积/km²	所在子流域编号	研究区内实际流域面积/km²	水文站实测控制流域面积/km²
百灵庙水文站	4494.26	17	4414.00	5192

从表 6-22 可以看出，百灵庙水文站模拟区域面积与研究区内实际流域面积有一定的偏差，误差 1.82%，可认为模拟区域面积是准确的。

2）水量平衡计算

流域总产水量（WYLD）为地表径流（SURQ）、侧向径流（LATQ）和地下径流（GWQ）之和去掉径流量损失（TLOSS）和水库坑塘截留量（pond），见下式：

$$WYLD = SURQ + LATQ + GWQ\text{–}TLOSS\text{–}pond \qquad （6\text{-}47）$$

式中，TLOSS 基本可以忽略。区域 1975～2015 年长序列模拟结果见表 6-23，多年平均产水为 5.11mm，折合水量为 8950.41 万 m³。

表 6-23 区域内长序列模拟结果　　　　（单位：mm）

年份	降水	地表径流	侧向径流	地下径流	土壤水含量	实际蒸发	潜在蒸发	产水量
1975	152.99	7.85	2.79	0	0.27	142.08	1680.6	2.79
1976	212.06	37.73	5.98	0	0	168.63	1614.91	5.98
1977	173.47	28.8	4.05	0	0	140.62	1657.85	4.05
1978	117.09	7.04	1.96	0	0	108.1	1758.8	1.96
1979	233.51	55.74	6.96	0	0	170.8	1585.93	6.97
1980	156.46	7.69	2.66	0	0.25	143.14	1657.04	2.67
1981	312.81	93.52	10.1	0.01	0.59	204.17	1488.21	10.11
1982	152.73	6.53	2.07	0.01	0.42	147.18	1539.6	2.08
1983	213.74	25.23	4.79	0.01	0.36	188	1589.84	4.8
1984	201.33	5.45	3.44	0.01	0.04	185.14	1518.24	3.46
1985	196.65	19.61	4.47	0.01	0.09	179.75	1520.53	4.48
1986	159.14	7.78	2.67	0.14	1.15	140.01	1636.85	2.81
1987	151.71	12.64	3.1	0	0.79	143.65	1765.17	3.1
1988	200.57	16.66	4.09	0.68	0	180.2	1539.37	4.83
1989	176.12	8.06	3.02	1.28	0.48	161.17	1586.59	4.29
1990	233.89	20.8	4.49	0.54	0.07	211.79	1537.3	5.04
1991	158.3	7.43	2.38	0.84	0.13	147.64	1570.36	3.23
1992	213.92	31.23	4.6	0.9	0.67	175.51	1516.27	5.5
1993	174.21	19.78	4.27	0.81	0.81	151.81	1575.75	5.08
1994	222.13	15.99	4.89	0.03	0.28	201.34	1591.23	4.92
1995	259.29	28.82	6.44	0.01	0.75	222.09	1516.81	6.45
1996	168.28	21.96	3.31	0.19	0.26	148.16	1553.38	3.51
1997	162.74	34.49	4.24	0.42	0.02	124.53	1697.8	4.67
1998	238.86	39.06	5.73	0.26	0.02	194.07	1656.39	5.99
1999	191.55	36.11	5.09	0.78	0	149.22	1771.36	5.92
2000	184.95	9.52	3.59	2.02	0.51	170.74	1608.02	5.62

续表

年份	降水	地表径流	侧向径流	地下径流	土壤水含量	实际蒸发	潜在蒸发	产水量
2001	192.58	12.61	4.04	1.06	0.71	174.12	1632.97	5.11
2002	264.7	32.36	6.47	0.46	0.3	222.36	1540.23	6.92
2003	322.11	47.09	7.79	1.48	0.43	274.25	1383.26	9.76
2004	218.93	33.32	5.09	3.7	0	177.61	1600.61	8.79
2005	132.25	7.26	2.56	1.17	0	123.22	1662.92	3.73
2006	249.59	47.1	6	0.01	0.27	191.75	1625.23	6.08
2007	218.64	28.78	4.55	0.01	1.25	186.02	1565.81	8.77
2008	221.66	10.73	3.87	0.02	0.47	200.39	1515.99	3.89
2009	121.07	3	1.87	0.01	0	123.22	1675.1	1.88
2010	208.24	36.84	4.7	0.01	0.3	165.51	1560.04	4.71
2011	177.8	5.15	3.1	0.01	3.73	166.54	1480.92	3.11
2012	278.86	17.11	5.43	0.02	3.78	251.04	1388.63	5.45
2013	220.5	44.55	4.74	3.14	0.62	182.26	1289.88	5.46
2014	268.56	24.51	4.22	2.23	2.3	237.67	1287.41	7.81
2015	211.97	24.89	3.53	2.06	2.39	178.5	1277.53	7.78
均值	203.07	23.92	4.37	0.59	0.60	174.49	1566.36	5.11

6.9　未来情景预测与模拟

由于全球或区域气候模式对较小范围气候变化的预测具有较大不确定性，本章在分析研究区气象因素与植被组合变化趋势的基础上，设定基本情景，基于已率定的模型参数，定量模拟环境变化对水资源的影响。

6.9.1　研究区气候变化

根据前述，研究区气候变化特征具体如下。

1）气温变化特征

从 20 世纪 80 年代末开始，特别是 1995 年之后，达茂旗植被生长期、非生长期和年平均气温处于"峰值"区域，升温趋势十分明显，尤其从距平值及 3 年滑动平均线来看，达茂旗年平均气温升高主要与非生长期气温升高有关。

2）降水量变化特征

达茂旗降水量年内分配极不均衡，降水量距平百分率呈湿—干—湿—干周期性变化，详见图 3-12～图 3-21。

6.9.2　研究区植被变化

达茂旗 NDVI2000～2010 年呈现整体降低的趋势，多年平均 NDVI 最大值为 0.32，出现在 2004 年，最小为 2009 年的 0.19，相差波动程度强，没有明显的线性关系，说明荒漠草原的抗干扰能力差，草地呈现出退化的趋势。

达茂旗的年降水量主要集中在 5～8 月，占全年总降水量的 70% 以上，有效积温也集中在 5～8 月，年际间变化较小，呈微弱的增加趋势。达茂旗荒漠草原植被的年际波动主要受水分条件的控制，但温度也是一个重要的因素，尤其是最低气温。

6.9.3　情景模拟

根据上述分析，未来研究区气温呈增加趋势，降水呈周期性变化，地表植被与降水呈显著正相关，与温度呈正负两方面相关。因此，对 2025 年的气候趋势预测设置 4 种情景，如下。

情景 1：温度上升 1℃，降水量减少 10%，地表植被覆盖度减少 10%。

情景 2：温度上升 1℃，降水量增加 10%，地表植被覆盖度增加 10%。

情景 3：温度上升 2℃，降水量减少 10%，地表植被覆盖度减少 10%。

情景 4：温度上升 2℃，降水量增加 10%，地表植被覆盖度增加 10%。

分别模拟研究区 4 种未来情景下水资源时空分布变化，预测 2025 年结果见表 6-24。

表 6-24　不同情景下研究区水资源预测结果　　　（单位：mm）

情景	降水	地表径流	地下径流	土壤含水量	蒸发量	潜在蒸发量	产水量
1	211.74	3.53	9.3	0.45	198.87	956.95	3.53
2	258.79	5.68	25.66	0.62	227.49	956.49	5.68
3	211.74	3.64	8.68	0.45	199.2	996.43	3.64
4	258.79	5.77	24.39	0.64	228.44	996.07	5.77

计算不同情景下研究区 2025 年产水量为：情景 1 下产水量 3.53mm，折合水量为 6416.48 万 m^3；情景 2 下产水量 5.68mm，折合水量为 10324.54 万 m^3；情景 3 下产水量 3.64mm，折合水量为 6616.43 万 m^3；情景 4 下产水量 5.77mm，折合水量为 10488.13 万 m^3。

由于模型所需输入数据较多，本章仅搜集到模型最基本的输入参数，特别是我国牧区地域广阔，草原河流众多，相应的水文测站数量很少，数据序列也相对较短，不充分的数据输入对参数的率定和模拟精度造成一定的影响。另外，下垫面条件的改变也是影响模拟精度的因素之一，本章在模拟过程中仅考虑了部分水资源开发利用的影响，未考虑区域内模拟期和未来植被的变化，可能带来一些模拟误差。

第7章 变化环境下干旱牧区水草资源动态耦合效用评价

我国牧区草原多数分布在气候条件恶劣的边疆地区，其中内蒙古高原牧区、蒙甘宁牧区和新疆牧区分布在干旱、半干旱地区，干旱少雨、水资源短缺，加之近年来用水需求增加，工农业用水矛盾突出，造成很多草原地区地下水位下降、河流萎缩、湿地减少、湖泊干涸等水资源问题，天然草原生态环境恶化。关于草地资源的利用必然要实施"三元化"利用，草地畜牧业生产方式必然要种养结合、舍饲与划区轮牧结合，用现代物质条件装备草地畜牧业，用现代科学技术改造草地畜牧业，用产业体系提升草地畜牧业，用现代经营方式推进草地畜牧业，用现代发展理念引领草地畜牧业，用培养新型牧民发展草地畜牧业，实现传统草地畜牧业向现代生态型草地畜牧业转变，提高草地资源利用率、生产力。这是走中国特色农业现代化道路和建设生态文明对草地畜牧业提出的根本要求。

随着国家对草地资源功能划定政策的实施，草地资源利用呈"三元化"的格局是必然趋势。对重度沙退化草地实施围封禁牧；对中度以下沙退化可利用草地，要稳定草原面积，在加强人工改良、提高牧草产量、优化牧草质量的前提下，核定合理载畜量，实施划区轮牧和季节轮牧；对水土条件较好的局部地区，优化配置水土资源，通过水利基础设施、农艺措施、草业科技的应用，形成优质、高产、稳产的灌溉饲草料地，打牢草地畜牧业发展的物质基础，提高草地畜牧业抵御自然灾害的能力。

在"三元化"利用和"三区"划定基础上，通过基础设施的建设，全面推行牧民定居，通过发展灌溉草业-灌溉饲草料地，合理核定天然草地的载畜量，实施舍饲与划区轮牧相结合，从根本上减轻天然草地的压力，这也是草地畜牧业发展方式由依靠天然放牧向现代化畜牧业转变的根本要求。按照"建设生态型产业，发展产业型生态"的发展思路，种养结合、以种促养，加大草业生产规模，加快推进草业产业化经营、区域化布局、标准化生产，提高整体经济效益，改善生态环境，满足牧民对美好生活的追求与向往。

7.1 牧区水资源、草地资源耦合效用评价指标体系

国内外生产实践表明,在有水资源条件的地区建设适宜规模的灌溉人工草地,集中解决牲畜的补(舍)饲问题,使大面积的天然草原得以休牧和禁牧,充分发挥大自然的自我修复能力,是目前改善草原生态恶化状况较有效的水利措施之一。

近年来,气候变化、水资源需求的刚性增长及草原沙化、退化,使水资源成为草原地区农牧业发展的最大瓶颈,加之最严格的水资源管理制度提出的总量控制在内的“三条红线”原则,传统的“以需定供”模式已无法满足牧区水草资源配置需求。因此,本章将水资源、草地资源、灌溉农牧业、牲畜养殖及草原生态环境作为统一整体,考虑未来气候变化因素,以水资源和草地资源耦合承载为约束,以保护草原生态系统良性发展为前提,以经济、生态、社会综合效益最大化为目标,通过水资源、草地资源配置解决竞争性用水、土地种植结构和天然草原合理开发利用问题,合理确定牧区农牧业发展规模,促进水资源、草地资源的高效利用。

7.1.1 自然资源承载主体指标

1. 水资源的承载能力

水循环是人类生存、经济社会发展、草原生态系统过程中,所有循环过程、各种系统组分、系统功能维持的基础与保障,所以为解决水资源短缺、超载过牧、农耕经济蚕食、草原生态环境恶化等问题,提升草原生态服务功能,必须要以水资源承载为基础,以水资源和草地资源可持续利用、草原生态环境良性发展为目标,转变牧区发展模式,促进牧区社会经济发展与水资源和草地资源的承载能力相匹配。

就干旱牧区水资源短缺、地广人稀的天然条件而言,水资源承载约束是核心、关键。一般来讲,水资源承载能力是指在可预见的时期内,以区域水资源可利用量为承载主体,以可预见的技术、经济和社会发展水平为依据,以维护良好的生态环境为前提,以各种自然资源和人文资源的合理配置为条件,在保证其社会文化准则的物质生活水平的基础上,水资源能够持续支撑的社会经济的最大规模和供养的人口数量。

水资源承载能力的主体是区域水资源可利用量,承载的客体是人口、经济社会系统和生态系统,主体与客体是通过水利工程和用水技术与用水方式来耦合的。

2. 草地资源承载及其"三元化"利用

干旱牧区地域广阔，土地资源丰富，天然草地资源载畜能力不足问题可以通过发展人工饲草料地来弥补。草地生态系统具有如下四个特征：第一，草地生态系统是由生产者（绿色植物）、消费者（人和动物）、分解者（动物、微生物）和环境四部分组成的，草地生态系统的演替过程中不断与外界进行物质能量交换，系统是开放的，而且各组成部分之间是通过自组织来实现的，很难达到完全平衡。第二，系统内的各要素之间通过食物链或网连接起来，形成一种非常复杂的结构，存在着非线性的相互作用。第三，组成草地生态系统的非生命部分（环境）和生命部分多少偏离平衡状态，这种偏离也就是涨落变化，如环境中的气候因子，系统中的人口数量、草地生产力等都在不断地变化，而这种变化接近于临界点时便成为巨涨落。第四，当草地生态系统承载负荷达到其阈限时，必须加入人工调节，如改良和灌溉天然草场，建立人工草场，发展高产、优质的人工灌溉饲草料地等，才能解决草畜矛盾，使系统趋向平衡，而草地生态系统的演替过程是不可逆的。因此，草地生态系统的结构属于耗散结构，系统是耗散系统。

为了满足人们的需求，以畜牧业为主的草原利用方式有两种：第一种是不增加系统的负熵流，盲目地发展牲畜头数，以低水平、粗放型的生产方式来满足发展需求，这种方式使草地生态系统内的熵值急剧增加，系统严重失衡，最后导致草原生态系统退化、沙化，生态功能严重衰减，这正是过去发生和目前面临的状态。第二种是增加草原生态系统的负熵流，如在水土条件好的地区或地方开发高产、优质的灌溉饲草料地，解决草畜矛盾，以满足草地畜牧业经济发展的需求，进而满足人们生存和生活水平提高对物质和经济的需求，目前面临的问题是：在恢复和维持草地生态系统生态功能的前提下，草原生态系统负熵流输入多少为最佳，也就是人工灌溉饲草地的发展规模问题。按照耗散结构的熵值理论，人工灌溉饲草料地建设的规模偏小，也就是负熵流输入小，解决不了草畜矛盾，熵变为正，草地生态环境将继续恶化；反之，建设的规模偏大，也就是负熵流输入超过草地生态系统内的熵值，虽然解决了草畜矛盾，但系统不平衡，必然会导致草原生态系统生态功能衰减，最后整个区域发展成为农牧交错或以农为主，草原生态系统消失。而在干旱牧区，长期干旱环境形成的草原生态极其脆弱，它的变换有一定阈值，当超过这一阈值时，发展带来的负面效应影响增大，如土地沙化、气候干旱，这种反馈机制又增加了系统内的熵值，实际上是削弱输入的负熵流值，使系统发生退行性演替。也就是说，在保护草原生态环境为准则的前提下，既想发展草原畜牧业，解决水-草-畜平衡问题，提高牧区人民的生活水平，又不想使草原生态恶化，就必须改变草地资源的利用方式和草地畜牧业的发展方式，增加草原生态系统的负熵流。

7.1.2　耦合指标

耦合指标主要是指反映用水方式、用水效率和用水效益等的指标。本章选用万元 GDP 取用水量、万元工业增加值取水量、万元第三产业增加值取水量、人均生活用水量、单位面积灌溉农田用水净定额、单位面积灌溉饲草料地用水净定额、单位面积灌溉天然草场用水净定额、单位面积人工林地用水净定额、畜均用水量，以及相应的水利用系数和耗水率反映用水效率。

7.1.3　经济、生态、社会客体指标

选择灌溉条件下粮食作物效益、经济作物效益、牲畜饲养效益，草原生态系统涵养水源、调节大气、维持生物多样性、休闲旅游等服务功能，牧民增收脱贫奔小康的获得感、生态环境改善带来的幸福感为客体指标。

水资源、草地资源耦合效用评价指标体系建立应遵循以下原则。

（1）科学性原则：按照自然规律和经济规律，特别是可持续发展理论定义指标的概念和计算方法。对于干旱少水和生态环境极其脆弱的干旱牧区，经济社会发展和水资源的开发利用最基本的前提条件是必须保障牧区草原生态的良性循环和维持其基本的生态功能。因此，需要把握的是牧区经济社会发展、建设牧区生态文明和提高人民群众的幸福感有机统一的问题。一般而言，草地植被覆盖度、产草量或草场综合载畜能力反映的是草原生态环境在一定发展阶段的好坏程度，也间接体现了草原生态系统服务功能的高低；水资源量及其可利用量反映人类在一定发展阶段开发水资源的能力和程度；人均收入是人类经济发展水平及生活质量的指标；各行业需水定额和用水效率反映一定发展阶段的用水水平。四个方面的指标是衡量干旱牧区生态文明、社会文明和技术进步的特性指标，因此，指标体系应能覆盖上述四个方面的内容。

（2）整体性原则：指标体系既要反映社会、经济、人口对水资源承载力的影响，又要反映生态、环境、资源对水资源承载力的影响，还要反映出上述各系统之间的相互协调程度。

（3）动态性与静态性相结合原则：既要反映系统在某一发展阶段的状态，又要反映系统的发展过程。

（4）定性与定量相结合原则：应尽量选择可量化的指标，难以量化的重要指标可以采用定性描述指标。

（5）可比性原则：尽可能采用标准的名称、概念、计算方法，使之与国际指标具有可比性，同时又要考虑我国的实际情况。

（6）可行性原则：理论上讲，反映干旱牧区水资源承载能力的指标众多，有些指标对水资源承载能力的表征具有良好的作用，但由于现阶段的监测手段、统计口径和体系的不健全，数据缺失或不全，因此，要充分考虑数据的来源和实现的可能性。

（7）区域性原则：选取的指标除能反映水资源承载力的共性外，还应反映干旱牧区独特的自然、社会、经济特点。鉴于我国牧区产业结构和草原畜牧业生产的发展方式正处于调整和转变的关键时期，相应地，牧区居民的生活水平、生产水平、草原生态的状态也将会发生根本的变化，其对水资源的需求水平和用水效率的提高是发展的必然趋势，因此，不同发展水平年的发展指标应以《全国牧区水利发展规划》《全国牧区草原生态保护水资源保障规划》《全国草原保护建设利用总体规划》《全国草原生态保护建设规划》以及《全国水资源综合规划》成果为依据综合确定。

牧区水资源、草地资源耦合效用评价指标体系见图 7-1。

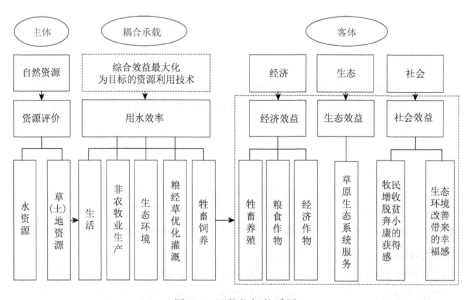

图 7-1　评价指标体系图

7.2　评价计算的边界问题

根据上述指标体系以及相应的计算模型，对计算中涉及的有关项和参数的边界问题作如下规定。

（1）按照要求，水资源承载主体系统一般应从水量和水质两方面考虑，但由于干旱牧区工业化发展程度较低，水质的好坏主要是原生问题，次生或人为污染水质问题目前并不明显和突出。同时由于干旱牧区地域广阔且常规水质监测资料很少，从目前的水质监测资料来看其还不能与水资源量同步反映水资源的状况。因此，本章暂不考虑水质方面的指标。

（2）基于本章采用的水资源可利用量计算方法，可利用水资源量的分配对象主要是河道外经济社会用水和河道外生态用水，河道内生态环境用水不在分配之列（在计算时已经扣除）。

（3）本章的基本出发点是基于草地资源的"三元化"利用，即对中度以上严重退化、沙化的草地实施永久性或阶段性围封禁牧，让其借助于大自然的自我修复能力不断恢复；对中度以下退化、沙化的草地，在科学测算载畜能力和严格控制载畜量的前提下，配合各种补饲措施，实施季节性放牧、划区轮牧，适当利用。为了保障牧区牧民生活水平的提高，在充分考虑其他补饲条件和增加收入的前提下，以可利用草场的适宜载畜（理论载畜量）为上限，将各类草场超载的牲畜退下来，根据牧区的实际情况，选择光热、水土条件较好的草地或土地，适度实施精细开发、高效利用，通过采取水利措施、农艺措施等，建设成为灌溉高产优质饲草料地，为退下来的牲畜以及改变传统的畜牧业生产方式提供支撑。因此，分析水资源承载能力时，必须考虑承载主、客体的内部平衡关系，即草畜平衡。鉴于此，饲草料地的发展规模及其对水资源的需求就成为水资源承载能力评价的主要指标。工业、第三产业增加值直接采用当地发展部门的规划成果。对于草原畜牧业的补饲条件则应充分考虑，确定合理的灌溉饲草料地发展规模。根据国家对牧区实行的政策及其实际情况，目前牧区畜牧业，除依靠天然草原放牧外，其补饲来源主要有灌溉饲草料地、农作物秸秆转化、农作物饲料等，直接采用《全国牧区水利发展规划》及当地规划。

（4）在客体需水系统中，单独构建生态需水量指标，以对干旱牧区的生态问题进行重点考虑。本章主要考虑可控生态需水问题，即需要人工补给水量来维持植被生态系统的需水量。由于我国干旱牧区最主要的生态环境问题是草场退化、沙化，为了实现保护和恢复草原植被生态与增加或不降低牧民生活水平的"双赢"目标，必须发展一定数量的灌溉饲草料地，相应地，必须植建一定量的防风固沙林带，这些林地必须依靠人工补水才能正常生长，因此，其补水量计入生态需水。同时，灌溉草场虽然有增加产草量、提高载畜能力的作用，但由于灌溉草场并未改变其生态功能，因此，其灌溉用水量计入生态需水，对于河道内生态需水，则不予考虑。

（5）从我国干旱草原植被生态的现状及其恶化的成因综合考虑，为了实现保护和恢复草原植被生态的功能和规划管理目标，必须封闭一定数量的天然草场和降低利用草场的放牧强度，因此，现有可利用草场和各种补饲条件的补饲量，必然承载不了现有及发展水平下的牲畜数量，牲畜数量的确定依据《全国牧区水利发展规划》和当地规划确定的相应收入水平下的牲畜数量。

（6）虽然本章水资源承载能力研究的是经济社会承载规模，但最终仍是保障牧民生活水平的提高，因此，不同水平年牧民可支配收入的构成及其要求水平也是本章分析的主要指标。

（7）对于工业和第三产业，干旱牧区工业和第三产业发展相对落后，这也是导致牧区人口难以分流、人均收入水平难以提高的主要因素。未来牧区的经济发展，在推进草原畜牧业集约化、现代化的同时，必然要通过调整产业结构，提高区域生产力，增强综合经济实力，来实现居民收入水平的整体提高，因此，这两项用水基本保证。

7.3　基于耦合效用最大化的灌溉水资源优化配置模型

多种作物灌溉水资源优化配置是根据区域水资源规划分配给农牧业的灌溉用水量，把该水量在区域内各种作物间进行最优分配，确定各种作物的种植比例和各种作物的灌溉用水量。以往的模型研究中主要有线性规划、非线性规划、动态规划、随机规划、模糊优化、模拟技术、多目标规划和大系统优化理论等。近几年，在灌区水资源优化调度应用中，多种优化方法的组合模型也得到较快发展，如多目标模糊优选动态规划理论和多维动态规划相结合的方法用于确定非充分灌溉制度，多目标决策灰色关联投影法用于节水灌溉方案选择等。

目前的灌溉水资源优化调配研究中，多以灌溉净效益年值最大为目标，建立非线性规划或线性规划模型，做出最优水量调配和作物种植的计划安排。多年来，这些模型在指导我国灌溉水资源优化调配的实践中发挥了其应有的作用，创造了不可低估的经济效益。如果单从灌溉水资源所产生的经济效益而言，无论是单种作物优化模型或是多种作物优化模型，均能较好地解决灌溉水资源的配置问题。但这些模型只考虑经济效益，忽略了灌溉农牧业种植系统总目标的其他两个重要方面——社会效益和生态效益，与农业可持续发展的要求相对照，其存在一定的欠缺。

干旱牧区水资源短缺，生态系统脆弱，社会、经济、生态三大效益之间的矛盾日益突出，灌溉水资源优化配置不仅直接关系区域水资源和草（土）地资源的高效合理利用，还可能影响牧区产业结构发展与生态环境保护等。本章的基点就是保护草原生态，其发展是在草原生态得以修复框架下的适度发展，主要是指灌溉饲料地、灌溉农田等的发展。同时，人工灌溉系统的发展也必须考虑其生态效益和自身具有一定的生态功能，杜绝产生过去那种开垦草原、撂荒等破坏草原生态的现象。因此，本章的灌溉水资源配置模型必须具备综合考虑经济效益、生态效益和社会效益的功能。也就是说，所建立的模型必须是多指标优化调配综合评价模型，以达到灌区内的人与水、水与经济、水与生态环境、水资源与土地资源的相互动态协调发展。

本章基于水资源和草地资源耦合效用最大化，考虑气候变化条件下未来水资源量，建立灌溉水资源优化配置模型，并以此为基础进而计算干旱牧区水资源草地资源耦合效用价值量。

7.3.1　熵值法的基本原理

熵的概念来源于热力学，熵理论经过许多专家学者的深入研究，广泛应用于信息论、工程技术、经济管理和决策控制等方面。熵理论的运用，将社会科学和自然科学紧密联系在一起，从而推动了各学科的相互渗透和综合发展。

（1）熵是状态刻度。熵是系统的状态函数，是系统状态复杂程度的描述，也是度量一个系统的无序程度或者复杂程度的量。熵值是相对的、不确定的和动态的，但是不具有唯一性，即一个系统可以有多种熵。例如，社会系统若任其发展不受约束，必然导致向最混乱（最大熵）的方向发展。

（2）熵比能量更加重要。在所有的不可逆过程中，熵是不会自己减少的，所以用来衡量一个系统整体能量衰竭的程度，因此到最后会出现一个最大值。通常情况下，熵是越小越好。

（3）系统熵值的因素。熵反映的是一个系统的状态，熵越小，则系统的确定性越好；反之，则系统的确定性越差。影响系统熵的因素主要有：系统的规模性、系统的复杂性、系统的确定性（所拥有信息量的有用程度）等，例如，企业应精兵简政，机构设置要尽量精简，减少系统的规模。

（4）信息不增值原理。无论对系统中变量作任何逻辑或者数学的相关处理，都不能使信息增值。

（5）信息离不开人。信息的输入可以在一定程度上减少熵，正是由于人是信息的载体和创造者，因此信息的数量与质量会影响决策的精度和可靠性程度。

熵不仅可以描述某个系统的存在状态，还可以表征系统的演化方向。熵的概念主要来自以下三个方面：热力学中，将可逆过程中物质系统吸收的热量与温度比值定义为系统的熵；统计物理学中，表示在一定条件下，热力学熵与系统物质状态个数的对数成正比；信息论中，与热力学中的熵概念无关，将熵理解为一个信息源所发出信号的不确定性状态。

在信息论中，信息是系统有序程度的一个度量，熵是系统无序程度的一个度量，二者绝对值相等，符号相反，当系统可能处于几种状态，每种状态出现的概

率为 $p_i(i=1,2,\cdots,m)$ 时，该系统的熵定义为

$$E = -\sum_{i=1}^{m} p_i \ln p_i \tag{7-1}$$

式中，当 $p_i = \dfrac{1}{m}$，$i=1,2,\cdots,n$，即概率相等时，熵取最大值，为 $E_{\max} = \ln m$。

设有 m 个待评项目，n 个评价指标，形成原始指标数据矩阵 $\boldsymbol{R}=(r_{ij})_{m\times n}$，对于某个指标 r_j，有信息熵：

$$E_j = -\sum_{i=1}^{m} P_{ij} \ln P_{ij} \qquad j=1,2,\cdots,n \tag{7-2}$$

式中，$P_{ij} = \dfrac{r_{ij}}{\displaystyle\sum_{i=1}^{m} r_{ij}}$。

显而易见，某个指标的信息熵越小，其指标值的变异程度越大，提供的信息量越大，在综合评价中所起的作用越大，则该指标的权重也应越大；反之，某个指标的信息熵越大，其指标值的变异程度越小，提供的信息量越小，在综合评价中所起的作用越小，则该指标的权重也应越小。因此，可以根据各个指标值的变异程度，利用信息熵这一工具，计算各指标的权重，为多准则综合评价提供依据。

7.3.2　被灌溉作物的熵权系数

设研究区域被灌溉的作物种类有 m 种，已选定评价被灌溉作物的指标共有 n 个，m 个种类对应 n 个指标的指标值构成评价指标值矩阵：

$$\boldsymbol{R}=(r_{ij})_{m\times n} \tag{7-3}$$

第 j 个指标下第 i 种作物的指标值的权重 P_{ij} 为

$$P_{ij} = \dfrac{r_{ij}}{\displaystyle\sum_{i=1}^{m} r_{ij}} \qquad j=1,2,\cdots,n \tag{7-4}$$

第 j 个指标的熵值为

$$E_j = -\sum_{i=1}^{m} P_{ij} \ln P_{ij} \qquad j=1,2,\cdots,n \tag{7-5}$$

记

$$e_j = \dfrac{E_j}{\ln m} \qquad j=1,2,\cdots,n \tag{7-6}$$

则第 j 个指标的客观权重为

$$\theta_j = \frac{(1-e_j)}{\sum_{j=1}^{n}(1-e_j)} \qquad j=1,2,\cdots,n \qquad (7\text{-}7)$$

式中，$0 \leqslant \theta_j \leqslant 1$，$\sum_{j=1}^{n}\theta_j = 1$。

为全面反映评价指标的重要性，考虑决策者的经验判断能力，将决策者对各指标给出的主观权重 $w_1, w_2, \cdots, w_n$ 与客观权重 $\theta_j(j=1,2,\cdots,n)$ 相结合，最终形成各指标的主客观综合权重：

$$r_j = \frac{\theta_j w_j}{\sum_{j=1}^{n}\theta_j w_j} \qquad j=1,2,\cdots,n \qquad (7\text{-}8)$$

记评价指标矩阵 $\boldsymbol{R}$ 中每列的最优值为 r_j^*，对该矩阵的所有元素作标准化处理，得

$$d_{ij} = \begin{cases} r_{ij}/r_j^*, \text{指标}j\text{的值越大越好} \\ r_j^*/r_{ij}, \text{指标}j\text{的值越小越好} \end{cases} \qquad (7\text{-}9)$$

这样，各种被灌溉作物的综合评价系数（熵权评价值）λ_i 可表示为

$$\lambda_i = \sum_{j=1}^{n} r_j d_{ij} \qquad j=1,2,\cdots,m \qquad (7\text{-}10)$$

7.3.3　变化环境下灌溉水资源动态优化配置模型

以 m 种作物的灌溉面积 $x_1, x_2, \cdots, x_m$ 为决策变量，以熵权评价值 λ_i 为效益系数，以气候变化条件下研究区实际预测的水资源总量扣除其他用水后作为研究区可用于灌溉的水资源量，定义为 η，以综合评价效益 z 最大为目标，可建立如下灌溉水资源优化调配的熵权系数模型。

目标函数：$\max z = \lambda_1 x_1 + \lambda_2 x_2 + \cdots + \lambda_m x_m \qquad (7\text{-}11)$

约束条件为

水量约束：$c_1 x_1 + c_2 x_2 + \cdots + c_m x_m \leqslant \eta \qquad (7\text{-}12)$

式中，c_i 为第 i 种作物的灌溉定额；η 为研究区可用于灌溉的水资源总量。

灌溉面积约束：$x_1 + x_2 + \cdots + x_m \leqslant F \qquad (7\text{-}13)$

式中，x_i 为某种作物现状或水平年规划的灌溉面积；F 为研究区域现状或水平年规划的灌溉面积。

各种作物灌溉面积约束：$\alpha_i F \leqslant x_i \leqslant \beta_i F \qquad i=1,2,\cdots,m \qquad (7\text{-}14)$

式中，α_i、β_i 分别为第 i 种作物面积最小、最大可能灌溉的比例。

$$非负约束：x_i \geqslant 0 \qquad i=1,2,\cdots,m \qquad\qquad （7\text{-}15）$$

应用中可根据实际情况对模型进行调整，如增加或减少约束条件等。

7.4　研究区水资源草地资源耦合效用评价

7.4.1　研究区未来水资源及其利用预测与分析

由于全球或区域气候模式对较小范围气候变化的预测具有较大不确定性，基于本书第 4、第 5 章在分析研究区气象因素与植被组合变化趋势的基础上，设定基本情景，基于第 6 章已率定的分布式水文模型参数，利用 SWAT 模型定量模拟气候变化对研究区水资源的影响。

1. 研究区气候变化

前述研究区气候变化特征分析的内容，具体如下。

1）气温变化特征

从 20 世纪 80 年代末开始，特别是 1995 年之后，达茂旗植被生长期、非生长期和年平均气温处于"峰值"区域，升温加剧趋势十分明显。详见图 3-2～图 3-10各线型，尤其从距平值及 3 年滑动平均线来看，达茂旗年平均气温升高主要与非生长期气温升高有关。

2）降水量变化特征

达茂旗降水量年内分配极不均衡，降水量距平百分率呈湿—干—湿—干周期性变化，详见图 3-12～图 3-21。

2. 研究区草地植被变化

达茂旗 1990～2015 年四个时期 NDVI 值 1990 年＞2015 年＞2000 年＞2010 年。可见研究区植被 1990～2010 年呈退化趋势，2010～2015 年有所好转，但是仍然没有恢复到 1990 年的植被情况，详见图 5-21。

3. 未来研究区水资源预测

根据上述分析，研究区气温呈增加趋势，降水呈周期性变化，地表植被与降水呈显著正相关，与温度呈正负两方面相关。因此，假设研究区 2025 年温度上升1℃，降水量减少 10%，地表植被覆盖度减少 10%，基于第 6 章 SWAT 模型的预测结果见表 7-1。

表 7-1　研究区水资源预测结果　　（单位：mm）

降水	地表径流	地下径流	土壤含水量	蒸发量	潜在蒸发量	产水量
211.74	3.53	9.3	0.45	198.87	956.95	3.53

经计算研究区 2025 年产水量 3.53mm，折合水量为 6416.48 万 m³。由于模型所需输入数据较多，本次模拟仅搜集到模型最基本的输入参数，特别是我国牧区地域广阔，草原河流众多，但相应的水文测站数量很少，数据序列也相对较短，水资源预测结果可能存在一定的偏差。

4. 研究区可用灌溉水量分析

依据 2018 年水利部牧区水利科学研究所研究成果《达尔罕茂明安联合旗节水型社会建设规划》，通过节水型社会建设，采取综合节水技术、工程措施、节水管理等，大幅度提升用水效率与效益，在正常来水年，除灌溉用水外，2025 年达茂旗需水总量为 2485.06 万 m³，详见表 7-2。

表 7-2　2025 年达茂旗需水量预测表（不包括灌溉）　（单位：万 m³）

项目			发展指标	用水定额	需水量
生活	城镇人口/万人		8.18	95.00	283.59
	牧区人口/万人		3.51	70.00	89.55
生产	第一产业	牲畜 大畜/万头	6.50	80.00	189.80
		小畜/万只	80.50	8.00	235.06
		生猪/万头	3.00	40.00	43.80
	第二产业	工业增加值/亿元	232.91	5.40	1257.70
		建筑业增加值/亿元	15.00	0.50	7.50
	第三产业	第三产业增加值/亿元	173.54	1.80	312.36
生态	绿化/万 m²		250.00	1.00	45.00
	道路广场/万 m²		115.00	1.00	20.70
合计					2485.06

假定可利用水资源量在满足除灌溉用水外的各业用水后，均可作为灌溉用水，则 2025 年灌溉可用水量为 3931.42 万 m³。

7.4.2　研究区草地资源"三元化"利用下灌溉作物种植结构

目前达茂旗人民政府为了保护草原生态，农牧业认真贯彻"收缩、转移、集中"战略，对境内的草地资源实施"三元化"利用，在现有饲草料地和耕地的基础上，建设节水灌溉饲草料地。对重度沙退化草地实施围封禁牧、移民搬迁，实施舍饲养殖；对中度沙退化以下草地实施季节性禁牧和划区轮牧，实施半舍饲和舍饲养殖。灌溉作物种植结构以马铃薯、油料、紫花苜蓿、青贮玉米为主。

随着产业化进程的进一步加快，研究区形成了以乳、肉、薯为主导的产业体系；农牧业综合生产能力提高，种薯扩繁能力稳步提升，品牌效益更加突显，形成"北繁南种"格局，禁牧成果进一步巩固，舍饲圈养规模、质量、效益不断提升。农牧业投入力度将继续加大，以水电为中心的农田草牧场基本建设加强，引导薯业和舍饲畜牧业规模经营，提高农牧业经济的组织化程度，加快农牧业现代化进程，优化农牧业空间布局；牧区要改造提升饲草料基地，实现种植、田间管理、收储全程机械化。

7.4.3　基于耦合效用最大化的研究区水资源优化配置

以经济效益、生态效益、社会效益耦合最大化为目标，其中社会效益的牧民增收、脱贫奔小康的获得感，以经济效益提高为前提；生态环境改善带来的幸福感，以生态效益提高为前提，社会效益以经济效益、生态效益最大化为基础，与前两者是同步的，所以将其转化为提高前两者效益对灌溉作物所产生的社会需求。构造评价矩阵，如表 7-3 所示。

表 7-3　达茂旗灌溉水资源优化配置评价指标

作物种类	评价指标		
	经济效益/(元/亩)	生态效益	社会需求/%
马铃薯	812.3	3	70
油料	270.0	3	50
紫花苜蓿	454.48	7	80
青贮玉米	312.12	4	70

表 7-3 中经济效益指标值为灌溉效益分摊值（单位：元/亩，水利分摊系数取 0.6）；生态效益指标值根据作物生长对草原生态系统服务功能改善与提升的贡献，通过专家打分和相关资料得到；社会需求指标值为农产品的商品产量比例（通过典型区及周边地区调查得到）。

通过对各项参数分析计算，建立研究区灌溉水资源优化配置模型，如下：

$$\max Z = \lambda_1 x_1 + \lambda_2 x_2 + \lambda_3 x_3 + \lambda_4 x_4 = 0.69 x_1 + 0.58 x_2 + 0.83 x_3 + 0.67 x_4 \qquad (7\text{-}16)$$

$$\text{s.t.}\begin{cases}135x_1+140x_2+165x_3+170x_4\leqslant3931.42\\5.1x_1+0.5x_2+2.8x_3+1.6x_4\leqslant123.49\\7.2\leqslant x_1\leqslant55\\1.1\leqslant x_2\leqslant4.8\\3.4\leqslant x_3\leqslant39.66\\1.8\leqslant x_4\leqslant24.03\end{cases}$$

求解上述模型，得到 2025 年研究区马铃薯、油料、紫花苜蓿、青贮玉米的最优种植面积，即草（土）地资源承载；相应的灌溉水量，即水资源承载，详见表 7-4。

表 7-4　研究区水资源草地资源耦合承载

承载项	作物种类				合计
	马铃薯	油料	紫花苜蓿	青贮玉米	
草（土）地资源/万亩	7.200	1.100	14.495	1.800	24.595
水资源/万 m³	1080.000	154.000	2391.420	306.000	3931.420

7.4.4　耦合效用价值量评价计算

基于 2025 年考虑气候变化的研究区水资源量，以经济效益、生态效益、社会效益耦合最大化为目标，确立了水资源、草地资源耦合承载的研究区最优种植结构和灌溉面积，以水定草、以草定畜，在此基础上，计算得出研究区水资源、草地资源耦合效用价值量。

耦合效用价值量包括经济效益价值量、生态效益价值量、社会效益价值量，鉴于社会效益目前没有可操作的量化评价方法，本章只对经济效益价值量、生态效益价值量做评价计算。

1. 经济效益价值量

此处的经济效益主要包含饲草料种植带来的牲畜饲养效益和其他灌溉作物效益。通过节水灌溉改造和农艺措施的推广使用，青贮玉米青饲料亩产 3500kg，紫花苜蓿亩产 700kg，则 2025 年研究区人工饲草料可补饲量为 12153.17 万 kg，详见表 7-5。

表 7-5　研究区饲草料地可补饲产草量

饲草料地面积/万亩	青贮玉米				紫花苜蓿			干草量/万 kg
	面积/万亩	单产/kg	产量/万 kg	折合干草量/万 kg	面积/万亩	单产/kg	产量/万 kg	
16.295	1.8	3500	6020	2006.67	14.495	700	10146.5	12153.17

研究区牲畜天然放牧食草量与饲草料补饲量约为 1∶1，按一个羊单位日食干草 2kg 计算可得，2025 年研究区可饲养牲畜量最大为 33.30 万个羊单位，一个羊单位可增加牧民收入 900 元，则牲畜饲养效益为 29970 万元。

经计算，马铃薯种植效益为 5848.56 万元，油料作物种植效益为 297 万元，取得的经济效益价值量为 36112.28 万元。

2. 生态效益价值量

达茂旗草原干旱少雨、蒸发强烈，自然环境恶劣，生态环境脆弱。由于历史、人为和自然等多种因素，草原生态环境趋于恶化。牧区饲草料地建设是防止和治理草地退化沙化的重要措施之一，可增加饲草料有效供给，减轻牲畜超载对天然草场的压力，使一部分草场得以休养生息。灌溉饲草料地建设同时营造的防风林带，也可使草原生态环境得到一定程度的改善，其增加的饲草料储备为草原畜牧业由靠天养畜逐步过渡为舍饲和半舍饲为主的现代化畜牧业奠定了物质基础。

围封草场、发展水利灌溉、种植饲草料，为牲畜提供了大量的饲草料，减轻了过度放牧和牲畜严重超载对草场的破坏，有效地减缓和遏制了草场的进一步沙化和退化。达茂旗天然草原可食性干草产量按平均 28.2kg/亩计，灌溉饲草料地所提供的饲草料相当于置换出 430.96 万亩天然草场。

根据王舒新（2018）的"不同放牧强度下荒漠草原生态系统服务价值评估"研究成果，四子王旗天然草原具有产品价值、固定 CO_2 价值、释放 O_2 价值、土壤侵蚀控制价值、涵养水源价值、营养物质循环价值、废弃物降解及养分归还价值、保护生物多样性价值、娱乐和文化价值 9 项草地生态系统服务价值，通过设置不同放牧强度（对照、轻度放牧、中度放牧和重度放牧），经试验及观测得出放牧显著影响荒漠草原的生态服务价值，从对照区到重度放牧区生态服务价值分别为 31804.87 元/(hm²·a)、32450.29 元/(hm²·a)、28187.46 元/(hm²·a)和 25061.56 元/(hm²·a)。

达茂旗与四子王旗东西相邻，同属阴山北麓荒漠草原，自然条件十分相近。本章参照四子王旗天然草原生态系统服务价值量，将达茂旗人工饲草料补饲情况下天然草原放牧强度对应为轻度放牧，无人工饲草料情况下放牧强度对应为重度放牧，两种方式下单位面积草原生态服务价值差值为 7388.73 元/(hm²·a)。根据前述达茂旗灌溉饲草料地置换出的 430.96 万亩天然草场面积，则达茂旗实施灌溉饲草料地建设后可产生的最大生态效益价值为 212284.85 万元。

3. 研究区耦合效用价值量

经过上述计算，可以得出达茂旗水资源、草地资源耦合效用价值为 248397.13 万元。

由于干旱牧区水资源匮乏、生态环境脆弱，草原生态畜牧业乃至地区经济社会发展主要受水资源制约。本章达茂旗在保护草原生态、实施土地（草地）资源"三元化"利用过程中，通过合理高效利用有限的水资源，建设节水灌溉饲草料地，以水定草、以草定畜，在区域水草资源动态耦合承载范围内，实现牧区经济社会发展与草原生态保护的"双赢"。由表 7-5 可知，在未来温度升高、降水量减少、草原覆盖度降低的情况下，可用灌溉水量在满足马铃薯、油料、青贮玉米基本灌溉需求后，适宜优先灌溉紫花苜蓿，以达到经济与生态协调最优发展；在温度升高、降水量增加、草原覆盖度升高的情况下，可用灌溉水量在满足马铃薯基本灌溉需求后，适宜综合灌溉紫花苜蓿、油料、青贮玉米，具体配比见表 7-5 中计算结果。

上述模型以干旱牧区未来环境变化下预测水资源量为基础，综合考虑当地社会需要和保护草原生态等问题，在假设未来需水预测已满足除农牧业灌溉用水外其他各业需水的前提下，以牧区经济与生态协调最优发展为目标，为计算干旱牧区水草资源动态耦合承载能力提供了一种解决方法。

该模型弥补了以往模型未考虑环境变化的不足，以动态的观点，综合考虑当地社会需要和草原生态保护，建立了相关模型，为有效提高近期及远期干旱牧区水草资源合理开发、优化配置、高效利用、有效保护水平，以长效的水草资源可持续利用支撑牧区经济社会长久的可持续发展提供了科学依据。

第8章 结 论

（1）从20世纪80年代末开始，特别是1995年之后，达茂旗植被生长期、非生长期和年平均气温处于"峰值"区域，升温加剧的趋势十分明显。尤其从距平值及3年滑动平均线来看，达茂旗年平均气温升高主要与非生长期气温升高有关。达茂旗降水量年内分配极不均衡，降水量距平百分率呈湿—干—湿—干周期性变化。

（2）达茂旗1990～2015年四个时期NDVI值1990年＞2015年＞2000年＞2010年。可见研究区植被1990～2010年呈退化趋势，然后在2010～2015年有所好转，但是仍然没有恢复到1990年的植被情况。

（3）基于分布式水文模型SWAT，利用1975～2015年长系列气象和水文资料、土地利用和土壤等资料，对模型参数进行了率定和验证，建立了适用于干旱荒漠草地区域的区域水文模拟模型，随后预测并定量分析了增温、降水和土地利用变化等不同组合情景下研究区水资源的变化情况。

（4）将水资源、草地资源、灌溉农牧业、牲畜养殖及草原生态环境作为整体，考虑未来气候变化因素，以水资源和草地资源耦合承载为约束，以保护草原生态系统良性发展为前提，以经济、生态、社会综合效益最大化为目标，建立了牧区水资源、草地资源耦合效用评价指标体系。

（5）考虑气候变化的研究区水资源量，以经济效益、生态效益、社会效益耦合最大化为目标，确立了水资源、草地资源耦合承载的研究区最优种植结构和灌溉面积，即草（土）地资源承载24.595万亩，相应的灌溉水量即水资源承载3931.420万 m^3。

（6）基于上述研究，评价计算达茂旗水资源、草地资源耦合效用价值量为248397.13万元。

天然草地作为一种自然资源，其承载能力有限。传统的畜牧业生产方式主要是靠增加天然放牧的牲畜头数来提高牧民收入，抗灾能力弱、生产力水平低，不仅效益低，而且对草原生态造成严重破坏。尤其是在天然草地严重超载过牧、草原生态不断恶化、草地生产力不断降低的条件下，畜牧业生产发展、农牧民经济收入增加、生活水平提高，单纯依靠天然草地来支撑已不可能。要实现草地资源的可持续利用和牧区经济的可持续发展，必须转变草地畜牧业生产的发展方式。

在大自然面前，人类的力量是有限的，解决草原的生态问题，主要依靠大自然的自我修复能力。通过建设以节水、优质、高产的灌溉饲草料基地为支撑的现代化农牧业园区，把人和牲畜从生态严重恶化的区域移出来；在水源、土壤条件和草场植被较好的地区，科学核定天然草场的载畜量，严格执行草畜平衡制度，通过建设饲草料地和家庭牧场，把超载的牲畜从天然草场退下来，对天然草场实行季节休牧和划区轮牧。通过以上措施，缓减草场的生态压力，使大面积天然草原得以休养生息。实践证明，这一思路完全符合自然规律，也是行之有效的。同时我国牧区多处边疆，是少数民族聚居地，发展牧区水利可改善各民族居民生活条件和生存环境，使人们安居乐业、和谐共处、固守本土，是增进各民族团结和稳定边疆的需要。

目前，各牧业省（自治区、直辖市）以及国家层面，对草原生态保护及新牧区建设也采取以上思路和策略。这一思路实现的前提和关键是以保护草原生态系统良性发展，以经济、生态、社会综合效益最大化为目标，考虑未来气候变化因素，将牧区水资源、草地资源、灌溉农牧业、牲畜养殖及草原生态环境作为统一整体，以水资源和草地资源耦合承载为约束，建设和发展牧区水利。

本书成果不仅对我国草地生态水资源学科的形成和发展具有积极的促进作用，而且对干旱牧区草原生态保护与修复，草地资源可持续利用和草原畜牧业生产方式转变、生产力水平升级，实现人与自然和谐共处具有重大意义，同时对于丰富和完善我国水文水资源学科理论具有重要的学术价值。

参 考 文 献

蔡守华, 张展羽, 张德强. 2004. 修正灌溉水利用效率指标体系的研究[J]. 水利学报, (5):
    111-115.

曹隽隽, 周勇, 吴宜进, 等. 2013. 江汉平原土地利用演变对区域径流量影响[J]. 长江流域资源
    与环境, 22 (5): 610-617.

朝博, 乌云, 乌恩. 2012. 气候变化背景下内蒙古草原水资源保护与可持续利用[J]. 中国草地学
    报, 34 (5): 99-106.

陈昌毓. 1995. 河西走廊实际水资源及其确定的适宜绿洲和农田面积[J]. 干旱区资源与环境, (3):
    122-128.

陈军锋, 陈秀万. 2004a. SWAT 模型的水量平衡及其在梭磨河流域的应用[J]. 北京大学学报 (自
    然科学版), 40 (2): 265-270.

陈军锋, 李秀彬. 2004b. 土地覆被变化的水文响应模拟研究[J]. 应用生态学报, 15 (5): 833-836.

陈杨. 2010. 基于 ArcGIS Desktop 的丹江口入库径流分析[D]. 武汉: 华中科技大学.

程磊, 徐宗学, 罗睿, 等. 2009. SWAT 在干旱半干旱地区的应用——以窟野河流域为例[J]. 地
    理研究, 28 (1): 65-73.

崔丹, 李瑞, 陈岩, 等. 2019. 基于结构方程的流域水环境承载力评价——以湟水流域小峡桥断
    面上游为例[J]. 环境科学学报, 39 (2): 349-357.

崔向新. 2008. 希拉穆仁草原退化特征及其受损恢复机理研究[D]. 呼和浩特: 内蒙古农业大学.

崔瑛, 张强, 陈晓宏, 等. 2010. 生态需水理论与方法研究进展[J]. 湖泊科学, 22 (4): 465-480.

达尔罕茂明安联合旗志编纂委员会. 1994. 达尔罕茂明安联合旗志[M]. 呼和浩特: 内蒙古人民
    出版社.

达茂旗农牧业资源区划办公室, 包头市农业资源区划管理办公室. 1999. 内蒙古自治区达尔罕茂
    明安联合旗农牧业资源区划[M]. 呼和浩特: 内蒙古人民出版社.

代俊峰, 陈家宙, 崔远来, 等. 2006. 不同林草系统对集水区水量平衡的影响研究[J]. 水科学进
    展, 17 (4): 435-443.

董哲仁. 2007. 探索生态水利工程学[J]. 中国工程科学, 9 (1): 1-7.

都金康, 谢顺平, 许有鹏, 等. 2006. 分布式降雨径流物理模型的建立和应用[J]. 水科学进展,
    17 (5): 637-644.

段爱旺. 2005. 水分利用效率的内涵及使用中需要注意的问题[J]. 灌溉排水学报, 24 (1): 8-11.

段超宇, 司建宁. 2017. 基于 SWAT 模型的寒旱区积雪与融雪期径流模拟应用研究——以锡林河
    流域上游为例[J]. 中国农村水利水电, 1 (2): 94-97.

冯尚友, 梅亚东. 1995. 水资源生态经济复合系统及其持续发展[J]. 武汉水利电力大学学报, (6):
    624-629.

冯夏清, 章光新, 尹雄锐. 2010. 基于 SWAT 模型的乌裕尔河流域气候变化的水文响应[J]. 地理
    科学进展, 29 (7): 827-832.

傅春，冯尚友. 2000. 水资源持续利用（生态水利）原理的探讨[J]. 水科学进展，11（4）：436-440.

傅湘，纪昌明. 1999. 区域水资源承载能力综合评价——主成分分析法的应用[J]. 长江流域资源与环境，8（2）：168-173.

顾万龙，竹磊磊，许红梅，等. 2010. SWAT 模型在气候变化对水资源影响研究中的应用——以河南省中部农业区为例[J]. 生态学杂志，29（2）：395-400.

郭巧玲，杨云松，鲁学纲. 2011. 黑河流域 1957～2008 年径流变化特性分析[J]. 水资源与水工程学报，22（3）：77-81.

郭生练，熊立华，杨井，等. 2001. 分布式流域水文物理模型的应用和检验[J]. 武汉大学学报（工学版），（1）：1-5.

郭中小，贾利民，郝伟罡，等. 2009. 典型干旱草原生态安全评价[C]. 大连：中国水利学会水资源专业委员会 2009 学术年会.

郭中小，郝伟罡，李振刚，等. 2010. 牧区灌溉水资源优化配置的熵权系数模型[J]. 人民黄河，32（12）：145-146.

郭中小，贾利民，李振刚，等. 2012. 干旱草原水资源利用问题研究[M]. 北京：中国水利水电出版社.

郝芳华，陈利群，刘昌明，等. 2004. 土地利用变化对产流和产沙的影响分析[J]. 水土保持学报，18（3）：5-8.

郝芳华，程红光，杨胜天. 2006. 非点源污染模拟——理论方法与应用[M]. 北京：中国环境科学出版社.

郝伟罡，申军，张生. 2013. 变化环境下干旱牧区水资源草地资源及其承载力研究进展[J]. 安徽农业科学，41（25）：10346-10348.

郝伟罡，李锦荣，郭建英，等. 2014. 荒漠草原植被动态变化及其与水热的响应关系[J]. 水资源保护，30（5）：56-59.

侯东杰，乔鲜果，高趁光，等. 2018. 内蒙古典型草原枯落物的生态水文效应[J]. 草地学报，26（3）：559-565.

侯玉婷，王书功，南卓铜. 2011. 基于知识规则的土地利用/土地覆被分类方法——以黑河流域为例[J]. 地理学报，66（4）：549-561.

胡贤辉，杨钢桥，张霞，等. 2007. 农村居民点用地数量变化及驱动机制研究——基于湖北仙桃市的实证[J]. 资源科学，29（3）：191-197.

黄金良，洪华生，杜鹏飞，等. 2005. 基于 GIS 和 DEM 的九龙江流域地表水文模拟[J]. 中国农村水利水电，1（2）：44-46，50.

黄清华，张万昌. 2004. SWAT 分布式水文模型在黑河干流山区流域的改进及应用[J]. 南京林业大学学报（自然科学版），28（2）：22-26.

贾嵘，薛惠峰，解建仓，等. 1998. 区域水资源承载力研究[J]. 西安理工大学学报，14（4）：382-387.

贾仰文，王浩，王建华，等. 2005. 黄河流域分布式水文模型开发和验证[J]. 自然资源学报，20（2）：300-308.

江涛，陈永勤，陈俊和. 2002. 未来气候变化对我国水文水资源影响的研究[J]. 中山大学学报（自然科学版），39（Z2）：151.

姜翠玲，王俊. 2015. 我国生态水利研究进展[J]. 水利水电科技进展，35（5）：168-175.

姜文来. 1998. 水资源价值论[M]. 北京：科学出版社.

寇丽敏，刘建卫，张慧哲，等. 2016. 基于 SWAT 模型的洮儿河流域气候变化的水文响应[J]. 水电能源科学，34（2）：12-16.

黎云云，畅建霞，王义民，等.2016. 渭河流域径流对土地利用变化的时空响应[J]. 农业工程学报，32（15）：232-238.

李春晖，杨志峰.2002. 气候变化对黄河流域水资源系统影响研究进展[J]. 地学前缘，9（1）：34-34.

李佳，张小咏，杨艳昭.2012. 基于 SWAT 模型的长江源土地利用/土地覆被情景变化对径流影响研究[J]. 水土保持研究，19（3）：119-124，128.

李克让，陈育峰，黄玫，等.2000. 气候变化对土地覆被变化的影响及其反馈模型[J]. 地理学报，55（Z1）：57-63.

李晓兵，陈云浩，张云霞，等.2002. 气候变化对中国北方荒漠草原植被的影响[J]. 地球科学进展，17（2）：254-261.

李秀彬.1996. 全球环境变化研究的核心领域——土地利用/土地覆被变化的国际研究动向[J]. 地理学报，51（6）：553-558.

李远平，苏志强，杨太保，等.2013. 基于 SWAT 模型的潕河流域土地利用变化的水文响应模拟[J]. 生态与农村环境学报，29（5）：662-665.

李振刚，郝伟罡，王丽霞.2016. 关于牧区水利发展与草原生态保护的思考[J]. 中国水利，（13）：46-48.

梁犁丽，冶运涛，等. 2017. 内陆河流域干旱演化模拟评估与风险调控技术[M]. 北京：中国水利水电科学出版社.

梁犁丽，汪党献，王芳.2007. SWAT 模型及其应用进展研究[J]. 中国水利水电科学研究院学报，5（2）：125-131.

梁小军，江洪，王可，等.2010. 基于 SWAT 模型的岷江上游干旱河谷区水文特征情景模拟研究[J]. 干旱区资源与环境，24（8）：79-84.

林凯荣，何艳虎，陈晓宏.2012. 土地利用变化对东江流域径流量的影响[J]. 水力发电学报，31（4）：44-48.

刘昌明.1999. 中国 21 世纪水供需分析：生态水利研究[J]. 中国水利，（10）：18-20.

刘昌明，成立.2000. 黄河干流下游断流的径流序列分析[J]. 地理学报，55（3）：257-265.

刘昌明，郑红星.2003. 黄河流域水循环要素变化趋势分析[J]. 自然资源学报，18（2）：129-135.

刘昌明，郑红星，王中根，等.2010. 基于 HIMS 的水文过程多尺度综合模拟[J]. 北京师范大学学报（自然科学版），46（3）：268-273.

刘春晶，曹文洪，王向东，等.2013. 基于连续小波分析的明渠恒定均匀流紊动尺度研究[J]. 水利学报，44（z1）：87-94.

刘春蓁.1996. 气候变化对水文水资源影响及适应对策研究[R]. 北京：水利部水利信息中心.

刘文兆，苏敏，徐宣斌，等.2001. 养分优化管理条件下作物水分生产函数[J]. 中国生态农业学报，9（1）：37-39.

刘贤赵，张安定，李嘉竹.2009. 地理学数学方法[M]. 北京：科学出版社.

刘治栩.2017. 内蒙古草原生态环境治理问题研究[D]. 西安：长安大学.

卢晓宁，韩建宁，熊东红，等.2010. 基于 SWAT 模型的忠县虾子岭流域地表径流特征浅析[J]. 长江科学院院报，27（11）：15-20.

罗开盛，陶福禄.2018. 基于 SWAT 的西北干旱区县域水文模拟——以临泽县为例[J]. 生态学报，38（23）：8593-8603.

罗巧，王克林，王勤学. 2011. 基于 SWAT 模型的湘江流域土地利用变化情景的径流模拟研究[J]. 中国生态农业学报，19（6）：1431-1436.

马崇勇，杜桂林，张卓然，等. 2018. 内蒙古草原蝗虫区划及其绿色防控配套技术研究[J]. 草地学报，26（4）：804-810.

马中. 2006. 环境与自然资源经济学概论[M]. 北京：高等教育出版社.

孟现勇，吉晓楠，孙志群，等. 2014. 天山北坡中段融雪径流敏感性分析——以军塘湖流域为例[J]. 水土保持通报，34（3）：277-282.

秦大河. 2002. 中国西部环境演变评估（综合卷）——中国西部环境演变评估综合报告[M]. 北京：科学出版社.

秦大河，孙鸿烈，孙枢，等. 2005. 2005—2020 年中国气象事业发展战略[J]. 地球科学进展，（3）：268-274.

邱国玉，尹婧，熊育久，等. 2008. 北方干旱化和土地利用变化对泾河流域径流的影响[J]. 自然资源学报，23（2）：211-218.

邱临静，郑粉莉，Yin R S. 2012. DEM 栅格分辨率和子流域划分对杏子河流域水文模拟的影响[J]. 生态学报，32（12）：3754-3763.

屈吉鸿，石红旺，李志岩. 2015. 基于 SWAT 模型的青龙河流域气候变化径流响应研究[J]. 水力发电学报，34（4）：8-15.

任立良，刘新仁. 1999. 数字高程模型在流域水系拓扑结构计算中的应用[J]. 水科学进展，10（2）：129-134.

沈晓东，王腊春，谢顺平. 1995. 基于栅格数据的流域降雨径流模型[J]. 地理学报，62（3）：264-271.

沈振荣. 2000. 节水新概念——真实节水的研究与应用[M]. 北京：中国水利水电出版社.

师彦武，康绍钟，简艳红. 2003. 干旱区内陆河流域水资源开发对水土环境效益的评价指标体系设计[J]. 水土保持学报，23（3）：24-27.

宋向阳，吴发启，赵龙山，等. 2012. 基于 DEM 的延河流域水文特征提取与分析[J]. 干旱地区农业研究，30（4）：200-206.

宋轩，魏冲，寇长林，等. 2010. SWAT 模型在淅川县丹江口库区的应用研究[J]. 郑州大学学报（工学版），31（6）：35-38.

宋增芳，曾建军，金彦兆，等. 2016. 基于 SWAT 模型和 SUFI-2 算法的石羊河流域月径流分布式模拟[J]. 水土保持通报，36（5）：172-177.

汤国安，刘学军，闾国年. 2005. 数字高程模型及地学分析的原理与方法[M]. 北京：科学出版社.

田翠. 2017. 黄河径流演变特征与预报模型研究[D]. 郑州：华北水利水电大学.

汪党献，王浩，马静. 2000. 中国区域发展的水资源支撑能力[J]. 水利学报，（11）：21-26，33.

王根绪. 1997. 黑河流域额济纳绿洲区水资源合理利用分析[J]. 兰州大学学报（自然科学版），33（3）：111-116.

王浩，陈敏建，秦大庸. 2003. 西北地区水资源合理配置和承载能力研究[M]. 郑州：黄河水利出版社.

王浩，贾仰文，王建华，等. 2005. 人类活动影响下的黄河流域水资源演化规律初探[J]. 自然资源学报，20（2）：157-162.

王怀志，高玉琴，袁玉，等. 2017. 基于 SWAT 模型的秦淮河流域气候变化水文响应研究[J]. 水

　　资源与水工程学报，28（1）：81-87.

王建华，江东，顾定法，等. 1999. 基于 SD 模型的干旱区城市水资源承载力预测研究[J]. 地理
　　学与国土研究，15（2）：18-22.

王林，张明旭，陈兴伟. 2007. 基于 SWAT 模型的晋江西溪流域径流模拟[J]. 亚热带资源与环境
　　学报，2（1）：28-33.

王守荣，朱川海，程磊. 2003. 全球水循环与水资源[M]. 北京：气象出版社.

王舒新. 2018. 不同放牧强度下荒漠草原生态系统服务价值评估[D]. 呼和浩特：内蒙古农业
　　大学.

王文圣，丁晶，向红莲. 2002. 小波分析在水文学中的应用研究及展望[J]. 水科学进展，13（4）：
　　515-520.

王亚军，周陈超，贾绍凤，等. 2007. 基于 SWAT 模型的湟水流域径流模拟与评价[J]. 水土保持
　　研究，14（6）：394-397.

王艳君，吕宏军，姜彤. 2008. 子流域划分和 DEM 分辨率对 SWAT 径流模拟的影响研究[J]. 水
　　文，28（3）：22-25.

王莺，张强，王劲松，等. 2017. 基于分布式水文模型（SWAT）的土地利用和气候变化对洮河
　　流域水文影响特征[J]. 中国沙漠，37（1）：175-185.

王育礼，王烜，杨志峰，等. 2011. 水文系统不确定性分析方法及应用研究进展[J]. 地理科学进
　　展，30（9）：1167-1172.

王煜，杨立彬，张新海，等. 2002. 西北地区水资源可利用量及承载能力分析[J]. 人民黄河，
　　24（6）：10-12.

王中根，刘昌明，黄友波. 2003. SWAT 模型的原理、结构及应用研究[J]. 地理科学进展，22（1）：
　　79-86.

吴景社，康绍忠，王景雷，等. 2003. 节水灌溉综合效应评价研究进展[J]. 灌溉排水学报，22（5）：
　　42-46.

夏军，王纲胜，吕爱锋，等. 2003. 分布式时变增益流域水循环模拟[J]. 地理学报，58（5）：789-796.

夏智宏，周月华，许红梅. 2010. 基于 SWAT 模型的汉江流域水资源对气候变化的响应[J]. 长江
　　流域资源与环境，19（2）：158-163.

熊立华，郭生练，胡彩虹. 2002. TOPMODEL 在流域径流模拟中的应用研究[J]. 水文，22（5）：
　　5-8.

徐淑琴，丁星臣，王斌，等. 2017. 潜在蒸散量对 SWAT 模型寒区典型流域径流模拟的影响[J]. 农
　　业机械学报，48（3）：261-269.

许迪. 2006. 灌溉水文学尺度转换问题研究综述[J]. 水利学报，37（2）：141-149.

杨大文，李翀，倪广恒，等. 2004. 分布式水文模型在黄河流域的应用[J]. 地理学报，59（1）：
　　143-154.

杨大文，雷慧闽，丛振涛. 2010. 流域水文过程与植被相互作用研究现状评述[J]. 水利学报，
　　41（10）：1142-1149.

杨满根，陈星. 2017. 气候变化对淮河流域中上游汛期极端流量影响的 SWAT 模拟[J]. 生态学报，
　　37（23）：8107-8116.

姚崇仁. 1995. 农田节水灌溉节水潜力及其综合评价的理论与应用研究[D]. 西安：西北农业
　　大学.

姚海芳，师长兴，邵文伟，等. 2015. 基于 SWAT 的内蒙古西柳沟孔兑径流模拟研究[J]. 干旱区

资源与环境，29（6）：139-144.

姚鸿云，李小雁，郭娜，等.2019. 多年放牧对不同类型草原植被及土壤碳同位素的影响[J]. 应用生态学报，30（2）：553-562.

姚苏红，朱仲元，张圣微，等.2013. 基于 SWAT 模型的内蒙古闪电河流域径流模拟研究[J]. 干旱区资源与环境，27（1）：175-180.

姚允龙，王蕾.2008. 基于 SWAT 的典型沼泽性河流径流演变的气候变化响应研究——以三江平原挠力河为例[J]. 湿地科学，6（2）：198-203.

叶许春，张奇，刘健，等.2009. 土壤数据空间分辨率对水文过程模拟的影响[J]. 地理科学进展，28（4）：575-583.

尹雄锐，夏军，张翔，等.2006. 水文模拟与预测中的不确定性研究现状与展望[J]. 水力发电，32（10）：27-31.

於凡，曹颖.2008. 全球气候变化对区域水资源影响研究进展综述[J]. 水资源与水工程学报，19（4）：92-97，102.

于海霞.2001. 气候变化对莱州湾地区水资源影响及对策研究——以弥河流域为例[D]. 济南：山东师范大学.

于磊，顾鎏，李建新，等.2008. 基于 SWAT 模型的中尺度流域气候变化水文响应研究[J]. 水土保持通报，28（4）：152-154.

袁军营，苏保林，李卉，等.2010. 基于 SWAT 模型的柴河水库流域径流模拟研究[J]. 北京师范大学学报（自然科学版），46（3）：361-365.

张行南，井立阳，叶丽华，等.2005. 基于数字高程模型的水文模拟对比分析[J]. 水利学报，36（6）：759-763.

张洪波，顾磊，孙文博，等.2016. 泾河流域土地利用/覆被变化对径流情势的影响[J]. 水利水电科技进展，36（5）：20-27.

张建云，王金星，李岩，等.2008. 近 50 年我国主要江河径流变化[J]. 中国水利，（2）：31-34.

张建云，王国庆，贺瑞敏，等.2009. 黄河中游水文变化趋势及其对气候变化的响应[J]. 水科学进展，20（2）：153-158.

张兰影，庞博，徐宗学，等.2014. 古浪河流域气候变化与土地利用变化的水文效应[J]. 南水北调与水利科技，12（1）：42-46.

张丽，董增川，张伟.2003. 水资源承载能力研究进展与展望[J]. 水利水电技术，34（4）：1-4.

张利平，朱存稳，夏军.2004. 华北地区降水变化的多时间尺度分析[J]. 干旱区地理，27（4）：548-552.

张连义，刘爱军，邢旗，等.2006. 内蒙古典型草原区植被动态与植被恢复——以锡林郭勒盟典型草原区为例[J]. 干旱区资源与环境，20（2）：185-190.

张荣飞，王建力，李昌晓.2013. SWAT 模型在黄河流域宁夏段的适用性评价及展望[J]. 西南大学学报（自然科学版），35（9）：154-160.

赵芳芳，徐宗学.2009. 黄河源区未来气候变化的水文响应[J]. 资源科学，31（5）：722-730.

周葭棋，徐向阳，贾晨，等.2014. 改进主成分分析法在区域水资源综合评价中的应用研究[J]. 中国农村水利水电，（3）：88-91，95.

朱新军，王中根，李建新，等.2006. SWAT 模型在漳卫河流域应用研究[J]. 地理科学进展，25（5）：105-111.

祖拜代•木依布拉，师庆东，普拉提•莫合塔尔，等.2018. 基于 SWAT 模型的乌鲁木齐河上游土地利用和气候变化对径流的影响[J]. 生态学报，38（14）：5149-5157.

左德鹏，徐宗学. 2012. 基于 SWAT 模型和 SUFI-2 算法的渭河流域月径流分布式模拟[J]. 北京师范大学学报（自然科学版），48（5）：490-496.

左其亭，夏军. 2002. 陆面水量-水质-生态耦合系统模型研究[J]. 水利学报，（2）：61-65.

Arnold J G，Allen P M. 1996. Estimating hydrologic budgets for three Illinois watersheds[J].Journal of Hydrology-Amsterdam，176（1-4）：57-77.

Arnold J G，Moriasi D N，Gassman P W，et al. 2012. SWAT：model use，calibration，and validation[J]. Transactions of the ASABE，55（4）：1491-1508.

Bagley J M. 1965. Discussion of effects of competition on efficiency of water use[J]. Journal of Irrigation and Drainage Division of the American Society of Civil Engineers，91（1）：69-77.

Bagnold R A. 1977. Bed load transport by natural rivers[J]. Water Resources Research，13（2）：303-312.

Barrow N J，Shaw T C.1975. The slow reactions between soil and anions：2. Effect of time and temperature on the decrease in phosphate concentration in soil solution[J]. Soil Science，119：167-177.

Bathurst J C，Cooley K R. 1996. Use of the SHE hydrological modelling system to investigate basin response to snowmelt at Reynolds Creek，Idaho[J]. Journal of Hydrology，175（1-4）：181-211.

Benham B L，Baffaut C，Zeckoski R W，et al. 2006. Modeling bacteria fate and transport in watershed to support TMDLs[J]. Transaction of ASABE，49（4）：987-1002.

Beven K. 1979. A sensitivity analysis of the Penman-Monteith actual evapotranspiration estimates[J]. Journal of Hydrology，44（3-4）：169-190.

Bos M G. 1979. Der Einfluss der Grosse der Bewasserungseinheiten auf die verschienden Bewasserungswirkungsgrade[J]. Zeitschrift fur Bewasserungswirtschaft，14（1）：139-155.

Bouraoui F，Benabdallah S，Jrad A，et al. 2005. Application of the SWAT model on the Medjerda river basin（Tunisia）[J]. Physics and Chemistry of the Earth，30（8-10）：497-507.

Brown L C，Barnwell T O. 1987. The enhanced stream water quality models QUAL2E and QUAL2E-UNCAS：documentation and user manual（EPA/600/3-87/007）[R]. Athens，GA：US Environmental Protection Agency，Office of Research and Development.

Brun S E，Band L E. 2000. Simulating runoff behavior in an urbanizing watershed[J]. Computers Environment & Urban Systems，24（1）：5-22.

Burn D H，Cunderlik J M，Pietroniro A. 2004. Hydrological trends and variability in the Liard River basin[J]. Hydrological Sciences-Journal-des Sciences Hydrologiques，49（1）：53-67.

Burt C M，Clemmens A J，Strelk off T S，et al. 1997. Irrigation performance measures：efficiency an uniformity[J]. Journal of Irrigation and Drainage Engineering，123（6）：423-442.

Carslaw H S，Jaeger J C. 1959. Conduction of Heat in Solids[M]. London：Oxford University Press.

Chanasyk D S，Mapfumo E，Willms W. 2003. Quantification and simulation of surface runoff from fescue grassland watersheds[J]. Agricultural Water Management，59（2）：137-153.

Chapra S C. 1997. Surface Water-Quality Modeling[M]. New York：The Mcgraw-Hill Companies.

Cruise J F，Limaye A S，Al-Abed N. 2007. An assessment of the impacts of climate change on streams of the Southeastern United States[J]. JAWRA Journal of the American Water Resources Association，35（6）：1539-1550.

Dennis W. 2002. An economic perspective on the potential gains from improvements in irrigation water management[J]. Agriculture Water Management, 52 (3): 233-248.

Driver N E, Tasker G D. 1988. Techniques for estimation of storm-runoff loads, volumes, and selected constituent concentrations in urban watersheds in the United States[R]. U.S. Dept. of the Interior, I.S. Geological Survey: Books and Open-File Reports Section.

Duan Q Y, Gupta V K, Sorooshian S. 1993. Shuffled complex evolution approach for effective and efficient global minimization[J]. Journal of Optimization Theory and Applications, 76 (3): 501-521.

Duan Q Y, Sorooshian S, Gupta V K. 1992. Effective and efficient global optimization for conceptual rainfall-runoff models[J]. Water Resources Research, 28 (4): 1015-1031.

Dunn S M, Brown I M, Sample J, et al. 2012. Relationships between climate, water resources, land use and diffuse pollution and the significance of uncertainty in climate change[J]. Journal of Hydrology, s434-435: 19-35.

Easton Z M, Fuka D R, White E D, et al. 2010. A multi basin SWAT model analysis of runoff and sedimentation in the Blue Nile, Ethiopia[J]. Hydrology and Earth System Sciences, 14 (10): 1827-1841.

Fay P A, Carlisle J D, Knapp A K, et al. 2000. Altering rainfall timing and quantity in a mesic grassland ecosystem: design and performance of rainfall manipulation shelters[J]. Ecosystems, 3 (3): 308-319.

Freer J E, Mcmillan H, Mcdonnell J J, et al. 2004. Constraining dynamic TOPMODEL responses for imprecise water table information using fuzzy rule based performance measures[J]. Journal of Hydrology, 291 (3-4): 254-277.

Freeze R A, Harlan R L. 1969. Blueprint for a physically-based, digitally-simulated hydrologic response model[J]. Journal of Hydrology, 9 (3): 237-258.

Gan T Y, Biftu G F. 1996. Automatic calibration of conceptual rainfall-runoff models: optimization algorithms, catchment conditions, and model structure[J]. Water Resources Research, 32 (12): 3513-3524.

Geza M, Mccray J E. 2008. Effects of soil data resolution on SWAT model stream flow and water quality predictions[J]. Journal of Environmental Management, 88 (3): 393-406.

Ghaffari G, Keesstra S, Ghodousi J, et al. 2010. SWAT-simulated hydrological impact of land-use change in the Zanjanrood basin, Northwest Iran[J]. Hydrological Processes, 24 (7): 892-903.

Gosain A K, Rao S, Srinivasan R, et al. 2005. Return-flow assessment for irrigation command in the palleru river basin using swat model[J]. Hydrological Processes, 19 (3): 673-682.

Hao W G, Li H P, Liu H, et al. 2020. Research on the runoff of arid desert grasslands under changing environments in China[J]. Applied Ecology and Environmental Research, 18 (2): 3131-3145.

Hapuarachchi H A P, Li Z J, Wang S H, et al. 2001. Application of SCE-UA method for calibrating the Xinanjiang watershed model[J]. Journal of Lake Sciences, 12 (4): 304-314.

Hargreaves G H. 1975. Moisture availability and crop production[J]. Transaction of the Asae, 18 (5): 980-984.

Hargreaves G H, Samani Z A. 1985. Reference crop evapotranspiration from temperature[J]. Applied Engineering in Agriculture, 1 (2): 96-99.

Hattermann F F, Kundzewicz Z W, Huang S C, et al. 2013. Climatological drivers of changes in flood hazard in Germany[J]. Acta Geophysica, 61 (2): 463-477.

Haw Y, Seonggyu P, Jeffrey G A, et al. 2019. IPEAT + : A built-in optimization and automatic calibration tool of SWAT + [J]. Water, 11 (8): 1681.

Hostetler S W. 1994. Hydrologic and atmospheric models: the problem of discordant scales[J]. Climate Change, (27): 345-350.

Israelsen O W. 1932. Irrigation Principles and Practices[M]. New York: John Wiley and Sons, Inc.

Jayakrishnan R, Srinivasan R, Santhi C, et al. 2010. Advances in the application of the SWAT model for water resources management[J]. Hydrological Processes, 19 (3): 749-762.

Jensen M E, Burman R D, Allen R G. 1990. Evapotranspiration and Irrigation Water Requirements[M].New York: American Society of Civil Engineers.

Jonathan M H, Scott K. 1998. Carrying capacity in agriculture: global and regional issues[J]. Ecological Economics, 29 (3): 443-461.

Jones C A, Cole C V, Sharpley A N, et al. 1984. A simplified soil and plant phosphorus model. I. Documentation[J]. Soil science society of America journal, 48: 800-805.

Julia S, Rocío E, Gissela H G, et al. 2014. Modeling of the Mendoza river watershed as a tool to study climate change impacts on water availability[J]. Environmental Science & Policy, 43 (S1): 91-97.

Kirkby M J, Beven K J. 1979. A physically based, variable contributing area model of basin hydrology[J]. Hydrological Sciences Bulletin, 24 (1): 43-69.

Lenhart T, Eckhardt K, Fohrer N, et al. 2002. Comparison of two different approaches of sensitivity analysis[J]. Physics and Chemistry of the Earth, 27 (9): 645-654.

Liew M W V, Garbrecht J. 2003. Hydrologic simulation of the little Washita river experimental watershed using swat[J]. Journal of the American Water Resources Association, 39(2): 413-426.

Manguerra H B, Engel B A. 1998. Hydrologic parameterization of watersheds for runoff prediction using swat[J]. Journal of the American Water Resources Association, 34 (5): 1149-1162.

Marvin E J. 2007. Water productivity: science and practice-beyond irrigation efficiency[J]. Irrigation Science, 25 (3): 185-188.

McElroy A D, Chiu S Y, Nebgen J W, et al. 1976. Loading functions for assessment of water pollution from nonpoint sources, EPA 600/2-76-151 [R]. Midwest Research Inst, Kansas City, Mo: U.S. Environmental Protection Agency, Office of Research and Development.

Michiaki S, Shintaroh Y, Ishgaldan B. 2015. Limiting factors for nomadic pastoralism in Mongolian steppe: a hydrologic perspective[J]. Journal of Hydrology, (524): 455-467.

Milewski A, Sultan M, Yan E, et al. 2009. A remote sensing solution for estimating runoff and recharge in arid environments[J]. Journal of Hydrology, 373 (1-2): 1-14.

Morris M D. 1991. Factorial sampling plans for preliminary computational experiments[J]. Technometrics, 33 (2): 161-174.

Munns D N, Fox R L.1976. The slow reaction which continues after phosphate adsorption: kinetics and equilibrium in some tropical soils[J]. Soil Science Society of America Journal, 40: 46-51.

Neitsch S L, Arnold J G, Kiniry J R, et al. 2002. Soil and water assessment tool theoretical documentation, version 2000[R]. TWRI Report TR-191.

Neitsch S L, Arnold J G, Kiniry J R, et al. 2011. Soil and water assessment tool theoretical documentation version 2009[R]. Grassland, Soil and Water Research Laboratory-Agriculture Research Service Blackland Research Center-Texas AgriLife Research. TR-406.

Nelder J A, Mead R A. 1965. Simplex method for function minimization[J]. Computer Journal, 7: 308-313.

Paparrizos S, Maris F. 2017. Hydrological simulation of Sperchios River basin in Central Greece using the MIKE SHE model and geographic information systems[J]. Applied Water Science, 7 (2): 591-599.

Penman H L. 1956. Evaporation: an introduction survey[J]. Netherlands Journal of Agricultural Science, 4 (1): 9-29.

Praskievicz S, Chang H. 2009. A review of hydrological modelling of basin-scale climate change and urban development impacts[J]. Progress in Physical Geography, 33 (5): 650-671.

Pricstley C H B, Taylor R J. 1972. On the assessment of surface heat flux and evaporation using large-scale parameters[J]. Monthly Weather Review, 100 (2): 81-92.

Rajan S S S, Fox R L. 1972. Phosphate adsorption by soils. 1. Influence of time and ionic environment on phosphate adsorption[J]. Communications in Soil Science and Plant Analysis, 3: 493-504.

Ram P N, Sandeep K. 2015. Estimating the effects of potential climate and land use changes on hydrologic processes of a large agriculture dominated watershed[J]. Journal of Hydrology, 529: 418-429.

Randolph B, David D, Arlene I. 2003. Economics of water productivity in managing water for agriculture[J]. IWMI Books, Reports, 2: 19-35.

Rosenthal W D, Hoffman D W. 1999. Hydrologic modeling/GIS as an aid in locating monitoring sites[J]. Transactions of the Asae, 42 (6): 1591-1598.

Rostamian R, Jaleh A, Afyuni M, et al. 2008. Application of a SWAT model for estimating runoff and sediment in two mountainous basins in central Iran[J]. Hydrological Sciences Journal, 53 (5): 977-988.

Sanaee J S, Feyen J, Wyseure G, et al. 2001. Approach to the evaluation on undependable delivery of water in irrigation schemes[J]. Irrigation and Drainage Systems, 15 (3): 197-213.

Sangrey D A, Harrop-Willams K O, Klaiber J A. 1984. Predicting and Design of Agricultural Drainage Systems[M]. Ithica, N.Y: Cornell University Press.

Sharpley A N. 1982. A prediction of the water extractable phosphorus content of soil following a phosphorus addition[J]. Journal of environmental quality, 11: 166-170.

Singh R, Dam J C, Feddes R A. 2006. Water productivity analysis of irrigated crops in Sirsa district, India[J]. Agricultural Water Management, 82 (3): 253-278.

Somura H, Arnold J, Hoffman D, et al. 2009. Impact of climate change on the Hii River basin and salinity in Lake Shinji: a case study using the SWAT model and a regression curve[J]. Hydrological Processes, 23 (13): 887-900.

Souro D J. 1998. Carrying capacities and standards as bases towards urban infrastructure planning in India: A case of urban water supply and sanitation[J]. Urban Infrastructure Planning in India, 22 (3): 327-337.

Taye M T, Ntegeka V, Ogiramoi N P, et al. 2011. Assessment of climate change impact on hydrological extremes in two source regions of the Nile River Basin[J]. Hydrology and Earth System Sciences, 15 (1): 209-222.

Thornthwaite C W. 1948. An approach toward a rational classification of climate[J]. Geographical Review, 38 (1): 55-94.

Venetis C. 1969. A study on the recession of unconfined aquifers[J]. International Association of Scientific Hydrology Bulletin, 14 (4): 119-125.

Willardson L S. 1985. Basin-wide impacts of irrigation efficiency[J]. Journal of Irrigation and Drainage Engineering, 111 (3): 241-246.

Williams J R, Hann R W.1978. Optimal operation of large agricultural watersheds with water quality constrains[R]. Texas Water Resources Institute, Texas A&M University Technical Report. No.96.

Williams J R. 1995. Chapter 25: The EPIC Model [M]. Colorado: Water Resources Publications.

Wischmeier W H, Smith D D. 1965. Predicting rainfall-erosion losses from cropland ease of the Rocky Mountains [R]. Agriculture Handbook No. 282, USDA-ARS: US Department of Agriculture Science and Education Administration, Washington, DC.

Wischmeier W H, Smith D D. 1978. Predicting rainfall erosion losses: a guide to conservation planning [R]. Agriculture Handbook No. 537, USDA-ARS: US Department of Agriculture Science and Education Administration, Washington, DC.

Wood E F. 1994. Scaling, soil moisture and evapotranspiration in runoff models[J]. Advances in Water Resource, 17 (1-2): 25-34.

Wouter W. 1992. Influences on the efficiency of irrigation water use[D]. The Netherlands: International Institute for Land Reclamation and Improvement.

Zalewski M. 2000. Ecohydrology—the scientific background to use ecosystem properties as management tools toward sustainability of water resources[J]. Ecological Engineering, 16 (1): 1-8.